商务印书馆（上海）有限公司 出品

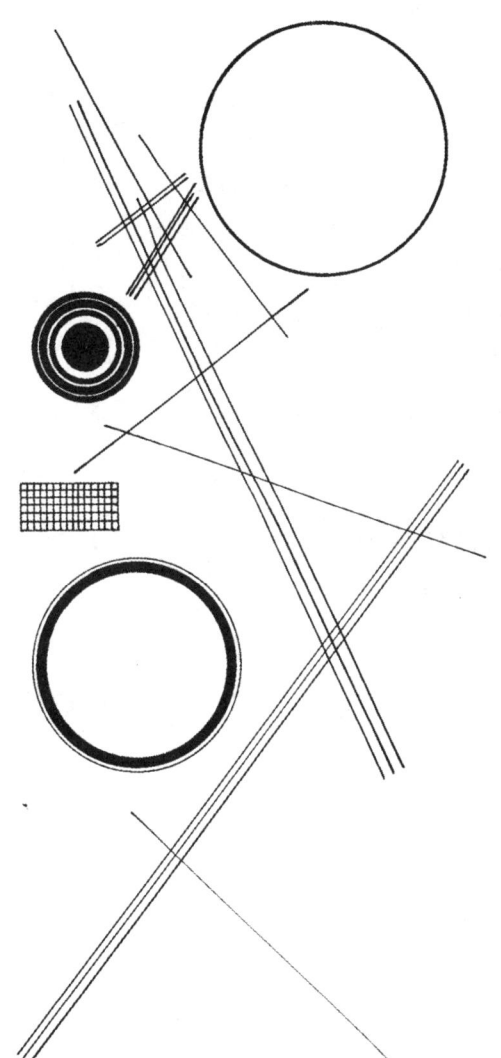

康德美学
时间性问题研究

刘凯 著

商务印书馆
The Commercial Press

图书在版编目（CIP）数据

康德美学时间性问题研究 / 刘凯著. — 北京：商务印书馆，2023
ISBN 978 – 7 – 100 – 23007 – 0

Ⅰ.①康… Ⅱ.①刘… Ⅲ.①康德(Kant, Immanuel 1724-1804) — 美学思想 — 研究　Ⅳ.①B516.31

中国版本图书馆 CIP 数据核字（2023）第175791号

权利保留，侵权必究。

康德美学时间性问题研究

刘 凯 著

商 务 印 书 馆 出 版
（北京王府井大街36号　邮政编码 100710）
商 务 印 书 馆 发 行
山东韵杰文化科技有限公司印刷
ISBN 978 – 7 – 100 – 23007 – 0

| 2023年10月第1版 | 开本 670×970　1/16 |
| 2023年10月第1次印刷 | 印张 20¼ |

定价：98.00元

国家社科基金一般项目
"康德美学时间性问题研究"（17BZW006）结项成果
陕西师范大学中国语言文学一流学科建设成果

序

刘凯的新著《康德美学时间性问题研究》就要出版了，央我给他写一篇序言。作为他的博士生导师，我当然是非常乐意的，也从心底为他的学术上的成熟感到高兴。

蒋先生的德国古典美学研究开创了复旦大学中文系德国古典美学研究的学术传统。之后复旦几辈学人在这方面都做出了重要贡献，产生了一批值得重视的学术成果。刘凯在复旦攻博期间就对德国古典美学，尤其是康德美学有着浓厚的兴趣，在这方面用力甚勤，后来的博士毕业的学位论文也以康德美学作为选题，论文的质量还是很不错的，这也为他毕业后在康德美学研究方面进一步的探索奠定了坚实的基础。

康德美学和德国古典美学一直是美学研究的重要领域，近几年国内也先后出版了一些值得注意的学术著作，极大地推进了该领域的研究。可以说，康德美学和德国古典美学研究的繁荣，既是当代美学发展的重要成果，也为当代美学的进一步发展提供了重要的思想资源。如何从当代的问题意识出发，深入挖掘德国古典美学尚待开掘的理论潜力，形成当代美学与德国古典美学的深层次对话，无疑是当前开展德国古典美学研究的一条重要路径。在这方面，刘凯的这部《康德美学时间性问题研究》做了有意义的尝试。

审美时间性是当代美学研究的一个重要视角，也具有重要的方法论意义。本书从当代审美时间性的角度重新审视康德美学，体现出明确的问题意识。这一研究立足康德思想的整体性，提出时间性是理解康德整个哲学思想和康德美学的一条重要线索,并由此展开对康德美学时间性问题的细致讨论,较好地呈现出康德美学中时间性问题的整体面貌,展现出与以往不同的康德美学图景。书中提出的一些具体观点,如康德美学中的时间展开形式、三种时间模式等也颇具创新性和启发性。更值得注意的是,这一研究突出了康德美学与当代美学思想之间的精神联系,展示出康德美学所蕴含的巨大的理论潜力,这实际上也构成了康德美学与当代美学的深层次对话,无论是对于深化康德美学研究还是对于推进当代美学发展都提供了值得借鉴的思路和方法。当然,本书也还存在一些可以进一步提升和完善的地方,比如,如果能够谈谈康德美学时间性问题对20世纪西方美学发展的影响,相信会更具说服力。

近几年,复旦大学中文系先后组织过几次关于德国古典美学和康德美学新探的学术研讨会,刘凯每次都积极参会,并提交和汇报他最新的思考和研究成果,从中我也能看到他这几年在学术方面的不倦探索和不断进步。我衷心希望刘凯博士能在学术研究的道路上越走越好,取得更大的进步。

是为序。

朱立元

2023年2月10日

| 目 录 |

引 言 /1

第一章 审美时间性问题作为现代美学问题 /9
　　第一节　审美时间性问题的历史渊源 /9
　　第二节　审美时间性问题的提出 /33
　　第三节　当代审美时间性问题的问题性结构 /43

第二章 康德思想的时间性内涵 /53
　　第一节　认识论中的时间问题 /58
　　第二节　实践哲学中的时间问题 /68
　　第三节　历史与宗教哲学中的时间问题 /80

第三章 康德美学的时间性特质 /97
　　第一节　审美作为"过渡"的时间性 /98
　　第二节　反思判断力的时间性 /108
　　第三节　先验想象力的时间性 /121

第四章　康德美学中的时间展开形式　　　/ 141

第一节　"美的分析"中的时间展开形式　　　/ 141

第二节　崇高分析中的时间展开形式　　　/ 154

第三节　艺术论中的时间展开形式　　　/ 166

第五章　康德美学中的时间模式　　　/ 181

第一节　偶然性时间模式　　　/ 182

第二节　循环性时间模式　　　/ 207

第三节　目的性时间模式　　　/ 228

第六章　康德美学时间性问题的延伸与拓展　　　/ 245

第一节　席勒美学思想的时间性内涵　　　/ 245

第二节　黑格尔美学思想的时间性内涵　　　/ 271

第三节　马克思美学思想的时间性内涵　　　/ 287

结　语　　　/ 303

主要参考文献　　　/ 305

后　记　　　/ 313

引　言

　　时间问题是哲学研究中的一个重要问题。20世纪现象学的兴起和发展，将时间问题的研究推到了一个新的阶段，尤其是时间性概念的提出，对当代美学产生了深刻影响。

　　海德格尔在《存在与时间》中从此在的角度对时间性进行了说明："曾在源自将来，其情况是：曾在的（更好的说法是：曾在着的）将来从自身放出当前。我们把如此这般作为曾在着的有所当前化的将来而统一起来的现象称作时间性。只有当此在被规定为时间性，它才为它本身使先行决心的已经标明的本真的能整体存在成为可能。时间性绽露为本真的操心的意义。"[1]时间性表明了此在存在的整体性和统一性，并使得此在各种具体的存在方式成为可能。各种具体的存在方式来自时间性的"绽出"，因为"时间性是源始的、自在自为的'出离自身'本身。因而我们把上面描述的将来、曾在、当前等现象称作时间性的绽出。时间性并非先是一存在者，而后才从自身中走出来；而是：时间性的本质即是在诸种绽出的统一中到时"[2]。这一思想对美

---

[1] 海德格尔《存在与时间》，陈嘉映、王庆节译，生活·读书·新知三联书店，1999年版，第372页。

[2] 海德格尔《存在与时间》，陈嘉映、王庆节译，生活·读书·新知三联书店，1999年版，第375页。

学研究具有重要的启发性意义。

如果说时间性是人的存在的整体性，那么人的日常存在和本真存在等诸种存在方式就都是时间性的具体呈现。这样看来，审美活动作为人的一种特殊的存在方式，自然也就具有了时间性的内涵，是时间性的特殊"到时"。

由此我们可以对审美时间性与审美时间进行区分：审美时间性就是审美活动本身，表征着审美活动的完整性；审美时间是审美时间性的具体呈现方式，是审美活动当下呈现出来的独特存在，体现在各种审美范畴、审美样式、审美形态之中。由于审美活动与日常经验活动具有存在论上的差异，因而审美时间也就不同于经验时间。

这样来看，审美时间性包含几个基本规定：审美时间性建构着审美活动的整体性，因此可以从时间性的角度阐释审美活动的整体存在；审美活动体现着审美时间，即审美时间性的到时；审美时间性在审美活动中绽出为具体的审美时间样式；不同的审美范畴、审美形态具有不同的存在样式，也就具有了不同的审美性时间内涵。

很显然，审美活动中包含着不同于经验时间的独特的时间现象：审美活动中在当下体验中的沉浸、过往艺术作品情感和生命的重新焕发、艺术作品通向未来的"永久的魅力"等等，在在都显示出审美活动独特的时间性存在。如果说，时间性是理解存在问题的根本视野，那么从时间性的角度重新审视审美活动，就成为理解审美活动的一条可能路径。

当前，审美时间性问题已经成为美学研究的一个重要论域，在此背景下，对康德美学时间性问题的探讨在当代也逐渐受到学界关注。

尽管时间问题一直是康德哲学研究的重要论题，但以往的研究多集中于康德的第一批判，而没有充分注意到康德美学的时间性内涵。[1] 事实上，目前学界就康德美学的现象学研究已经为探讨康德美学的时间性问题奠定了坚实的理论基础，也为本书的研究提供了重要的方法论启示。当前，现象学与存在论已经成为当代思想理解康德美学的一个重要视域。因此，提出并思考康德美学的时间性问题就成为当代康德美学研究的一个重要方向。这既是当代美学发展的要求，更是来自康德思想自身的指引。

基于这一考虑，本书拟在学界现有研究的基础上，对康德美学时间性问题展开系统研究，主要思路如下：

第一章结合古希腊以来西方思想对时间问题的思考，从学术史的角度梳理审美时间性问题的思想渊源和历史沿革；结合20世纪胡塞尔、海德格尔、伽达默尔等人的思想，考察审美时间性问题的提出及其基本主张，廓清审美时间性问题作为一个学术问题的理论基础及学术价值；在此基础上进一步探究审美时间性问题作为一个理论问题的内在结构，为进入康德美学时间性问题奠定必要的理论基础。

第二章探讨康德思想体系的时间性内涵，为进入康德美学的研究提供必要的思想支撑。康德思想有着严格的体系性，康德美学是康德哲学体系的一个重要组成部分。因此，对康德美学时间性问题的探讨也应在整个康德哲学的思想背景中展开。

康德曾将自己的整个思想体系归结为"我能够知道什么？""我应当做什么？""我可以期待什么？"三个问题，并认为这三个问题最终可以归结为"人是什么？"这一问题。海德格尔在其《康德与形而上

---

[1] 刘彦顺的《西方美学中的时间性问题》（北京大学出版社，2016年版）对康德美学中的时间性问题进行了有益的探索，但并未对此展开系统性研究。

学疑难》中更明确地将这三个问题与人的有限性存在相联系。这也提示出，康德的整个思想体系都可以纳入存在问题的视野，而如果我们考虑到存在与时间的内在关联，那么康德思想内在的时间性就会凸显出来。

具体来看，"我能够知道什么？"思考的是认识论问题，"我应当做什么？"面对的是道德问题，"我可以期待什么？"涉及历史和宗教问题。对于康德来说，无论是对经验世界的认识，还是人的道德实践，抑或对历史的反思和对宗教理性限度的把握，其中都包含着某种特定的时间性内涵。因此，时间性问题植根于康德思想的整体框架，构成了理解整个康德思想的内在线索和独特视域，这也使得进一步探讨康德美学的时间性问题成为可能。

接下来对康德美学时间性问题的具体探讨将在第三、四、五章展开。第三章从总体上探讨康德美学的时间性特质，第四章结合具体文本，探讨康德美学中不同的时间展开形式，第五章再从总体上提炼出康德美学中多样化的时间模式。其中，时间性特质是康德美学时间性问题的理论基点，时间展开形式是康德美学时间性问题的具体表现，时间模式则是对康德美学时间性问题的总体把握。

第三章从总体上研究康德美学的时间性问题，探讨康德美学时间性问题的整体表现，凸显出康德美学的时间性特质。之前提到，康德思想有着严格的体系性，康德明确指出，美学在其整个哲学体系中发挥着"过渡"的功能。"过渡"本身蕴含着内在的时间性内涵，由此呈现出康德美学的时间性特质；反思判断力和先验想象力是康德美学中两个基础性概念，贯穿康德美学思想始终。在康德美学体系中，反思判断力和先验想象力均具有时间性内涵，由此决定了康德美学在总体上具有时间性特质。因此，本章从康德美学在其哲学体系中的过渡性功能、反思判断力、先验想象力入手，从宏观角度廓清康德美学的时间性特质，为接下来对康德美学时间性问题更为具体的研究提供理论支撑。

第四章结合《判断力批判》的具体文本，通过文本分析揭示康德美学中的时间展开形式。康德在审美判断力批判中主要分析了美、崇高和艺术，这也是三种不同的时间展开形式。

在"美的分析"中，康德表明，审美活动一方面关涉对象无目的而合目的性的形式，另一方面关涉主体心意机能中想象力与知性的自由游戏，审美活动就是二者的相互契合。其中，审美活动中的想象力是生产性的先验想象力，这构成了审美时间性的内在基础；同时，在对对象合目的性形式的直观之中，我们不断地从形式走向隐在的目的，又不断地从目的回返到形式，由此呈现出一种不断出离又不断回返的循环运动，以及一种不断发端、不断回返的时间形式。这构成了"美的分析"中独特的时间展开形式。

在对崇高的分析中，康德认为，崇高的真正根源不在自然界，而在人的内心。在对崇高的评判中，人们把注意力从外界转向自身，意识到自身作为本体性存在的优越性，在内心唤起超感性的使命以和自然相抗衡。这时，崇高就源于对自身使命的理解与担当。这样崇高的时间展开形式就体现出目的性的指向，不断地从作为目的的未来回复到当下，又不断地以使命的方式提示着当下的开放性和未完成性。

康德对艺术的分析包含着内在的体系性和时间性。其中，艺术与自然的相互指涉揭示出艺术审美活动中的内在运动，天才的独创性与典范性显现出艺术创造与之前、之后艺术活动的复杂关联，想象力的内在运动展示出艺术作品中内在的时间性。由此，艺术审美、艺术创造、艺术作品三个方面就从总体上呈现出康德艺术论的时间性内涵，艺术也成为康德美学中独特的时间展开形式。

第五章研究康德美学中的时间模式。在时间展开形式之中已经体现出康德美学丰富的时间性内涵和特性，本章进一步将其归纳和提炼为三种时间模式，即偶然性的时间模式、循环性的时间模式、目的性的时间模式。这三种时间模式不独体现在康德美学之中，而是植根于西方思想传统，有着深刻的历史渊源。本章结合西方思想传统对这三种时间模式展开系统研究，揭示其与审美活动的内在联系，以及康德美学时间性问题的深厚思想基础。

其中，偶然性的时间模式更侧重于当下的时间维度，凸显出审美活动中的时间是日常经验时间的中断与突破，展示出审美活动的独特存在；循环性的时间模式更侧重于过去的时间维度，展示出审美活动的内在机制，其中既包含了对古希腊时间的回溯与继承，也包含着对现代性的线性时间的反思与批判，具有特殊的理论价值和现实意义；目的性的时间模式更侧重于未来的时间维度，凸显出审美时间的目的性指向，也体现出审美对现实生活的超越与提升。三者在审美活动中彼此契合，共同构成了康德美学时间性的整体表现。

第六章研究康德美学时间性问题在康德之后的延伸与拓展。通过对席勒、黑格尔、马克思美学思想中时间性内涵的概略分析，以点带面，考察康德之后审美时间性问题的延伸与拓展，以见出这一问题在美学史上的理论影响及其现代意义。席勒美学继承了康德对人的关注，并自觉地将历史纳入对人性与审美意识的发展、素朴的诗与感伤的诗的思考中，显现出明确的时间意识。黑格尔从时间性的视野思考精神的成长和艺术的历史发展，将不同的艺术类型、艺术门类纳入时间性的框架之下。可以说，时间性是理解黑格尔美学的基本线索。马克思对实践问题的思考、对"美的规律"的思考、对艺术尤其是古希腊艺术的思考均有明确的时间意识。这些思想的时间性内涵均与康德美学时间性问题存在深层次关联，是康德美学时间性问题在德国古典美学及马克思美学思想中的延伸与拓展。

不难看出，康德美学时间性问题是一个颇具学术潜力的论题，我们可以立足于古希腊以来的西方思想传统，结合当代审美时间性问题的理论背景，展开对康德美学中时间性问题的系统研究，由此揭示出康德美学中时间性问题的思想渊源、理论基础、整体表现、展开形式、主要模式、理论影响等内容，较为全面地呈现出康德美学时间性问题的总体面貌，并凸显出康德美学时间性问题的理论价值及其现代意义。

下面就让我们开启这一研究历程吧。

第一章　审美时间性问题作为现代美学问题

随着20世纪存在论思想的兴起，审美时间性已经成为当代美学研究的一个重要论域，并积累了一些值得注意的研究成果。事实上，审美时间性问题的提出并非偶然，其在西方美学中有着深厚悠远的思想积累。因此，从审美时间性的角度重新审视西方美学，探寻这一问题的思想资源和历史积累，将为进入康德美学时间性问题的研究奠定必要的理论基础。基于这一考虑，本章首先梳理西方美学史上关于审美时间性问题的理论资源，在此基础上考察审美时间性问题的提出及其理论进展，最后尝试概括出审美时间性问题作为一个理论问题的问题结构。

第一节　审美时间性问题的历史渊源

当我们考察审美活动的时候，时间无疑是一个重要视角。审美活动总是发生在特定的时空之中，当然具有经验时间的特性。但是，审美又似乎具有某种超越经验时间的独特特性。在审美活动中，人们确乎体验到审美状态不同于日常经验状态，也确乎体验到不同于日常经验时间的独特时间感受，这似乎已经构成了审美的独特表征。早在古希腊时期，柏拉图就在《会饮篇》中给我们描述了那种"不生不灭""不增不减"的永恒的美。自此以降，美学史上不乏对于美的永恒性的思考，马克思在《〈政治经济学批判〉导言》中关于古希腊艺术"永久魅力"的思考从根本上说其实可以看作是对柏拉图的遥远回应。其共同的前提恰恰是：审美和艺术活动不同于不断流逝的经验存在。那么，在当代时间性思想的理论背景之下，问题就是，审美是否具有自己独特的时间性内涵？如果具有，审美的时间性究竟意味着什么？事实上，对美的思考从古希腊时起就始终与对人的思考联系在一起，"这种美本身的观照是一个人最值得过的生活境界"——我们仍然记得来自苏格拉底的深沉教诲。如果说，人的存在必然体现为一种时间性存在，那么，时间、审美与人显然就具有了某种更为内在的关联。对审美时间性的探讨实际上就指向了人本身，指向了人的存在，这也构成了我们探询审美时间性问题的内在线索。

20世纪之前，古希腊时期的时间观念，奥古斯丁以及黑格尔的时间观念代表了西方时间观念的整体发展。本节尝试以此为线索探讨西方时间观念的整体进展，这些也构成了审美时间性问题在西方思想中的历史渊源。

一、古希腊的时间观念

时间作为一个美学问题在20世纪逐渐凸显，事实上，这一思想方向植根于整个西方哲学、美学的历史发展之中。从古希腊时起，时间就成为哲学思考的一个重要线索，并产生了一些非常重要的理论成果，对于西方美学的发展具有直接影响。这里，我们尝试着眼于我们的论题，对古希腊关于时间问题的思想进行简要梳理，为接下来进入审美时间性问题的探讨奠定必要的理论基础。

第一章　审美时间性问题作为现代美学问题

作为西方文化的发端，古希腊时期关于时间问题提出了一系列非常重要的思想，对于西方哲学、美学后来的发展产生了深刻影响。在早期古希腊文化中，实际上包含着两种不同的时间观念，即循环式的时间观念和线性的时间观念。"在希腊思想中，两种形成鲜明对比的时间经验都得到了充分表述。一方面，季节的循环以及天体每日和每年的运动是'循环往复过程'的最为明显的例子。而另一方面，相同的宗教节日年复一年地回归认可或强化了这种时间观。然而，衰老的过程不可逆转，死亡的逼近无法避免，从荷马起，希腊文学已提供了韶华易逝和时光似水流的生动描述。当然，抽象地看来，重复性和不可逆性这两个概念之间不存在矛盾，但严格说来，它们是不相容的。不过在宗教方面，特别是与来世有关的信仰方面，这种矛盾缓解了，如果它不是被消除的话。"[1] 可以说，这两种时间观念都来自人们最切身的生活体验，并体现在古希腊神话和艺术之中。正如马克思在《〈政治经济学批判〉导言》中所指出的，"希腊神话不只是希腊艺术的武库，而且是它的土壤。……任何神话都是用想象和借助想象以征服自然力，支配自然力，把自然力加以形象化"[2]。的确，古希腊神话体现出人类早期对自然和世界的理解，其中也保留着对时间的生动感受和思考。

古希腊奥林匹斯神话中包含着对自然的朴素理解。神话将自然力人格化，创造出丰富多彩的古希腊神灵。在古希腊神话中，时间之神是克洛诺斯（Chronus）。据赫西俄德《神谱》记载，克洛诺斯是天神

---

[1] 路易·加迪等《文化与时间》，郑乐平、胡建平译，浙江人民出版社，1988年版，第153—154页。
[2] 马克思、恩格斯《马克思恩格斯选集（第二卷）》，人民出版社，1995年版，第28—29页。

乌拉诺斯和地母该亚所生，后来克洛诺斯设计推翻并阉割了父亲，成为提坦诸神的统治者。他创生了一系列神明，后来又被自己的儿子宙斯推翻，后者最终建立起稳固的奥林匹斯神系。从这一记载来看，克洛诺斯，也就是"时间"，实际上是使宇宙从混沌变为有序的决定性因素。可以说，整个奥林匹斯神系都是"时间"的产物，由此我们可以理解时间在古希腊早期文化中的重要地位。

赫西俄德在《工作与时日》中还描述了人类发展的五个时代，同样体现出明确的时间观念。他认为人类发展先后经历了黄金时代、白银时代、青铜时代、英雄时代和黑铁时代。这五个时代分别代表着人类发展所处的相对独立的五个生活阶段，但同时也蕴含了不同时代的更替历史，有着线性相续的时间关系。可以说，人类文明乃至人自身的发展就体现在时间之中，并通过时间成为可能。这一思想对于理解时间与人类文明的关系无疑具有重要意义，并影响到了后来西方的时间历史观念。

另外，公元前6世纪起，古希腊还流行着另一种颇有影响的宗教，即奥菲斯教。奥菲斯教认为，时间是产生一切可知事物的第一因素。宇宙最初是一片混沌，因为有了时间才有了运动，有了运动才将原来一片混沌的东西区分开来，形成世界万物。由此说明，早期的希腊人把时间与宇宙的演化及其秩序联系在一起，认为时间对于宇宙万物的生成具有根本性的意义。

奥菲斯教崇奉酒神狄俄尼索斯。相传酒神每年在隆冬之际死去，到春天复生。在每年的收获季节，希腊人都会举行庆祝酒神狄俄尼索斯的狂热活动，人们开怀畅饮，享受一年辛勤劳作的果实。根据酒神死而复生的独特经历，奥菲斯教相信灵魂的轮回，崇尚世间的苦行。罗素在《西方哲学史》中指出："对于奥尔弗斯的信徒来说，现世的生活就是痛苦和无聊。我们被束缚在一个轮子上，它在永无休止的生死循环里转动着；我们的真正生活是属于天上的，但我们却又被束缚在地上。唯有靠生命的净化与否定以及一种苦行的生活，我们才能逃避这个轮子，而最后达到与神合一的天人感通。"[1] 很显然，奥菲斯教包含着不断循环的时间意味，人的生命和灵魂就处于这种独特的时间之中。

综上所述，奥林匹斯神话和奥菲斯教代表着早期希腊人的精神信仰，其中都包含着对时间的深切体认和思考，这些也进一步延伸到了古希腊哲学之中。

前苏格拉底哲学家中，传说阿那克西曼德第一个发明了日晷指时针，并制造出时钟报时，这或许显示出阿那克西曼德对时间的敏感。在他看来，"一切存在着的东西都由此生成的也是它们灭亡后的归宿，这是命运注定的。根据时间的安排，它们要为各自对他物的损害而相互补偿，得到报应"[2]。这里首先提到的一个概念就是"命运"。命运在古希腊的语境中具有重要意义，它决定着一切存在着的东西的根源和最终的归宿，而命运的实现方式则是时间。万物的存在和变化都需要"根据时间的安排"，以时间为依据。这里我们看到，阿那克西曼德对时间的思考与作为命运的必然性相联系，与万物所从出并复归于其中的本源相联系。这样，时间对于万物来说就不是可有可无的，而成为万物得以显现和发生、发展的前提。

但是，不难看出，阿那克西曼德对时间的规定还是非常宽泛的，只是从外在的方面强调了时间与必然性之间的关联，而没有对时间本

1　罗素《西方哲学史（上卷）》，何兆武、李约瑟译，商务印书馆，1963年版，第46页。
2　苗力田主编《古希腊哲学》，中国人民大学出版社，1989年版，第25页。

身进行深入思考。但他对时间的分析却为后来的探究奠定了重要的理论基础。

在前苏格拉底哲学家中，赫拉克利特的时间观念具有重要意义，其中包含着对时间的深刻体认。"时间是个玩跳棋的儿童，王权执掌在儿童手中。"[1]在赫拉克利特看来，时间显然具有根本性、全局性的意义。就像儿童可以随时开始一盘棋局，也可以随时将其打翻，时间也决定着万事万物的存在和变化。同时，时间也包含着内在的运动。"时间……在具有尺度、限度和过程的秩序中运动。在这些过程中，太阳是时间的管理者和监护者，因为是它规定、裁决、揭示并照明变化，而且，它还带来了产生万物的季节。"[2]时间一方面决定着万物的变化和运动，另一方面本身也处于运动之中。时间的运动体现为一个过程，具有自己内在的尺度和秩序。在对时间的体验中，太阳显然具有重要意义，可以说，正是太阳的运动提供了时间的尺度，并使得万物得以在时间中显现出来。这代表了人类通过太阳的运动理解时间的生存经验，即时间本质上来自对自然的体认。

更进一步来看，赫拉克利特还明确区分了时间的三个维度，即宇宙"过去是、现在是、将来也是一团永恒的活生生的火，按照一定的分寸燃烧，按照一定的分寸熄灭"[3]。这里需要注意，赫拉克利特提到了宇宙"过去是、现在是、将来也是……"，在古希腊的语境中，这一表述涉及的恰恰是宇宙的存在问题，也就是说，宇宙的存在具体呈现为时间的三个维度，并体现出内在的规则和尺度。

根据以上叙述，我们可以大致描画出赫拉克利特关于时间的基本

---

[1] 苗力田主编《古希腊哲学》，中国人民大学出版社，1989年版，第51—52页。
[2] 苗力田主编《古希腊哲学》，中国人民大学出版社，1989年版，第45页。
[3] 苗力田主编《古希腊哲学》，中国人民大学出版社，1989年版，第38页。

思想：时间是构成世界的内在根据，是世界中的统治性力量；时间本身是运动的，这一运动具有其尺度和规律；时间具有周而复始、不断循环的特点，具体体现为万物的变化，最基本的则是四季的轮替；时间展现为过去、现在、未来三个维度，宇宙万物就体现在时间的这三个维度之中。

和阿那克西曼德相比，赫拉克利特对时间的思考显然更为深入。他开始关注时间本身，将时间理解为有秩序的运动，并指明了时间的三个维度，这在当时无疑具有开创性，并影响到后来柏拉图、亚里士多德等人对时间的思考。总的来看，不管是阿那克西曼德还是赫拉克利特，前苏格拉底哲学家多从宇宙论的视角展开对时间的探讨，这一思路也延伸到了之后柏拉图的思想之中。

与前苏格拉底哲学家相比，柏拉图对时间的理解对我们来说显然具有更为重要的意义。在《美诺篇》中，柏拉图提出了灵魂不朽的思想，并认为灵魂可以通过回忆来获取知识。"灵魂是不朽的，并多次降生，见到过这个世界及下界存在的一切事物，所以具有万物的知识。毫不奇怪，它当然能回忆起以前所知道的关于德性及其他事物的一切。……由此可见，所有的研究，所有的学习不过只是回忆而已。"[1] 尽管这里对回忆的解说还比较宽泛，但在当下的学习、对过去的回忆、对美德的探求之中实际上已经包含着对时间的不同维度的理解，其中已经隐含着时间性问题的基本构架。在《斐多篇》中，柏拉图进一步阐述了关于回忆的思想，认为人的灵魂在出生前已经具有各种知识，回忆就是通过现实事物回想起该事物原本的形象。从回忆的角度来看，学习不是一个从外部获取知识的过程，而是对自身已有知识的

---

[1] 苗力田主编《古希腊哲学》，中国人民大学出版社，1989年版，第251页。

不断发掘。"如果我们真的是在出生前就获得了我们的知识，而在出生那一刻遗失了知识，后来通过我们的感官对感性物体的作用又恢复了先前曾经拥有的知识，那么我假定我们所谓的学习就是恢复我们自己的知识，称之为回忆肯定是正确的。"[1]因此，学习本质上就是帮助灵魂重新唤起它曾经拥有的知识，也就是说，学习即回忆。

回忆说有着明确的时间意味。回忆的前提是灵魂不朽，这实际上展示出人的一种独特的存在方式，而且在柏拉图看来是更为真实的存在方式。这构成了时间的存在论基础。灵魂不仅仅包含现世的存在，那种超越世间的存在也许才是更为真实的存在。灵魂的不断重生体现出一种循环性的时间意味，这种时间当然不同于现世生命中的时间。出生是一个重要的时间节点，由出生所带来的遗忘才使得学习成为必要。因此，学习即回忆这一思想体现出关于个体生命如何回复真实存在的思考，也包含着对时间问题的深刻理解。

对灵魂的思考又会涉及死亡问题，而时间问题与死亡问题有着天然的联系。可以说，对时间的思考就体现在对死亡的理解之中，这也使得《斐多篇》中"实践死亡"的思想具有了时间性意义。"灵魂从肉体中解脱出来的时候是纯洁的，没有带着肉体给它造成的污垢，因为灵魂在今生从来没有自愿与肉体联合，而只是在肉体中封闭自己，保持与肉身的分离，换句话说，如果灵魂按正确的方式追求哲学，并且真正地训练自己如何从容面对死亡，这岂不就是'实践死亡'的意思吗？"[2]实践死亡即学习从容地面对死亡，也就是先行到死亡之中，追求灵魂原有的纯洁与真实状态。这种"先行到死"的存在论基础及

---

1 柏拉图《柏拉图全集（第一卷）》，王晓朝译，人民出版社，2002年版，第77页。
2 柏拉图《柏拉图全集（第一卷）》，王晓朝译，人民出版社，2002年版，第85页。

其时间意味在20世纪海德格尔思想中获得了系统阐发。

以上柏拉图关于灵魂、回忆、死亡问题的思考都具有突出而明确的时间意识，或者说，其中都贯穿着时间性的线索，对于我们理解柏拉图关于时间的思想无疑具有重要意义。

但是，在柏拉图关于时间的思想中，更直接地显现出来的是宇宙论基础上的时间观，这主要体现在《蒂迈欧篇》中。

在《蒂迈欧篇》中，柏拉图从宇宙论的角度出发，认为时间来自天体的运动，是"永恒者的形象"。黑尔德对此高度重视，认为"在柏拉图的晚期对话《蒂迈欧篇》中，那里包含着对时间的第一个哲学定义。在这个定义中，时间被规定为永恒的映像（Abbild）"[1]。因此，柏拉图对时间的理解是与永恒者联系在一起的。在这一思想中，首先值得注意的是时间与存在的关系，以及由此而来的对时间不同维度的理解。上文说到，在赫拉克利特的思想中实际上已经涉及时间的不同维度这一问题，他将存在（是）理解为过去存在（是）、现在存在（是）、将来存在（是）。柏拉图同样将时间的形式分为过去是、现在是、将来是，三者都是永恒者的形象，是对永恒的模拟。之所以是对永恒的模拟，是因为它们显示出永恒在这些不同的时间形式中的存在（是）；之所以只是模拟，是因为永恒本身实际上并不存在这些区分，这些区分只是"永恒者的形象"。

更进一步来看，在时间的过去是、现在是、将来是等不同形式之中，"现在是"具有某种特殊性，与其他二者不同。因为在柏拉图看来，永恒没有变化，只是永远的现在。因而只有"现在是"才真正准确地描述了永恒者，属于永恒。过去是、将来是都属于生成变

---

[1] 黑尔德《时间现象学的基本概念》，靳希平等译，上海译文出版社，2009年版，第27页。

化，只是时间的形式，而不属于永恒或真正的存在。正如柏拉图所说："我们常说：过去是，现在是，将来是。只有'现在是'才准确描述了永恒者，因而属于它。'过去是'和'将来是'是对生成物而言的。它们在时间中，是变化的。但那不变的自我相同者是不会随着时间的流逝而变老或年轻。它不会变，以前不会，将来也不会。"[1] 黑尔德由此指出："对柏拉图而言，根本没有'流动的现在'，只有时间的过渡性。过渡性就是'过去是'和'将是'这一对视角提供的。"[2] 历史地来看，柏拉图的这一思想有其存在论基础，与巴门尼德有着密切关系。巴门尼德认为，存在"完整，单一，不动，完满；［它］既非曾经存在，也非将要存在，因为［它］现在作为整体存在，是一体的、连续的"[3]。因而只有现在属于存在，过去与将来都不属于存在。柏拉图关于时间不同维度的思想显然受到了巴门尼德的影响。这样来看，就存在着时间之外的存在，或者说，时间之外的存在才是真正的存在。

那么，时间是如何产生出来的呢？柏拉图仍然是从宇宙论的角度进行解说。他认为，造物者想好了灵魂的全部构造，就开始造物体性的存在，并使两者紧密结合。"造物者造了一个这样的有运动、有活力的生命体，就等于给不朽的诸神立殿。于是，他高兴地决定仿照她而造一个摹本，使之与原本相像。……他决定设立永恒者的动态形象，即设立有规则的天体运动。这样做时，永恒者的形象就依据数字来运动。永恒者仍然保持其整体性，而它的形象便是我们所说的时间。"[4]

---

1 柏拉图《蒂迈欧篇》，谢文郁译，上海人民出版社，2005年版，第25页。
2 黑尔德《时间现象学的基本概念》，靳希平等译，上海译文出版社，2009年版，第43页。
3 巴门尼德《巴门尼德著作残篇》，李静滢译，广西师范大学出版社，2011年版，第82—83页。
4 柏拉图《蒂迈欧篇》，谢文郁译，上海人民出版社，2005年版，第25页。

这样，时间根据永恒者的本性造出来，并尽可能与原本相像。但是只有原本是永恒的，"而天体和时间是过去是、现在是和将来是"[1]。过去、现在与将来是时间的样式，它们模仿永恒者，并按照特定的规则（数）运转。其中唯有现在属于永恒，"过去是"和"将来是"是对生成物而言的，这样现在相对于过去与将来的优先地位就凸显出来。

很显然，柏拉图的这种时间观完全建立在其宇宙论的基础上，由此出发也形成了对人的理解。时间是按照永恒而造的摹本，其中的生命体（即人）自身便已包含了理性，这种造物在最初便是完善的，"是永恒不变自身同一的存在"，是一种不依赖于他者而自我满足的存在者，他"孩童时代所学的都深埋在记忆中了"[2]。但是遗忘、欲望会使人遗失了最原初的记忆，这就需要借助于某种"兆示"，"回忆并重建在梦中或着魔状态时的突发事件，通过反思来弄清楚他所看到的异象会对什么人，以什么方式，导致什么样的好事或坏事，是过去的，现在的，还是将来的"[3]。由此，在自我调节中恢复最初的一种理性生活。正是这种时间观，表明了处于时间当中作为被创造者而存在的人的值得追求的存在方式：应该不断重建自身，追求不朽，以恢复最初的完善，成为体现着源初理性的生命体。

柏拉图对时间的思考尽管是从宇宙论的视角展开，但已包含着人文的指向，达到了前所未有的深度。其间对时间与存在关系的思考不仅在后来康德美学中获得了进一步拓展，更成为20世纪海德格尔思想中的一个关键问题。

亚里士多德在时间思想的发展过程中占有重要地位，他不再将时

---

[1] 柏拉图《蒂迈欧篇》，谢文郁译，上海人民出版社，2005年版，第26页。
[2] 柏拉图《蒂迈欧篇》，谢文郁译，上海人民出版社，2005年版，第18页。
[3] 柏拉图《蒂迈欧篇》，谢文郁译，上海人民出版社，2005年版，第51页。

间和天体的运动联系在一起，而是更一般地试图通过运动来思考时间。在他看来，"时间是不能脱离运动和变化的"[1]。因此，亚里士多德对时间的理解实际上已经摆脱了宇宙论的视角，而是将时间与运动联系在一起。

亚里士多德认为，永恒的事物不存在于时间之中，它们的存在无法被时间所计量，因而也不会受到时间的影响。那些可以用时间来计量其存在的事物都是存在于运动或静止之中的。因此，时间是事物存在的形式，万事万物都在时间里产生和灭亡。

时间是运动的尺度很好理解，那么时间如何是静止的尺度呢？在亚里士多德看来，一切静止都在时间之中。并非任何事物都能"静止"，只有那些本性能够运动而不在实际运动着的事物才能"静止"，也可以说，静止是由运动来衡量的。因此，运动和静止描述的是同一类事物，即时间之中的事物。时间所计量的是这些事物的某一个数量的运动和静止。由此看来，不存在的事物也就不属于时间，即那些不存在也不可能存在的事物，是不属于时间的。

因此，在亚里士多德看来，时间和运动具有密切关联。时间并不就是运动，而是使运动成为可以计量的东西。同样，运动也不就是时间，而是使时间成为可能的东西。根据亚里士多德对于时间的理解，"时间是关于前和后的运动的数"[2]，也就是说，时间通过运动得以可能，运动通过时间得以计量。

对运动的计量需要区分运动的前与后，区分前和后的前提在于"现在"。因此亚里士多德花了很大的篇幅来讨论"现在"的问题。

---

[1] 亚里士多德《物理学》，张竹明译，商务印书馆，1982年版，第124页。
[2] 亚里士多德《物理学》，张竹明译，商务印书馆，1982年版，第127页。

第一章　审美时间性问题作为现代美学问题

在亚里士多德之前，将时间区分为过去、现在、将来似乎是一个习惯的、自然而然的区分。但亚里士多德对这一区分提出了质疑，在他看来，现在显然不同于过去和将来，它不是时间的一部分，而是属于时间，具有十分特殊的存在方式。

现在既将时间区分为之前和之后，同时又将二者联系在一起。"因此，时间也因'现在'而得以连续，也因'现在'而得以划分。"[1]正是现在分时间为"前"和"后"，因此，过去与将来正是通过现在才得以可能。这样看来，现在在时间中就具有优先性，"显然，没有时间就没有'现在'，没有'现在'也就没有时间"[2]。在这一过程中，现在既是区分，又是连接；既是同一的，又是不同一的。"作为这种分开时间的'现在'，是彼此不同的，而作为起连结作用的'现在'，则是永远同一的。"[3]作为不断继续的现在，当然是各个不同的，每一个现在都与其他的现在相区分。而作为现在本身，则是同一的。也就是说，现在本质上是同一的，因为作为运动的物体在运动中本质上是同一的；但在运动中，之前的现在和之后的现在显然是不同的，因此作为不断继续的"现在"，又是不同一的。这里实际上体现出看待现在和时间的两种视角，即现在是作为区分还是作为连接，时间是作为不同现在的集合还是作为一个整一的过程。

这样来看，现在就具有某种二重性：现在一方面是时间的一个潜在的分开者，另一方面又是两部分时间的连结者。一方面现在连接着过去的时间和将来的时间，但另一方面它又是将来时间的开始、过去时间的终结，潜在地分开时间。时间因现在得以连续，也因现在得以

1　亚里士多德《物理学》，张竹明译，商务印书馆，1982年版，第127页。
2　亚里士多德《物理学》，张竹明译，商务印书馆，1982年版，第126页。
3　亚里士多德《物理学》，张竹明译，商务印书馆，1982年版，第132页。

划分。以现在为核心,时间就成为关于前后运动的数。时间正是通过现在才能得以计量,现在就是计量时间的数。

更为重要的是,在亚里士多德看来,现在不是一个孤立的点,而是包含着过去、将来的独特视域。它可以与过去相结合成为"刚才",也可以和将来相结合成为"马上",其他诸如"适才""从前""忽然"等等都可以从现在得以规定。正如亚里士多德所说,"'马上(刚才)'是将来时间的一个和当前不可分的'现在'很接近的那部分——'你何时去散步?'答曰'马上'。这样回答是因为他准备做这件事的时间和现在的距离是很近的——以及一个过去时间的距现在不远的那部分。……还有'适才'也是过去时间中和当前的现在接近的部分……'从前'是一距现在很远的过去时间的部分。'忽然'表示变化在一短暂得不易觉察的时间里发生"[1]。

这段论述对诸种时间现象做了细致分别,颇具现象学意味。可以看到,诸种时间现象都由现在得以显现和规定,或者说,过去、将来及其多种呈现方式只有与现在结合在一起才是可以理解的,也才能得以计量。

特别值得注意的是,亚里士多德开始思考时间与心灵的关系。既然时间是"关于前和后运动的数",那么时间当然不能脱离运动。但同时心灵必须感知到前和后的运动,即感知到变化,才会有时间。"如果我们没有辨别到任何变化,心灵显得还保持在'未被分解的一'这种状态下,我们就会发生以为时间不存在的现象;如果我们感觉辨别到了变化,我们就会说已经有时间过去了。可见时间是不能脱离运

---

[1] 亚里士多德《物理学》,张竹明译,商务印书馆,1982年版,第134页。

动和变化的。"[1] 运动和变化构成了时间的基础，但只有运动和变化也不可能有时间。"如果除了意识或意识的理性而外没有别的事物能实行计数的行动，那么，如果没有意识的话，也就不可能有时间，而只有作为时间存在基础的运动存在了（我们想象运动是能脱离意识而存在的）。但运动是有前和后的，而前和后作为可数的事物就是时间。"[2] 因此，时间既不是完全主观的，也不是完全客观的。运动是时间存在的基础，而对运动变化的意识构成了时间的前提。这里，亚里士多德开始从意识或心灵的角度解说时间，这是理解时间的一条重要路径。这一路径在之后奥古斯丁的思想中得到了进一步阐发。

二、奥古斯丁的时间观念

奥古斯丁在《忏悔录》中对时间问题展开了系统思考。胡塞尔对奥古斯丁的时间思想给予了高度评价："对时间意识的分析是描述心理学和认识论的一个古老的包袱。第一个深切地感受到这个巨大困难并为此而做出过近乎绝望努力的人是奥古斯丁。时至今日，每个想探讨时间问题的人都应当仔细地研读《忏悔录》第十一篇的第14章至第28章。因为，与这位伟大的、殚思竭虑的思想家相比，以知识为自豪的近代并没有能够在这些问题上做出更为辉煌、更为显著的进步。"[3] 很显然，奥古斯丁的时间思想在西方时间思想的发展历史上具有重要的意义。

作为神学家，奥古斯丁在对时间的思考上，首先注意到的就是

1　亚里士多德《物理学》，张竹明译，商务印书馆，1982年版，第124页。
2　亚里士多德《物理学》，张竹明译，商务印书馆，1982年版，第136页。
3　胡塞尔《内时间意识现象学》，倪梁康译，商务印书馆，2009年版，第33页。

永恒与时间的关系。奥古斯丁问道:"主啊,永恒既属你所有,你岂有不预知我对你所说的话吗?你岂随时间而才看到时间中发生的事情?"[1]这已暗示了其时间观的基本观点:天主、永恒是在时间之外的。从宗教的观点来看,天地万物都是上帝所创造的,都是受造物,所有这些都处于不断变化之中,也就是说,都处于时间之中。这样,永恒与时间就有了明确的区分。"谁能遏止这种思想,而凝神伫立,稍一揽取卓然不移的永恒的光辉,和川流不息的时间作一比较,可知二者绝对不能比拟,时间不论如何悠久,也不过是流光的相续,不能同时伸展延留,永恒却没有过去,整个只有现在,而时间不能整个是现在,他们可以看到一切过去都被将来所驱除,一切将来又随过去而过去,而一切过去和将来却出自永远的现在。"[2]很显然,时间是和变化联系在一起的,有变化就会有先后,有过去、现在、未来;永恒则没有任何变化,只有现在。二者属于完全不同的存在。那么,应该如何来理解时间的存在呢?

在奥古斯丁看来,时间始终与某种事物的存在相关,"我知道如果没有过去的事物,则没有过去的时间;没有来到的事物,也没有将来的时间,并且如果什么也不存在,则也没有现在的时间"[3]。但是进一步来看,过去的事物显然已经不再存在,将来的事物显然还未存在,现在则处于不断变化之中,并没有属于自身的存在,由此会对理解时间带来一系列的困难,正如奥古斯丁所问:"既然过去已经不在,将来尚未来到,则过去和将来这两个时间怎样存在呢?现在如果永久是现在,便没有时间,而是永恒。现在的所以成为时间,由于走向过

---

[1] 奥古斯丁《忏悔录》,周士良译,商务印书馆,1963年版,第246页。
[2] 奥古斯丁《忏悔录》,周士良译,商务印书馆,1963年版,第255—256页。
[3] 奥古斯丁《忏悔录》,周士良译,商务印书馆,1963年版,第258页。

去；那么我们怎能说现在存在呢？现在所以在的原因是即将不在；因此，除非时间走向不存在，否则我便不能正确地说时间不存在。"[1] 如果时间与存在相关，那么过去、现在、未来显然并不具有自身的存在。如果过去、现在、未来不存在，那么时间如何能够存在呢？也就是说，我们能够感受到的只是不断变化的现在。

根据这一思考，奥古斯丁就认为我们不能从外在的角度来理解时间，而必须从内在心灵的角度来思考时间问题，即将时间理解为思想的伸展。"根据以上种种，我以为时间不过是伸展，但是什么东西的伸展呢？我不知道。但如不是思想的伸展，则更奇怪了。"[2] 因此，说时间分为过去、现在、未来实际上并不准确，时间只是存在于我们的心中，准确地说，时间实际上分为过去的现在、现在的现在和将来的现在。"说时间分过去、现在和将来三类是不确当地。或许说：时间分过去的现在、现在的现在和将来的现在三类，比较确当。"[3] 而这三种"现在"，都要经过我们当下的意识，体现为不同的意识形式。我们是通过记忆把握到过去的事物，因此过去的现在便是记忆，我们是通过期望把握到将来的事物，因此将来的现在就是期望，而我们通过直接感觉把握到事物的现在。

可以看到，奥古斯丁将时间与心灵相联系，时间的三个维度分别对应着心灵的三种不同的存在方式，这些不同的存在方式通过人的意识得以把握，或者说就体现在人的意识之中。时间在这一步步的探讨之下，已经完全内在化了。

具体来说，时间在人的心灵之中就体现为三种形式：期望、注意

---

1 奥古斯丁《忏悔录》，周士良译，商务印书馆，1963年版，第258页。
2 奥古斯丁《忏悔录》，周士良译，商务印书馆，1963年版，第269页。
3 奥古斯丁《忏悔录》，周士良译，商务印书馆，1963年版，第263页。

与记忆。"过去"被归为记忆,"将来"被归为期望,而没有任何长度的"现在"则被归为"注意"。整体时间成了在当下的意识(注意)中联系起来的记忆与期望。时间流逝的过程就通过这三种形式成为可能。"并非将来时间长,将来尚未存在,所谓将来长是对将来的长期等待;并非过去时间长,过去已不存在,所谓过去长是对过去的长期回忆。"[1] 奥古斯丁通过否定过去与将来的存在,将过去和将来归入人的思想意识中的"记忆"与"期待"中,而当下则存在于"注意"里。因此,时间就不是外在于人的,而是人的思想的延伸、扩展,通过记忆、注意与期待三者得以表现。度量时间实际上就是度量内心中的印象。

奥古斯丁通过一个生动的例子来说明时间:"我要唱一支我所娴熟的歌曲,在开始前,我的期望集中于整个歌曲;开始唱后,凡我从期望抛进过去的,记忆都加以接受,因此我的活动向两面展开:对已经唱出的来讲是属于记忆,对未唱的来讲是属于期望;当前则有我的注意力,通过注意把将来引入过去。这活动越在进行,则期望越是缩短,记忆越是延长,直至活动完毕,期望结束,全部转入记忆之中。整个歌曲是如此,每一阕、每一音也都如此;这支歌曲可能是一部戏曲的一部分,则全部戏曲亦然如此;人们的活动不过是人生的一部分,那么对整个人生也是如此;人生不过是人类整个历史的一部分,则整个人类史又何尝不是如此。"[2]

这一段分析很有现象学的意味。在音乐进行过程之中,期望不断地经由注意进入记忆,音乐完成的时候,原先的期望就完全进入记

---

[1] 奥古斯丁《忏悔录》,周士良译,商务印书馆,1963年版,第272页。
[2] 奥古斯丁《忏悔录》,周士良译,商务印书馆,1963年版,第273页。

忆。也就是说，将来不断地由现在进入过去。一首乐曲如此，人生乃至人类历史，皆是如此。这样来看，人就始终生存于时间之中。

当然，在奥古斯丁看来，时间意识显然是属于受造物的，没有受造物就没有时间。也就是说，时间是属于人的，不能用时间观念来理解天主。天主是意志与本体的同一，"一下子地、同时地、永久地愿意所愿意的一切"[1]，他的本体是绝对不变的。

奥古斯丁通过对时间的重新规定，将时间归为思想的变迁、延伸，而这种可变迁的特性是受造物的特征。这一思想注意到了时间与人的内在关联以及时间的整体性，对于20世纪存在论的时间观具有启发意义。

黄裕生在《宗教与哲学的相遇》一书中认为，奥古斯丁的时间观在其后的1400多年后，康德才在哲学上做出了认真的回应，之前一直没有得到认真的对待。"如果说奥古斯丁是为了捍卫上帝的绝对自由而把时间内在化，那么，康德则是为了捍卫人的自由而将时间内在化。"[2] 康德将时间做了彻底的内在化处理，将其归为人的感性直观形式。同时，他关于"时间图型"的学说更是将时间与人的存在紧密相连。这些思想都与奥古斯丁打开的探讨时间问题的新维度密切相关。

三、黑格尔的时间观念

在西方哲学史上，康德对时间的思考显然具有重要意义。正如

---

[1] 奥古斯丁《忏悔录》，周士良译，商务印书馆，1963年版，第287页。
[2] 黄裕生《宗教与哲学的相遇：奥古斯丁与托马斯·阿奎那的基督教哲学研究》，江苏人民出版社，2008年版，第94页。

海德格尔所指出的,"曾经向时间性这一度探索了一程的第一人与唯一一人,或者说,曾经让自己被现象本身所迫而走到这条道路上的第一人与唯一一人,是康德"[1]。今天来看,康德关于时间的思考对于当代时间性问题的研究仍然具有重要价值。

康德认为,我们在对外在世界进行认识之前,必须对我们的认识能力本身进行批判,以往哲学的困境恰恰就在于忽视了对人的认识能力的考察,而批判哲学就是要明确人类认识能力的性质、可能的范围及其局限。康德具体区分了现象和本体(物自体),认为人的认识只能及于现象,从而人的知识也只能局限于现象界;而本体,由于我们对它不可能具有经验,因而也就不可能形成知识,只能对其进行"思维"。

在《纯粹理性批判》中,康德将时间理解为主体感性直观的先天形式,一切杂多表象只有在时间中才能被综合成为经验对象,也才能被人所认知。因而时间就成为主体的感性直观形式,由此确立了时间的先天性品格。不仅如此,在康德哲学中,时间的重要性还在于,时间图型是沟通感性杂多与知性范畴、使认识得以可能的中介。因而可以说,正是时间使得认识得以可能。关于康德的时间性思想,后文会进行专题研究,这里暂不详细展开。康德之后的德国古典美学中,黑格尔本体论的时间观对于我们探讨时间观念的历史进展具有重要意义。

黑格尔的哲学体系以绝对精神为核心和基础,所以黑格尔也是从理念的角度来理解时间,认为时间是理念外化存在的否定形式。在

---

[1] 海德格尔《存在与时间》,陈嘉映、王庆节译,生活·读书·新知三联书店,1999年版,第27页。

《自然哲学》中，黑格尔认为自然界是理念外化的结果，包含由低级到高级、由简单到复杂的发展过程。具体可以分为三个阶段：力学、物理学和有机物理学。在力学阶段，自然界分裂为两种形式：作为肯定形式的空间和作为否定形式的时间。空间经过从点过渡到线，从线过渡到面两次否定。空间的真理是对各个环节的自我扬弃，而时间正是这种持续不断扬弃的存在，"否定性这样被自为地设定起来，就是时间"[1]。因此空间是以时间为其真理。"空间的真理性是时间，因此空间就变为时间；并不是我们很主观地过渡到时间，而是空间本身过渡到时间。"[2]

具体来看，时间是一种变易。"时间是那种存在的时候不存在，不存在的时候存在的存在，是被直观的变易。"[3] 作为变易，时间就是产生和消逝，这就是现实存在的抽象。"事物之所以存在于时间中，是因为它们是有限的；它们之所以消逝，并不是因为它们存在于时间中；反之，事物本身就是时间性的东西，这样的存在就是它们的客观规定性。"[4] 即使事物持久存在，时间也不是静止不动的，而是不断流逝着。事实上一切有限的事物都是有时间的，因为它们迟早要服从于变化，所以它们的持久性是相对的。

在黑格尔看来，时间包含三个维度，即现在、过去和将来。它们被规定为变易的统一体。但真正的存在只是现在，因为现在之所以存在，仅仅是由于过去不存在，而且其存在的非存在就是将来。"因此，

---

1 黑格尔《自然哲学》，梁志学、薛华、钱广华、沈真译，商务印书馆，1980年版，第47页。
2 黑格尔《自然哲学》，梁志学、薛华、钱广华、沈真译，商务印书馆，1980年版，第48页。
3 黑格尔《自然哲学》，梁志学、薛华、钱广华、沈真译，商务印书馆，1980年版，第48页。
4 黑格尔《自然哲学》，梁志学、薛华、钱广华、沈真译，商务印书馆，1980年版，第50页。

大家可以从时间的肯定意义上说，只有现在存在，这之前和这之后都不存在；但是，具体的现在是过去的结果，并且孕育着将来。所以，真正的现在是永恒性。"[1]现在在时间中具有某种特殊性，这一思想显然具有古希腊以来深远的历史渊源。黑格尔肯定了现在的存在，并将现在与过去、将来联系起来，已经包含着整体时间性的思想。

在黑格尔的思想体系中，时间不仅仅是理念的外化形式，也是理念自身运动的呈现方式。实际上，黑格尔的作为本体的精神本身就具有时间性的内涵。

在古希腊的本体论传统中，"本体"本身是绝对的、永恒的、不变的。尽管阿那克西美尼认为万物生成于本体的"气"的凝聚与疏散，赫拉克利特认为世界是一团永恒的活火，"在一定的尺度上燃烧，在一定的尺度上熄灭"等等，但作为本体的"气"或者"火"本身则是不变的。黑格尔一方面继承了传统本体论的观念，但同时又认为本体不应该是僵死的、不变的，而应该处于不断的运动、变化、发展之中。这样，黑格尔的本体就是一个运动的本体、发展的本体，在《精神现象学》中，黑格尔描述了作为本体的精神的运动历程。

对黑格尔来说，所谓"本体"就是"主体""精神"，就是"绝对""概念"，也即"真理"。人及人类活动只是这一精神的自我运动，是精神的外化或显现。同时，这一"主体"或"真理"本身就是一个过程，"所以唯有这种正在重建其自身的同一性或在他物中的自身反映，才是绝对的真理，而原始的或直接的统一性，就其本身而言，则不是绝对的真理。真理就是它自己的完成过程，就是这样一个圆圈，预悬它的终点为目的并以它的终点为起点，而且只当它实现

---

[1] 黑格尔《自然哲学》，梁志学、薛华、钱广华、沈真译，商务印书馆，1980年版，第55页。

了并达到了它的终点它才是现实的"[1]。黑格尔使本体动了起来,这样,本体就有了时间性。

黑格尔把时间和本体概念联系起来,因此,"真理具有在时间到来或成熟以后自己涌现出来的本性,而且它只在时间到来之后才会出现,所以它的出现决不会为时过早,也决不会遇到尚未成熟的读者"[2]。对黑格尔来说,本体就是真理,就是精神,就是时间的本质,而时间则是精神的外化。因此,是精神使时间作为时间而存在。但由于精神本身是不断发展的,它要不断地扬弃其外在性形式,使自己获得概念的自我认识,因而时间本身也必然要被精神所扬弃。黑格尔指出:"所以精神必然地表现在时间中,而且只要它没有把握到它的纯粹概念,这就是说,没有把时间消灭[扬弃],它就会一直表现在时间中。时间是外在的、被直观的、没有被自我所把握的纯粹的自我,是仅仅被直观的概念;在概念把握住自身时,它就扬弃它的时间形式,就对直观作概念的理解,并且就是被概念所理解了的和进行着的概念式的理解的直观。——因此,时间是作为自身尚未完成的精神的命运和必然性而出现的。"[3]可以看到,时间是没有达到自我认识的本体的形式,而真理一旦"成熟"后就会扬弃时间,因而时间就是有终结的。扬弃了时间之后,精神没有了外在的形态与之对立,就成为具有自我意识的精神而达到它的完成,是为绝对精神。

精神既然有时间,则必然有历史,"推动精神关于自己的知识的形式向前开展的运动,就是精神所完成的作为现实的历史的工作"[4]。

---

1 黑格尔《精神现象学(上卷)》,贺麟、王玖兴译,商务印书馆,1979年版,第11页。
2 黑格尔《精神现象学(上卷)》,贺麟、王玖兴译,商务印书馆,1979年版,第49页。
3 黑格尔《精神现象学(下卷)》,贺麟、王玖兴译,商务印书馆,1979年版,第268页。
4 黑格尔《精神现象学(下卷)》,贺麟、王玖兴译,商务印书馆,1979年版,第269页。

历史就是精神的运动，就是现实的时间。由于时间是有终结的，于是历史就成为回忆，成为对以往精神诸形态的保存。但同时，对历史的概念式的理解又会使精神获得新的存在形式。因此，"对那些成系列的精神或精神形态，从它们的自由的、在偶然性的形式中表现出的特定存在方面来看，加以保存就是历史；从它们被概念式地理解了的组织方面来看，就是精神现象的知识的科学。两者汇合在一起，被概念式地理解了的历史，就构成绝对精神的回忆和墓地，也构成它的王座的现实性、真理性和确定性，没有这个王座，绝对精神就会是没有生命的、孤寂的东西"[1]。历史由此具有了二重性，既是以往的结束，又是真理的开始。历史终结了，历史诞生了，人类的史前史结束了，以往的一切都在这一终结中获得意义。因此，历史终结论总是和历史目的论相互缠绕，历史终结之处即是目的的达成。精神之前的一系列运动就表现为向着一个内在目的不断演进的过程。这一目的既是起点，也是终点；既是开端，又是终结，整个运动表现为一个圆圈式的运动。而最后，时间终结了，历史终结了，精神进入了自己的永恒的"至福王国"，成为超时间的存在。这一历史话语是一个伟大的预言，是对时代的最高肯定。

可以看到，黑格尔从本体的角度理解时间，将时间与精神相结合，由此时间就具有了存在的意义，成为涵盖自然、人类社会、人类历史的基本视野。这一点也对美学产生了深刻影响，黑格尔美学同样贯穿着整体性的时间线索。关于黑格尔美学的时间性内涵本书后文将进行专门探讨，这里就暂不赘述了。

---

[1] 黑格尔《精神现象学（下卷）》，贺麟、王玖兴译，商务印书馆，1979年版，第275页。

第二节　审美时间性问题的提出

20世纪现象学的兴起和发展，尤其是海德格尔首次明确地将时间与存在相联系，将时间问题的研究推到了一个新的阶段，对于当代美学产生了重要影响。当前，审美时间性问题已经成为当代美学研究的一个重要论域。

作为一个理论问题，审美时间性问题的凸显与当代现象学的发展有着密切关系。胡塞尔对内时间意识的分析奠定了当代哲学视野中时间性问题的基础，他所提出的原印象、滞留、前摄等概念无疑极具启发性，尤其是他对不同时间层次的区分、对时间结构的描述对美学研究具有深刻的影响；海德格尔将时间与存在相关联，极大拓展了时间性问题的理论背景和研究视域，并对审美时间性问题的研究产生了直接影响；伽达默尔《真理与方法》中关于艺术问题的思考已经体现出明确而自觉的审美时间性问题意识；英伽登的现象学美学同样具有内在的时间性内涵。在这一系列思想的基础上，当代审美时间性问题作为一个理论问题得以凸显。

一、现象学、存在论与审美时间性问题的奠基

20世纪，胡塞尔的现象学在对时间问题的理解上有了重要进展。事实上，胡塞尔对时间的理解在某种意义上可以看作是在奥古斯丁、康德思想基础上的"接着讲"。通过现象学还原的方法，胡塞尔对内时间意识进行了细致分析，揭示出时间意识的内在结构，即作为时间性整体的活的当下，由原印象、滞留和前摄三个要素构成。

胡塞尔认为，必须将时间还原到人的内时间意识之中。内时间意

识处于不断流动之中，新的内容会不断地呈现出来，变成意识的对象，而意识之中原有内容则会不断地变得模糊并最终消失，由此就呈现出现象学的时间。因此时间意识就体现出场域性的特征，即一个感知不仅包含当下的"原印象"，而且还包含着一个在时间上向前或向后的伸展着的"视域"。向前的就是"前摄"，向后的就是"滞留"，由此就形成一个"时间晕"。原印象、滞留、前摄就是内时间意识的基本结构，也是时间的基本结构。

原印象是某种延续得以开始的起点，它本身就处于持续变化之中。胡塞尔认为，一个现在的声音会在意识之中不断变化为过去，原印象会过渡到滞留之中。滞留仍是现时的，但却是关于一个曾在声音的滞留。滞留之中的存在并不是当下的声音，而是在现在之中被回忆起来的声音。

滞留指向过去，它保持着刚刚消逝的活的当下。与之不同，前摄则指向未来，把有关"来临的事物"的原初感觉给予我们。因此，任何一个当下都不是孤立的点，而是一个场域性的存在。这种关于时间性整体的描述，显然让我们对时间性问题有了全新的认识。

"滞留"虽然与作为瞬间的"当下"意识相对立，但它与"当下"一起仍属于"感知"这一范畴，作为滞留的不再是当下却仍然属于"感知"和"现在"。同时，当下的意识会向新的"当下"保持着敞开，换言之，意识在当下的意向中就已经预期着新的对象的来临，这样的敞开或预期就是"前摄"。"前摄"显然还未进入"当下"，但像"滞留"一样，它也在感知和现在之中。

因此，感知并不仅仅是意识的当下行为，而是集当下、前摄和滞留于一身的三重体验边缘域，这构成了内时间意识的结构；现在并不仅仅是作为眨眼瞬间的当下，而是包括当下和非当下即滞留和前摄在内的现在；时间不是过去、现在和未来的简单叠加，也不是滞留、当下和前摄的点状流动；滞留和前摄不仅进入当下之中，它们还成为当下得以成立的前提和条件。

胡塞尔的内时间结构揭示了时间的场域性特征及其内在构成，揭示了时间三个维度的统一性。这一思想对于海德格尔的时间观念产生了深刻影响。

在时间问题的理论进展中，海德格尔显然具有重要意义。海德格尔关于时间性的定义明显受到了胡塞尔的影响，即"我们把如此这般作为曾在着的有所当前化的将来而统一起来的现象称作时间性"[1]。这样，时间性就具有了整体性的意义。更进一步，在《存在与时间》中，海德格尔明确了自己研究的现象学方法，并将时间性问题放到存在论的基础上加以考量，即"我们必须把时间摆明为对存在的一切领会及解释的视野"[2]。从这一视角来看，"时间概念的历史，即时间之发现的历史，就是追问存在者之存在的历史"[3]。这样就凸显出时间性问题的存在论品格。也就是说，对时间性问题的思考不再局限于人的内在意识的领域中，而必然与存在问题相关联并由此具有了整体性、本源性的意义。

在对此在的理解中，海德格尔强调了此在存在的时间性内涵，即"先行于自身的—已经在世界之中的—作为寓于世内照面的存在者的存在"本身就是一种时间性的样式。时间性的"绽出"呈现为此在的存在，包含着"曾在""将来""当前"等不同的时间维度。海德格尔

---

[1] 海德格尔《存在与时间》，陈嘉映、王庆节译，生活·读书·新知三联书店，1999年版，第372页。
[2] 海德格尔《存在与时间》，陈嘉映、王庆节译，生活·读书·新知三联书店，1999年版，第21页。
[3] 海德格尔《时间概念史导论》，欧东明译，商务印书馆，2009年版，第190页。

把将来、曾在、当前等现象称作时间性的"绽出",时间性的本质就是在绽出的统一中到时,是一种源始的时间。

值得注意的是,这种关于存在与时间的本源性的思考也延续到后期海德格尔关于诗与艺术的沉思中,并对理解审美的时间性问题具有重要的启示作用。

在《艺术作品的本源》之中,海德格尔强调了"绽出"这一概念,绽出代表对现实时间的突破和艺术作品的生成。因而绽出本身就包含着时间性的内涵,即突破经验时间的连续性以及本源时间的显现。

根据海德格尔的理解,艺术是真理之自行设置入作品。艺术发生为诗,诗乃赠予、建基、开端三重意义上的创建。"艺术让真理脱颖而出。作为创建着的保存,艺术是使存在者之真理在作品中一跃而出的源泉。使某物凭一跃而源出,在出自本质渊源的创建着的跳跃中把某物带入存在之中,这就是本源(Ursprung)一词的意思。"[1]我们很容易注意到这一思想中的时间性内涵。艺术是当下的"脱颖而出",同时又是创建与保存。"跳跃""一跃而出"是对经验时间的突破,具有源初的时间性。

在后来的《诗人何为?》中,海德格尔反复提到"终有一死的人",这一表述无疑与《存在与时间》中关于此在的"向死存在"的分析有关,该分析最终揭示出人的存在的时间性内涵。因此,"终有一死的人"的存在本身就是时间性的。海德格尔发出"诗人何为?"追问的背景是所谓的"贫困时代",即我们置身于其中的、世界黑暗的时代。这一时代不仅仅意味着神性丧失、意义空无,"时代之所以

---

1 海德格尔《林中路》,孙周兴译,上海译文出版社,2008年版,第56—57页。

贫困不光是因为上帝之死，而是因为，终有一死的人甚至连他们本身的终有一死也不能认识和承受了。终有一死的人还没有居有他们的本质"[1]。在这样的时代里，我们期求的是曾经在此的诸神的"返回"。因此，海德格尔认为，"作为终有一死者，诗人庄严地吟唱着酒神，追踪着远逝的诸神的踪迹，盘桓在诸神的踪迹那里，从而为其终有一死的同类追寻那通达转向的道路"[2]。

在海德格尔看来，荷尔德林就是贫困时代的诗人的先行者。但这个先行者并没有消失于未来。不如说，他出于未来而到达当前。而且，正是在他的诗作之中，未来才现身在场。因此，"先行者是不可超越的，同样地，他也不会消逝；因为他的诗作始终保持为一个曾在的东西。到达的本质因素把自身聚集起来，返回到命运之中"[3]。在这里，先行、曾在、到达构成了一个完整的时间结构，显现为命运。因此，荷尔德林的诗就是对贫困时代命运的吟唱，就是源初时间性的显现。这一思想对于审美时间性问题具有奠基性的意义。

二、伽达默尔阐释学与审美时间性问题的提出

伽达默尔对海德格尔关于时间性问题的阐释高度重视，认为"只有当海德格尔赋予理解以'生存论的'这种本体论转向之后，只有当海德格尔对此在的存在方式作出时间性的解释之后，时间距离的诠释学创新意蕴才能够被设想"[4]。可以说，正是海德格尔存在论使得从时

---

1 海德格尔《海德格尔选集（上）》，孙周兴选编，上海三联书店，1996年版，第413页。
2 海德格尔《海德格尔选集（上）》，孙周兴选编，上海三联书店，1996年版，第410页。
3 海德格尔《海德格尔选集（上）》，孙周兴选编，上海三联书店，1996年版，第462页。
4 加达默尔《真理与方法（上卷）》，洪汉鼎译，上海译文出版社，1999年版，第381页。

间性的角度来重新理解和研究阐释问题成为可能。伽达默尔也正是在《真理与方法》《美的现实性——作为游戏、象征、节日的艺术》等著作中通过阐释学方法揭示出艺术的时间性内涵，从而对于审美时间性问题的研究产生了直接的推动作用。

伽达默尔在其1960年出版的《真理与方法》中明确提出了审美存在的时间性问题，并从节日的角度解说了审美存在的时间结构。在伽达默尔看来，节日庆典活动的时间就是一种独特的现在，只有在变迁和重返的过程中，庆典活动才具有它的完整存在。这种变迁和重返就存在于当下之中。因此，审美的当下就是一种包含着历史变迁，并将不断重返下去的"同时"。

伽达默尔认为，艺术作品固然产生于过去的时代，但只要它仍在发挥作用，"它就与每一个现代是同时的"，而且，"一部艺术作品不仅从不完全丧失其原始作用的痕迹，并使有识之士可能有意识地重新创造它，——而且在陈列的画廊里得其寄生之地的艺术作品还一直是一个特有的根源"。[1]因此，"同时性"（Gleichzeitigkeit）始终是属于艺术作品的。这种"同时性"是指，"某个向我们呈现的单一事物，即使它的起源是如此遥远，但在其表现中却赢得了完全的现在性"[2]。因而同时性始终是开放性的。

在此基础上，在对理解问题的阐释中就具有了时间性的内涵。具体来看，前见、视域融合、效果史构成了伽达默尔阐释学时间性的三个基本概念，也展现出理解活动中时间的完整结构。

伽达默尔认为，任何理解活动都包含着某种前见（Vorsicht），前

---

[1] 加达默尔《真理与方法（上卷）》，洪汉鼎译，上海译文出版社，1999年版，第156页。
[2] 加达默尔《真理与方法（上卷）》，洪汉鼎译，上海译文出版社，1999年版，第165页。

见就植根于传统之中。正如伽达默尔所指出的,"精神科学的研究不能认为自己是处于一种与我们作为历史存在对过去所采取的态度的绝对对立之中。在我们经常采取的对过去的态度中,真正的要求无论如何不是使我们远离和摆脱传统。我们其实是经常地处于传统之中,而且这种处于决不是什么对象化的(vergegenständlichend)行为,以致传统所告诉的东西被认为是某种另外的异己的东西——它一直是我们自己的东西,一种范例和借鉴,一种对自身的重新认识"[1]。我们并不是与过去相对立,传统也并不是那种远离我们的东西,毋宁说,传统就在当下之中,建构着我们当下的存在。很明显,前见更多地体现着曾在的时间维度。

但理解并不仅仅只有传统的参与。"理解一种传统无疑需要一种历史视域。但这并不是说,我们是靠着把自身置入一种历史处境中而获得这种视域的。情况正相反,我们为了能这样把自身置入一种处境里,我们总是必须已经具有一种视域。"[2] 理解活动中,除历史视域之外,还需要有当下性的视域。一方面是历史视域,一方面是我们当下的视域,理解活动就是一种"视域融合"的过程。视域融合具有生发性、创新性,会在当下生成某种新的视域。因此,视域融合是理解活动的当下展开,更多地体现出当下的时间维度。

视域融合会具体展开为效果史。伽达默尔认为,"理解按其本性乃是一种效果历史事件"[3]。也就是说,"真正的历史对象根本就不是对象,而是自己和他者的统一体,或一种关系,在这种关系中同时存在

---

[1] 加达默尔《真理与方法(上卷)》,洪汉鼎译,上海译文出版社,1999年版,第361—362页。
[2] 加达默尔《真理与方法(上卷)》,洪汉鼎译,上海译文出版社,1999年版,第391页。
[3] 加达默尔《真理与方法(上卷)》,洪汉鼎译,上海译文出版社,1999年版,第385页。

着历史的实在以及历史理解的实在"[1]。效果史是开放性的、不断更新的。这样来看，理解活动也是开放性的，体现出未来的时间维度。

1974年，在那篇《美的现实性——作为游戏、象征、节日的艺术》的著名演讲中，伽达默尔探讨了艺术经验的人类学基础，从游戏、象征、节日三个视角来考察艺术，体现出非常自觉的时间意识。在对游戏的认识上，伽达默尔不仅指出了游戏的自由性，更强调了游戏"首先是指一种总是来回重复的运动"[2]，并能在不断的重复中体现出某种同一性；而象征就是"人们凭借它把某人当作故旧来相认的东西"[3]，它使人们能够和整个过去的传统相互交流、交互影响；在对节日的分析中，伽达默尔同样强调，"节日始终是对于所有的人而言的"[4]，"属于节日的——我不愿意说是无条件的，或者在更深一层的意思上大概是可行的吧？——是一种重复。……时间程序是通过节日的重复才产生出来的"[5]。伽达默尔对艺术的分析始终强调艺术的公共性及其特有的时间性内涵：不断的返回与重复。后文会看到，这一时间形式与康德"美的分析"中的时间形式不无相似之处。或许，这种相似就植根于审美活动的本性之中。因此，伽达默尔的艺术时间性分析可以看作是对康德"美的分析"时间性的遥远回应。实际上，伽达默尔对此并不讳言，在《美的现实性》《真理与方法》等著作中，均多

---

1 加达默尔《真理与方法（上卷）》，洪汉鼎译，上海译文出版社，1999年版，第384—385页。

2 伽达默尔《美的现实性——作为游戏、象征、节日的艺术》，张志扬等译，生活·读书·新知三联书店，1991年版，第35页。

3 伽达默尔《美的现实性——作为游戏、象征、节日的艺术》，张志扬等译，生活·读书·新知三联书店，1991年版，第51页。

4 伽达默尔《美的现实性——作为游戏、象征、节日的艺术》，张志扬等译，生活·读书·新知三联书店，1991年版，第65页。

5 伽达默尔《美的现实性——作为游戏、象征、节日的艺术》，张志扬等译，生活·读书·新知三联书店，1991年版，第68页。

次提到了康德美学，并作为自己思考的重要基础。这也进一步彰显了康德美学时间性内涵对现代美学的深刻影响。

在讨论"节日"的部分，伽达默尔区分了"为了某物的时间"和"属己的时间"。前者等待着用某物来填充，后者并不需要某种其他的东西来填充，而是恰恰使得任何东西的显现成为可能。节日通过庆祝活动体现出自身独特的时间，即属己的时间。在伽达默尔看来，艺术同样有自己的"属己的时间"，因此，"与艺术感受相关的是要学会在艺术品上作一种特殊的逗留，这种逗留的特殊性显然在于它不会成为无聊。我们参与在艺术品上的逗留越多，这个艺术品就越显得富于表情、多种多样、丰富多彩"[1]。这种逗留显然属于"属己的时间"，艺术的存在由此得以显现。

很显然，伽达默尔对艺术的理解包含着完整的时间结构。由此伽达默尔完成了审美时间性问题的理论奠基。

三、英伽登现象学美学的时间性内涵

从胡塞尔的现象学出发，对当代审美时间性问题的另一考察路径来自英伽登的现象学美学。英伽登主要是通过对艺术作品存在方式的探讨进入审美时间性问题。在理论建构上，英伽登自觉地将自己的现象学美学建基于存在论的基础之上。在《论现象学美学》中，他强调指出，其现象学美学的任务就是"解释基本概念，对某种经验和对象（尤其是艺术作品）及其价值之间的存在论上的联系和关涉提出洞

---

[1] 伽达默尔《美的现实性——作为游戏、象征、节日的艺术》，张志扬等译，生活·读书·新知三联书店，1991年版，第76页。

见"[1]。其中首要课题就是探讨不同的艺术作品的存在论和审美对象的存在论，即它们的形式存在论和实存方式。因此，英伽登的艺术理论提供了一个更加丰富的存在论框架。在此框架之中，艺术作品体现出一种分层结构。

在存在论的基础上，英伽登现象学美学关于时间问题的一个重要概念就是时间透视现象，其理论来源是胡塞尔关于内时间意识的分析。在英伽登看来，"时间透视现象一般都具有高度的审美相关性"[2]，因而这一思想对于审美时间性问题的研究具有重要意义。借助这一概念，英伽登系统考察了艺术作品的存在方式和形式结构，认为文学作品实际上是一种"意向性的客体"，在其中"文学的艺术作品只能在一个时间中展开的时间透视现象的连续统一体中对我们呈现出来"[3]。如果说，文学的艺术作品只能在连续的时间透视现象中呈现出来，那么文学的艺术作品在其具体化过程中也会体现出不同的时间透视方式。这一思想使得我们进一步研究审美时间性的多种表现方式具有了理论上的可行性。

英伽登认为，审美经验是一个合成的过程，它具有不同的阶段，包含许多不同的要素。他把审美经验过程分为三个基本阶段。第一个阶段是"初发的情感"阶段。这个阶段有两个显著的特征，其一，某个打动我们的性质使我们产生一种初发的审美情感，这种情感使我们从日常生活的实际态度或研究态度转变为审美态度。其二，"初发的情感"并不具有愉悦的特征，它是对于使我们激动起来的那种性质的

1　张旭曙《英伽登现象学美学初论》，黄山书社，2004年版，第144页。
2　张旭曙《英伽登现象学美学初论》，黄山书社，2004年版，第129页注。
3　英加登《对文学的艺术作品的认识》，陈燕谷译，中国文联出版社，1988年版，第150页。

迷恋，是对进一步享受或占有这种性质的渴望的情感。它或许可以被视为一种"不愉快"。第二个阶段是向最初面临的性质的"折回"与审美对象构成的阶段。在对最初的性质的进一步观照中，我们或许会发现它的某个缺陷或不足，于是我们常常用某些新的细节补充那个最初的性质。这些细节并不是艺术作品明确供给的，而是我们利用艺术作品所提供的一切可能性，自己寻找出来并增添在艺术作品之上的。这样，审美对象既是与艺术作品同一的，又比作品本身所提供的东西更为丰富。第三个阶段亦即最后的阶段，是对已构成的审美对象的静观并做出情绪反应。审美经验整个过程的特点是存在一种特殊的强烈的不稳定性，一种充满活力的可变性。然而到最后阶段，则出现了一种平息现象。一方面，存在对已构成的审美对象的质的谐调的一种相当安静的凝视（观照），以及对这些性质的领会。另一方面，出现某些开始承认已构成的审美对象的价值的情感，诸如愉悦、赞叹、狂喜等等，或者某些相反的情感。可以看到，审美经验中情感的"初发"与"折回"包含着内在的运动与时间性内涵。

以上我们追溯了审美时间性问题的历史渊源以及其作为一个理论问题在当代美学中的提出与发展。在对审美时间性问题的总体考察中，我们需要进一步研究审美时间性问题内在的逻辑结构，以期对这一问题能有更进一步的理解和把握。

第三节　当代审美时间性问题的问题性结构

根据以上考察，可以看出，审美时间性问题本质上是存在问题。当代审美时间性问题正是随着存在论的展开和时间性问题的不断深入而逐渐凸显，并已成为当代美学的一个重要的研究论域。从目前已有的关于这一问题的研究成果来看,作为一个理论问题,审美时间性问题已经形成了一些基本的研究路向,并在此基础上形成了独特的问题性结构。对这一问题的问题性结构的把握,无疑将有助于我们对审美时间性问题本身的理解,对于康德美学时间性问题的研究也具有重要意义。

根据现有研究,我们可以大致描画出审美时间性问题的问题性结构:首先,从审美时间性问题的产生来看,这一问题始终与当代存在论思想相关联,存在论思想实际上构成了这一问题得以可能的理论基础;其次,审美时间性问题力图通过时间性的视角,揭示审美活动在存在论上的特殊性,这一特殊性具体表现在其当下生成的特质;最后,审美时间性在具体的审美活动、在不同的审美范畴中会呈现出不同的表现形式。因而,本节对审美时间性问题的问题性结构的描述也将从这三个方面展开。

一、审美时间性问题的理论基础

从之前论述可以看出,存在论思想对于审美时间性问题具有重要意义。尽管海德格尔的《存在与时间》并未直接探讨美学问题,但正是其中的存在论思想对美学研究产生了深远影响。在那里,海德格尔打开了时间问题的存在论视域,明确了时间与存在的关联,也使得之后关于审美时间性问题的进一步探讨成为可能。而英伽登关于审美时间性问题的思考也同样建基于存在论思想之上(尽管两人对于存在问题的理解并不完全一致)。不难发现,正是存在论思想构成了审美时间性问题得以可能的理论基础。

这里需要进一步指出的是,作为理论基础,存在论不仅仅使得审美时间性问题成为可能,更在深层次上规定着审美时间性问题的具体展开。

首先,存在论在深层次上规定着审美时间性问题研究的视角和方法。存在问题的提出建基于现象学的思想,因而存在论研究对于现象学方法有着高度的理论自觉,《存在与时间》一开始就明确了现象学方法的基础性地位。在存在论的视野之中,"面向事情本身"就意味着面向存在本身,而根据存在与时间的相关性,对时间性的揭示也可以甚至必须借助存在问题。这就意味着,存在问题毫无疑问是进入时间性问题的重要途径。由此在审美时间性问题的研究中,存在论视角和现象学的研究方法自然就具有了重要地位。事实上,在前述海德格尔、伽达默尔、英伽登等关于审美时间的相关分析中都可以看到现象学方法的自觉运用。这些探讨,对于我们深入理解审美时间性问题具有重要的理论价值,也为审美时间性问题的研究开辟出极具启发性的理论空间。

其次,作为理论基础,存在论还在深层次上规定着审美时间性问题探讨的理论向度,即存在本身的彰显。

从存在论的视野来看,存在本身就是时间性的。因此,审美活动的存在同样具有自身的时间性,对审美时间性内涵的探讨也将从存在论的角度呈现出审美活动的独特性。但更重要的在于,审美活动的存在方式与日常经验的存在方式有着根本不同,正如叶秀山指出的:"审美—鉴赏并非'显示'一个感性知识的'对象',不仅仅'显示''现象',而是'显示'出'事物自身'。该'物自身'当然不作为'(知识)对象'而'显现'。'物自身'既非感性知识'对象',而之所以又能够'显现',乃在于它虽不进入'必然'的'时空',但却能够进入'自由'的'时空'。所谓'自由的时空',乃是能够使在'客观对象'上'不在场'（absent）的'在场'（present）。而使'在场'的'不在场'。"[1] 也就是说，审美开启出一个自由的时空，一个彰显出"物自身"的真实存在的时空。由此，审美时间也就不同于日常经验的线性时间，而体现出更具本真性的时间性内涵。

因此，审美活动的独特存在规定了审美时间不同于经验时间的本真时间性内涵，由此审美时间性问题的探讨就以存在问题作为自身的理论指向，从时间性的视角凸显出审美活动的独特存在。

最后，存在论在深层次上规定着审美时间性问题所面对的具体对象。正如存在总是存在者的存在，审美活动也总是当下的、具体的，因而审美时间就体现在具体的审美活动之中。这样，对具体的审美活动的存在论分析就成为审美时间性研究的题中应有之义。同时，从学术理路来看，围绕存在论也会形成关于审美时间性问题研究的一些基本理论问题。之前已经指出，关于审美时间性的讨论必然首先会涉及存在论的问题，存在论思想也必然会以不同的方式渗透在之前的美学思想之中，构成理解这些不同美学思想的基本理论视野。这就涉及从存在论的视野出发对以往美学思想的重新审视，研究不同的美学思想、审美范畴是如何建基于存在论基础之上、如何显露出其时间性内涵的。这也就意味着需要对整个美学史从存在论的视野进行重新考察，无疑这将是一个颇具挑战性的话题，也是一个有待于进一步拓展的研究领域。[2] 由此来看，对康德美学时间性问题的研究就具有了理论

---

1 叶秀山、王树人《西方哲学史·学术版（第一卷）》，凤凰出版社，2004年版，第155页。
2 目前学界关于这方面的研究已积累了一些值得借鉴的理论成果。择其要者，如刘旭光《黑格尔美学的存在论基础》（《上海师范大学学报》，2007年第6期）、《审美主体性的确立——康德美学思想的存在论基础研究》（《人文杂志》，2012年第3期），戴茂堂、夏忆《马克思美学的存在论解读》（《湖北大学学报》，2010年第5期），李天道《儒家美学"仁"范畴之存在论意义》（《山东师范大学学报》，2016年第1期）。

上的可行性。

总之，审美时间性问题的探讨不应抽象地谈论存在本身，而应当落实到具体的审美活动、审美范畴、美学思想之中，通过对这些不同的审美活动、审美范畴、美学思想的时间性分析，展示出审美活动的多样性及审美时间的丰富内涵。

二、审美活动的当下生成特质

如上所述，审美时间性问题力图通过时间性的视角，揭示审美活动在存在论上的特殊性，而这一特殊性具体表现为审美活动的当下生成特质。

人们都会注意到审美状态和日常状态的不同，问题是，如何来描述和解释这种不同。从时间性的视角来看，这一不同就在于审美活动不是现成的，而是当下生成的。具体来说，审美活动的当下生成特质可以归结为，审美活动总是具有某种瞬间性、突发性的特征，总是以当下生成的方式跳脱出经验时间的连续性，体现出某种更加本源的时间性内涵。

审美活动的这种当下生成特质，海德格尔在其关于艺术的思考中多有论及，对于我们研究审美时间性问题具有十分重要的理论价值。在《艺术作品的本源》中，海德格尔明确了存在问题对于艺术问题探讨的根本性意义，"只有从存在问题出发，对艺术是什么这个问题的沉思才得到了完全的和决定性的规定"[1]。而从存在论的视野出发，艺术的发生毋宁说是一个事件（Ereignis）、一个进入存在本身的突出方

---

[1] 海德格尔《海德格尔选集（上）》，孙周兴选编，上海三联书店，1996年版，第306页。

式。因此,"每当艺术发生,亦即有一个开端存在之际,就有一种冲力进入历史中,历史才开始或者重又开始"[1]。"艺术在其本质中就是一个本源:是真理进入存在的突出方式,亦即真理历史性地生成的突出方式。"[2]

在海德格尔看来,艺术的发生作为一个开端恰恰使得存在得以开显,因而艺术作品的本源就具有了存在论上的源初性。这样,所谓艺术作品的本源其实就是"艺术让真理脱颖而出。作为创建着的保存,艺术是使存在者之真理在作品中一跃而出的源泉。使某物凭一跃而源出,在出自本质渊源的创建着的跳跃中把某物带入存在之中,这就是本源(Ursprung)一词的意思"[3]。这种跳跃、一跃而出显然意味着艺术会以当下性、突发性的方式摆脱日常经验秩序,使存在之真理得以显现。

同时,这种作为本源的艺术显然具有自身的时间性内涵。正是在这个意义上,海德格尔才会说,"艺术是历史性的,历史性的艺术是对作品中的真理的创作性保藏。……真正说来,艺术为历史建基;艺术乃是根本性意义上的历史"[4]。这里,海德格尔一再强调,他所说的历史绝非单纯外在意义上的线性历史。这种历史作为存在真理之保藏,本身就是源初时间。艺术彰显了本真的存在,开启出源初的时间,由此艺术才能"为历史建基"。在这个意义上,艺术对源初时间的开启,恰恰使得艺术深入经验存在、经验时间的根源之处,展现出经验存在、经验时间得以可能的根基。

---

1 海德格尔《海德格尔选集(上)》,孙周兴选编,上海三联书店,1996年版,第298页。
2 海德格尔《海德格尔选集(上)》,孙周兴选编,上海三联书店,1996年版,第299页。
3 海德格尔《林中路》,孙周兴译,上海译文出版社,2008年版,第56—57页。
4 海德格尔《海德格尔选集(上)》,孙周兴选编,上海三联书店,1996年版,第298页。

更进一步来看，当下生成之际，也就是艺术的时间性的绽出与到时。早在《存在与时间》中，海德格尔就谈到了时间性的绽出与到时，即"时间性是源始的、自在自为的'出离自身'本身。因而我们把上面描述的将来、曾在、当前等现象称作时间性的绽出。……时间性的本质即是在诸种绽出的统一中到时"[1]。海德格尔用"绽出""到时"这样的概念力图展示出审美时间的突发性和当下生成特质。时间性不是现成存在，而是会在某一个瞬间以当下性的方式呈现，即"绽出"，唯其"绽出"，才有艺术。这种本真的时间性包含着经验时间中过去、现在、未来等多个维度，是这些不同维度当下性的统一，即到时。因此，时间性本身就是绽出着的统一性，就是统一中的到时。这种绽出和到时就发生在艺术的当下生成之中，就是审美活动中时间的各个维度的统一，由此也体现出审美活动的源初性内涵。

因此，审美活动本身就具有其独特的时间性，是使得存在得以显现的当下性的契机或时机。这一契机包孕着日常经验时间的各个维度，并构成了日常经验时间得以可能的基础。由此也可以看出，审美时间不同于经验时间，它比经验时间更具本真性和源初性。当然，看起来审美时间也发生在经验时间之中，但它与经验时间在根本上是异质的。它不是经验时间连续性中的一环，也不服从经验时间的因果性。它"在涌现中总是会显露出某种撬开性的破坏，而且总会溢出事件发生的时刻"[2]。毋宁说，它是从经验时间的裂隙之中跳脱出来，从而呈现出更为本源和真实的存在。这里，审美得以发生的契机或时机

---

[1] 海德格尔《存在与时间》，陈嘉映、王庆节译，生活·读书·新知三联书店，1999年版，第375页。

[2] 朱利安《论"时间"：生活哲学的要素》，张君懿译，北京大学出版社，2016年版，第138页。

显然至关重要。这一时机因其不服从经验时间的因果性，因而是无法预期的。因而，审美活动似乎总是具有偶然性的一面，总是体现出当下生成的意味。这构成了审美活动时间性的独特表现。

之前提到，伽达默尔对"游戏""节日"的存在论阐释，已经显露出其时间性内涵，揭示出审美时间的独特性；关于理解问题的一系列重要概念，"前见""视域融合""效果史"等等，都贯穿着内在的时间线索。在伽达默尔看来，真正的理解活动一定是在所谓"前见"的框架内展开，理解活动本身就是"视域融合"的过程，即本文的历史视域与理解活动的当前视域之间的融合，由此历史就展现为"效果史"。很显然，这一思想强调了本文作为效果史的存在，即融合了历史与当下，并不断开启未来的存在方式。可以说，理解问题本质上就是时间问题，理解的当下就是时间性的到时。这一思想对于研究艺术存在和审美活动在时间性上的特殊性，也具有范式性的意义。以此为参照，实际上可以进一步思考不同美学思想中审美时间性的不同显现方式。

三、时间性的多种表现形式

时间问题作为存在问题，会在深层次上影响着对美学问题的思考，而审美时间性的当下生成或"到时"也会揭示出存在的真理，或存在本身。海德格尔已经指出，"时间性可以在种种不同的可能性中以种种不同的方式到时"[1]。也就是说，时间性会以各种不同的方式实

---

1 海德格尔《存在与时间》，陈嘉映、王庆节译，生活·读书·新知三联书店，1999年版，第347页。

现自身。因此，在不同的美学思想体系下，在不同形式的审美活动中，时间性也会呈现出丰富、复杂的表现形式，体现出审美时间性自身的丰富性。

时间性的多种表现形式首先会体现在不同的审美范畴之中。

审美范畴是对审美活动的特定实现方式的理论把握。当代美学中的诸多审美范畴显现出审美活动的多样性和复杂性，其间自然也包含有各个不同的时间性表现形式。因此，对审美范畴的时间性问题研究将展现出时间性在不同的审美范畴和审美活动中的多样化表现形式，具有重要的理论价值。例如，西方美学史上，康德关于崇高的分析实际上已经包含着时间性的内涵。康德认为，在崇高的审美活动中，包含着"领会"和"统摄"的内在运动，即不断地将"领会"获得的杂多"统摄"进某种统一性之中。但是，"把多统摄进一之中，不是思想中的一而是直观中的一，因而是把连续被领会的东西统摄进一个瞬间之中，这却是一个倒退，它把在想像力的前进中的那个时间条件重又取消，并使同时存在被直观到"[1]。这个包含了之前想象力的所有成果的"同时存在"的瞬间显然是在崇高审美的当下生成的，并具有不同于经验时间的独特的时间性。这种时间性中显然已经包含了持存、继起、同时存在三种不同的时间样态，具有更为丰富的时间性内涵。

关于优美中的时间性问题，在康德美学中同样有所体现。此外，柏格森对于优美的分析也值得注意。柏格森指出，优美感之中一定包含着对未来的某种预期，例如，曲线之所以比直线更令人愉快，恰因为其中包含着某种转变，从而启示出未来的维度。"原先我们在运动中看见轻松；一转变，我们掌握了时间的川流，在现时中把住了未

---

[1] 康德《判断力批判》，邓晓芒译，人民出版社，2002年版，第97—98页。

来，因而感觉愉快。"[1]这样看来，优美之中就包含着不同时间维度的统一，体现出某种独特的时间性表现形式。

其次，时间性的多种表现形式还会体现在不同美学思想之中。这涉及从审美时间性的角度出发与美学史上的不同美学思想展开对话与交流，探询审美时间性的不同实现方式，由此也体现出审美时间性问题的方法论意义。目前这方面的研究已经积累了一些值得注意的研究成果。总的来看，这些研究不仅构建出审美时间性问题基本的理论空间，而且均在不同程度上存在着进一步延伸和拓展的可能，这也显现出审美时间性问题所蕴含的理论潜力和发展空间。本书关于康德美学时间性问题的研究就奠基在现有研究所开辟的理论视野之中。

以上我们从三个方面描画出审美时间性问题的问题性结构。应当说，每一个方面都展示出审美时间性问题的独特存在，围绕各个方面也形成了关于这一问题的一些基本的研究取向，由此共同构成了当代审美时间性问题研究的整体面貌。当然，这一问题性结构在当代美学的整体背景中还有待于进一步发展和深化。因此，对这一问题的问题性结构的把握，无论是对于审美时间性问题本身，还是对于即将展开的关于康德美学时间性问题的研究都具有重要的奠基意义。

---

[1] 柏格森《时间与自由意志》，吴士栋译，商务印书馆，1958年版，第9页。

第二章　康德思想的时间性内涵

康德美学是康德哲学体系的一个重要组成部分，在其整个哲学体系中发挥着桥梁和中介的作用。那么，康德美学的时间性自然与康德哲学的时间性有着深层次联系，并从后者获得理论上的支撑。因此，在正式进入我们的论题之前，有必要对康德整个哲学体系中的时间性内涵做一个整体上的概述，为下一步的研究奠定必要的理论基础。

康德哲学涉及许多不同的方面和领域，具有内在的复杂性。但关于康德思想的整体面貌，康德本人曾有过一个十分简明的概括。在1793年致司徒林的信中，康德指出："很久以来，在纯粹哲学的领域里，我给自己提出的研究计划，就是要解决以下3个问题：1.我能够知道什么？（形而上学）2.我应当做什么？（道德）3.我可以期待什么？（宗教）接着是第四个、也是最后一个问题：人是什么？（人类学，20多年来，我每年都要讲授一遍）。"[1]在1800年出版的《逻辑学讲义》中，康德明确地将自己哲学的基本问题归结为"我能够知道什么？""我应当做什么？""我可以期待什么？"以及"人是什么？"等四个问题。在康德看来，"形而上学回答第一个问题，伦理学回答第二个问题，宗教回答第三个问题，人类学回答第四个问题。但是从根

---

[1] 康德《康德书信百封》，李秋零编译，上海人民出版社，2006年版，第199页。

本说来，可以把这一切都归结为人类学，因为前三个问题都与最后一个问题有关系"[1]。可以说，"人是什么？"构成了康德哲学的理论总问题，其具体展开则为形而上学、伦理学与宗教。

尽管在《纯粹理性批判》一开始康德就细致分析了作为人的先天直观形式的时间，在之后关于第三个二律背反的分析中又进一步思考了这一问题，但应当看到，康德的时间观念并不仅仅体现在《纯粹理性批判》之中，而是植根于康德批判哲学的整体框架。从某种意义上来说，这一问题甚至构成了理解整个康德哲学的内在线索。《纯粹理性批判》对时间问题的分析、《实践理性批判》关于德福关系的思考、历史哲学中对历史及未来的反思，在在都处于时间问题的框架之中。因此，从时间角度来思考康德美学，首先是来自康德思想本身的指引。

"我能够知道什么？"思考的是认识论问题。在认识活动中人通过感性和知性能力形成了整个经验世界。在这里，"时间是所有一般现象的先天条件"，因此，"所有一般现象、亦即一切感官对象都在时间中，并必然地处于时间的关系之中"。[2] 这样，时间就成为现象世界得以可能的先天条件，也就是说，只有借助于时间，我们才能感知到各种现象，无论是外在于我们的抑或内在于我们的。

更进一步，时间也构成了经验知识得以可能的先天条件。经验的形成需要将知性范畴运用于感性直观，这就需要时间图型的参与和中介。因为"一种先验的时间规定就它是普遍的并建立在某种先天规则之上而言，是与范畴（它构成了这个先验时间规定的统一性）同质

---

[1] 康德《逻辑学讲义》，许景行译，商务印书馆，1991年版，第15页。
[2] 康德《纯粹理性批判》，邓晓芒译，人民出版社，2004年版，第37页。

的。但另一方面，就一切经验性的杂多表象中都包含有时间而言，先验时间规定又是与现象同质的"[1]。因此，时间就成为将现象归摄于范畴的中介，或者说，只有在时间之中，范畴才能作用于直观。"图型无非是按照规则的先天时间规定而已，这些规则是按照范畴的秩序而与一切可能对象上的时间序列、时间内容、时间次序及最后，时间总和发生关系的。"[2]这样，时间就成为经验知识得以可能的先天条件。从某种意义上来说，时间甚至成为囊括了范畴与直观的更深层次的存在领域。

在经验世界中，时间是一维的，具有持存、继续和同时存在三种样态。时间的所有三种样态，实际上体现出三种关系，即作为一种量对时间本身的关系（存有的量，即持续性），作为一个系列在时间中的关系（即前后相继），以及作为一切存有的总和而在时间中的关系（即同时）。[3]在这些不同关系的基础上，就构成了我们所接触和理解的整个经验世界。

"我应当做什么？"面对的是道德问题。在道德和自由的领域，由于人的行为并不总是能够以理性作为规定行为的唯一根据，因此德性原理对于人才显现为所谓"道德律令"。而道德律最终指向的是"至善"，即德性和幸福的一致。为此就需要意志自由、灵魂不朽、上帝存在等悬设：意志自由保证了道德律的可能，灵魂不朽保证了人对至善的无限追求与意志和道德律的完全适合，上帝存在则保证了德福的最终一致与至善的实现。可以看到，对德性的追求有一个确定的终点，即至善的实现，人的道德行动就从这个终点获得其价值和意

---

[1] 康德《纯粹理性批判》，邓晓芒译，人民出版社，2004年版，第139页。
[2] 康德《纯粹理性批判》，邓晓芒译，人民出版社，2004年版，第143页。
[3] 康德《纯粹理性批判》，邓晓芒译，人民出版社，2004年版，第194—195页。

义，从而在自由的领域显现出不同于日常经验世界的、目的论的时间形态。

"我可以期待什么？"在康德思想中属于宗教哲学，实际上是顺着上一问题的思路进一步思考至善如何可能。在康德看来，人的所有希望都指向幸福，而至善恰是德性与幸福的统一。"为使这种至善可能，我们必须假定一个更高的、道德的、最圣洁的和全能的存在者。惟有这个存在者才能把至善的两种因素结合起来。"[1]而对至善的期待最终又会回复到道德实践之中，体现于当下的德性活动。因此，植根于过往的期待指向未来，而未来又规定、影响着当下，在这一过程中同样凸显出不同于经验现象的、特殊的时间性内涵。

但是，人的存在不仅仅是单个人的存在，更是社会性、群体性的存在。事实上，康德不仅仅是从形而上学、道德、宗教的角度来理解人，更从人类历史发展的角度来思考人类的未来，这也许能更为直接地显现出时间对于人的特殊意义。在康德晚年一系列历史哲学论文中，康德不是从单纯的经验形态来看待人类活动，而是从目的论的角度深入反思人类自身，思考人类历史如何可能、人类最终向何处去等问题，力图从理性的角度把人类历史理解为一个合目的的过程。这实际上是力图将目的论的时间观与现象世界中人类的杂多行为相结合，以此来反思人类历史与未来。很显然，在康德历史哲学思想中，目的论的时间观构成了理解人类历史的基本框架。

第一批判针对"我能够知道什么？"，这时时间是作为先验直观的形式；第二批判思考"我应当做什么？"，体现出本体论的时间观；

---

[1] 康德《单纯理性限度内的宗教》"1793年第一版序言"，李秋零译，中国人民大学出版社，2003年版，第3页。

康德关于历史和宗教的思考针对的是"我可以期待什么?",体现出作为历史的时间和作为拯救的时间。可以看到,在康德的前三个问题中都包含着特定的时间性内涵,如果这三个问题最终可以归结为"人是什么?"的问题,那么,人的存在就同样处于时间性的问题域中。

从康德的前三个问题来看,康德并不是从实体(存在者)的角度来考察人,而是从"存在"的角度,探讨人的独特的存在方式。很显然,"人是什么?"这一问题里的"什么"并非是作为人的宾词,而是在询问人的存在方式,或者说,这个"什么"就是这个"是(存在)"本身,是这个"是(存在)"的具体展开。因此,这一问题触及的恰恰是人的存在问题。[1]

对康德来说,时间在任何时候都是属于人的,人的存在构成了时间的基础。正如卡西尔所指出的:"康德从未从纯粹科学或史学的意义来理解自然人这个概念,他只是从伦理学和目的论的意义上理解它。在人性中,真正长驻不变的,并不是任何它曾一度存在于此的状态或者由此沉沦的状态,而是那种它为此并且向此前进的目标。康德不是在人之已是之中寻求永恒性,而是在人之应是之中寻求它。"[2]但不可否认,"已是"和"应是"都属于人的存在本身。它们都是人的存在的不同呈现方式,也体现出各自不同的时间性内涵。理解这一点,才有可能理解康德关于时间的思想的复杂性,这对于我们接下来的讨论具有重要意义。它会让我们看到,在康德那里,时间问题如何与审美问题、与人的存在问题相关联,审美又如何展现出独特的时间样态和人的存在方式。

---

[1] 海德格尔在《康德与形而上学疑难》一书中从康德的基本问题出发详细分析了康德思想的存在论内涵,具体可参看该书第36—38节。

[2] 卡西尔《卢梭·康德·歌德》,刘东译,生活·读书·新知三联书店,1992年版,第24页。

第一节　认识论中的时间问题

康德的第一批判主要研究"认识如何可能"的问题，涉及对人的认识能力的分析。在康德看来，时间不是外在于人的客观存在，而是内在于人的认识能力之中，需要从主体的角度予以说明。

一、先验感性论中的时间

"我能够知道什么？"思考的是认识论问题，即认识如何可能。在认识活动中人通过感性能力和知性能力形成了整个经验世界。在先验感性论中康德明确区分了感性和知性，把时间、空间归属于人的感性，作为感性直观的纯形式。在认识活动中，人借助于时间、空间等感性直观的先天条件，将直观到的材料纳入时间与空间之中，形成经验现象。这时，时间就是构成经验现象的先天条件，现象就在时间之中生成、展开。因此，时间是属于人的，或者说，时间就是人的存在方式。

虽然时间、空间都是人的感性直观形式，但和空间相比，时间显然更为重要。因为空间只是外在现象的先天形式，而时间则是一切现象——包括外在现象和内在现象——的先天形式。"时间是所有一般现象的先天条件"，因此，"所有一般现象、亦即一切感官对象都在时间中，并必然地处于时间的关系之中"。[1] 这样，时间就成为现象世界得以可能的先天条件，也就是说，只有借助于时间，我们才能感知到各种现象，无论是外在于我们的抑或内在于我们的。

---

[1] 康德《纯粹理性批判》，邓晓芒译，人民出版社，2004年版，第37页。

康德分别从形而上学和先验的角度对时间进行了阐明。

时间的形而上学阐明包括：1.时间不是从经验中抽象出来的经验性概念。经验表象在知觉中的同时或前后相继，只有以时间表象为先天基础才得以可能。2.时间是为一切直观奠定基础的一个必然表象。现象可以全都去掉，但时间作为这些现象的可能性的普遍条件是不能被取消的。3.时间具有一维性和前后相继性。4.时间不是推论性的概念，而是感性直观纯形式，个别的时间只是唯一时间的一部分。5.时间是无限的（由单一性推及的无限性），也就是说，一切具有确定大小的时间之所以可能，只是由于对那个唯一作为基础的时间加以限制的缘故。因此，时间的整个表象不是由概念给予的，而是以直观为基础。

时间的先验阐明在关于时间的形而上学阐明的第3点已经涉及，具体包括：时间表象的前后相继性使得运动变化得以可能，反之概念因其确定性而难以变化，因而两个矛盾的谓词结合在一个客体中只有在不同的时间中才有可能。一个东西既是又不是必须有了时间的前后差别才有可能。因而运动变化的可能性依赖于时间，若离开时间表象，则运动变化都不能设想。所以时间观点从根本上说明了普遍运动学说中先天综合知识的可能性。

由此可以得出，时间是内感官的纯形式，也是一切现象的先天形式条件。康德认为，时间作为感性直观形式具有先验的观念性和经验性的实在性。经验的实在性是指时间对于可能给予我们感官的一切对象都具有客观有效性，在经验中绝不可能出现不隶属于时间条件下的对象被给予我们，即时间只有在经验领域之中才具有实在性。先验的观念性是指时间并不是客观存在的事物或属性，并不具有经验现实的存在，而是主体认识能力的先天直观形式。这一思想的基础实际上就是康德关于现象和自在之物的区分。可以说，时间先验的观念性是经验实在性的前提和根据，而经验实在性则是先验观念性的必然结论和证明。先验感性论中的时间是感性的先天直观形式，而到了先验分析论中，时间在认识活动之中就会显现出更为重要的作用。

二、先验分析论中的时间

知性范畴需要运用于感性直观所获得的杂多，但是范畴和直观属于两种完全不同性质的存在，因此范畴如何能够运用于直观就是一个需要解决的问题。这就涉及康德对时间的进一步理解。也就是说，时间不仅仅是感性直观的形式，而且更深一层地影响着范畴与直观的结合，即知识的形成。康德实际上是从两个方面阐明这一问题，一个是从范畴的角度来讲，即范畴只有经验的运用，即作为运用于直观的先天条件；另一个是从判断的角度来讲，即范畴如何运用于直观。简单来说，范畴的先验演绎说明范畴只能运用于经验现象，图型法则说明范畴如何运用于经验现象。这二者都与时间有关。

1. 范畴的先验演绎

在"纯粹知性概念的先验演绎"部分，康德具体研究了知性概念与经验现象结合的可能性。所谓范畴的先验演绎，即是要说明范畴如何能够先天地运用于对象，确保范畴的普遍性与必然性。

感性与知性被区分之后是需要结合在一起的，这样才有知识的产生，但知性范畴与感性的经验对象是不同性质的存在，二者的结合需要一个第三者作为中介，想象力在康德那里正是被看作将感性和知性结合在一起所需要的中介，这点在第一版演绎中得到了具体和详细的说明。

康德认为知识有三个来源：感官、想象力和统觉。想象力被看作是与感性和知性并列的心灵的三种能力之一。三者都可以被看作是经验性的，即都可以被运用于经验对象，但又都可以看作是使得这种经验性运用得以可能的先天要素或基础。由此就建立起了通过感官对杂多的先天概观，通过想象力对这种杂多的综合以及通过本源的统觉对这种综合的统一。具体来说，在知识形成的过程中，感性直观提供了杂多，纯粹统觉提供了将杂多进行综合统一的原则，而想象力则构成了知识得以可能的基础。康德在这里强调了想象力在综合中的基础性地位以及它对知性的奠基性作用。所以康德认为纯粹想象力不仅是人的一种先天能力，也是一切先天知识的基础。正如康德所说："所以在范畴之上就建立起了在想像力的综合中一切形式的统一性，而借助于这种统一性，也建立起了想像力的一直落实到现象上的一切（即在认定、再生、联想、领会中的）经验性运用。因为这些现象只有借助于一般知识的那些要素才能属于我们的意识、因而属于我们自己。"[1]

根据康德在《纯粹理性批判》第一版中的论述，我们可以总结出想象力在知识形成中的作用：第一，想象力与感觉和知性并列，是作为经验知识的基础的人类心灵能力之一。第二，想象力是知识的基础。康德指出，想象力的生产性的综合是先天的，"所以想像力的纯粹的（生产性的）综合的必然统一这条原则先于统觉而成了一切知识、特别是经验知识的可能性基础"[2]。因而想象力就比统觉更为本源，提供了知识可能性的先验基础。第三，先验想象力是感性与知性的中

---

[1] 康德《纯粹理性批判》，邓晓芒译，人民出版社，2004年版，第130页。
[2] 康德《纯粹理性批判》，邓晓芒译，人民出版社，2004年版，第126页。

介环节。康德认为,作为人类心灵基本能力之一的纯粹想象力为一切先天知识奠定了基础。只有借助纯粹的想象力才能够把直观杂多与纯粹统觉联结起来,即"这两个极端,即感性和知性,必须借助于想像力的这一先验机能而必然地发生关联;因为否则的话,感性虽然会给出现象,但却不会给出一种经验性知识的任何对象、因而不会给出任何经验"[1]。最后,康德指出了想象力的作用,即建立起杂多与统觉的统一的关系,那些属于知性的概念只有借助于想象力才能在与感性直观的关系中实现出来。康德的这一思想在《纯粹理性批判》第二版中就发展成了图型论的思想。

海德格尔特别重视康德在《纯粹理性批判》第一版中的演绎。他指出,康德的想象力是作为人类心灵第三种基本能力的先验想象力,这一思想中实际蕴含着想象力在存在论意义上的本源性地位。海德格尔由此认为想象力不仅是心灵之中不同于感性和知性的第三种能力,更是构成了感性和知性的基础的本源性存在,是最基本的超越性的能力,也是感性与知性得以统一的可能性条件。海德格尔指出:"将'我们的心灵'能力理解为'超越论的能力',这首先就意味着:它如何能通过使超越的本质存在成为可能来揭示它。……这样理解的话,超越论的想象力就不仅仅,而且首先不是一种位于纯粹直观和纯粹思维之间的能力,相反,它是和它们一道出现的一种'基本能力',它使得前两者的源初统一成为可能,并因此使得超越之整体的本质可能性成为可能。'因此,我们有一种纯粹的想象力,它是人类灵魂的一种基本能力,它先天作为一切知识的基础。'"[2]可见,在海德格尔看

---

[1] 康德《纯粹理性批判》,邓晓芒译,人民出版社,2004年版,第130页。
[2] 海德格尔《康德与形而上学疑难》,王庆节译,上海译文出版社,2011年版,第127—128页。

来，想象力不是与感性、知性并列的内心能力之一，而是使得感性与知性综合统一成为可能的基本能力。

在《纯粹理性批判》第一版中，康德进一步区分了心灵中自发性的三重综合，即直观中领会的综合、想象中再生的综合和概念中认定的综合。直观中领会的综合就是将直观中表象的杂多在时间和空间中贯通和概括起来，形成某种整体性的表象。想象中再生的综合就是将已经消失的表象重现唤起，并通过内感官进行综合。这一综合是一切经验的可能性的基础。概念中认定的综合就是把直观到的表象与再生出的表象结合在一个表象之中。这种综合需要借助于概念，是知性联结概念与对象的过程。海德格尔注意到了康德的三重综合，并发现其中包含着内在的时间性内涵。

具体来说，直观中领会的综合是在"现在"的时间境域中对杂多的统握。海德格尔指出，在经验的直观中形成表象的就是当前在"现在"中的存在者，而直观中领会的综合面对的是作为当前本身的"现在"，"纯粹直观着的呈现活动（作为给出外观的形象活动）所制造（作为创造活动的形象活动）出的东西，就是现在本身的直接外观，即总是当今的现在之一般的直接外观"[1]。在海德格尔看来，直观中领会的综合所具有的时间特性就是"现在"。

想象中再生的综合在经验层面上就是唤回先前的表象，重新给出已经不在的存在者。这一重新给出的综合活动要成为可能，"就必然在事先已经有一个'不再现在本身'能够先于一切经验地被重新提供出来，并且，它还能够被整合到当下的现在之中去"[2]。而正是想象中

---

[1] 海德格尔《康德与形而上学疑难》，王庆节译，上海译文出版社，2011年版，第170页。
[2] 海德格尔《康德与形而上学疑难》，王庆节译，上海译文出版社，2011年版，第172页。

再生的综合"完全展开了可能的返回活动的境域——曾在"[1]。在海德格尔的解读中，是先验想象力所具有的"曾在"这一时间特性使得先前的表象得以被唤回。

乍看起来，概念中认定的综合似乎并没有像前两重综合那样明显地表达出时间特性。但是，既然前两重综合都"听命于时间"，而且三重综合原本就是一个整体的行动，不能分裂为三个彼此分离的环节，那么概念中认定的综合当然也应当具有时间性，它的时间性表现就是"将来"。但作为第三重综合的将来，在海德格尔眼中恰恰是第一位的，即概念中认定的综合先行于前两重综合，"是导引着先前已经标画过的两种综合的首要的综合"[2]。就经验的综合来说，为了把再生的综合中重新唤回的东西作为先前直观中领会到的东西确定下来，必须意识到这两种东西原本就是同一个东西，而这种统一意识恰恰意味着概念中认定的综合。事物的同一性在认定的综合中先行被给出，领会和再生都以此定向，一开始就受到它的引领。而认定的纯粹综合所提供的则是认定活动的将来境域。只有从一种敞开的将来境域而来，在第一综合中领会的事物之当前、在第二综合中再生的事物之曾在以及二者在时间性中的统一性，才是可能的。因而，将来就是具有优先地位的时间性环节。

这样看来，《纯粹理性批判》第一版的演绎中就贯穿着时间性的线索，或者说，就体现在时间性的视域之中，而这种时间性的视域，展现出曾在、当前、将来统一在一起的整体性。在康德的分析中可以看出，想象力在时间性中发挥着基础性的作用。

---

[1] 海德格尔《康德与形而上学疑难》，王庆节译，上海译文出版社，2011年版，第173页。
[2] 海德格尔《康德与形而上学疑难》，王庆节译，上海译文出版社，2011年版，第176页。

但是在第二版的演绎中，康德将想象力从属于统觉的综合统一。这时统觉的综合统一就成为知性的一切运用的最高原理，即"我思"的统一性。想象力就处于感性和知性之间，它按照智性的综合统一来说是依赖于知性的，而按照领会的杂多性来说是依赖于感性的，因而能够把感性直观的杂多和知性范畴结合起来。这样想象力就是一种先天地规定感性的能力，依照范畴对直观进行综合。

可以看到，第二版的演绎中想象力的地位有所下降。从康德在第一版与第二版关于想象力的思想对比中，我们可以看出第一版中想象力与感性、知性并列为人类认识的基本能力，并且想象力是知性的基础，只有在想象力的作用下知性才能完成认识的功能，杂多的感性才能上升为知识。如果按照海德格尔的理解，先验想象力就是源初时间，那么显然，时间在康德的认识论中就具有了更为重要的意义，奠定了认识得以可能的深层基础。但第二版中，想象力被下降为知性的一个成分，必须在知性的指导下才能工作。海德格尔在《康德与形而上学疑难》中认为康德《纯粹理性批判》第二版中想象力从第一版中"后退了"，也可以看作是在对时间性的本源性的理解面前退缩了。

2. 先验图型中的时间

范畴的先验演绎说明范畴是能够且应当运用于感性杂多的。在原理分析论的部分，康德进一步研究了判断力的先天条件，即范畴如何能够和感性杂多相联系而形成判断。

康德认为，要把范畴运用到具体对象上去，需要一个中介，这就是作为范畴的抽象形式的图型。用康德的话说："必须有一个第三者，它一方面必须与范畴同质，另一方面与现象同质，并使前者应用于后者之上成为可能。这个中介的表象必须是纯粹的（没有任何经验性的东西),但却一方面是智性的,另一方面是感性的。这样一种表象就是先验的图型。"[1] 图型是想象力的产物。康德认为,想象力具有某种先天的综合能力,它既具有感性的特征,同时也受到知性的制约,所以想象力的先验综合构成了知性概念与对象之间的中介。因此,"图型就其本身来说,任何时候都只是想像力的产物;但由于想象力的综合不以任何单独的直观为目的,而仅仅以对感性作规定时的统一性为目的,所以图型毕竟要和形象区别开来"[2]。这里需要注意的是,作为先验想象力产物的图型不是某个具体事物的表象,而是某一事物在想象中呈现出的共相,例如三角形之为三角形的共相,不同于任何一个现实中的三角形,但在人的头脑中需要有一个先验的三角形图型才会画出或者认识各种三角形。由此图型不仅与形象相关,同时也与知性存在相关,即"形象是再生的想像力这种经验性能力的产物,感性概念(作为空间中的图形)的图型则是纯粹先天的想像力的产物,并且仿佛是它的一个草图,各种形象是凭借并按照这个示意图才成为可能的。但这些形象不能不永远只有借助于它们所标明的图型才和概念联结起来,就其本身而言则是不与概念完全相重合的。反之,一个纯粹知性概念的图型是某种完全不能被带入任何形象中去的东西,而只是合乎某种依照由范畴所表达的一般概念的统一性规则而进行的纯综合,是想像力的先验产物"[3]。

因而,图型既不是事物的具体形象,也不是纯粹知性的概念,我们可以把它理解为起沟通联结作用的一种认识的形式结构。用康德的话说,就是一种"把知性概念在其运用中限制于其上的感性的这种形

---

[1] 康德《纯粹理性批判》,邓晓芒译,人民出版社,2004年版,第139页。
[2] 康德《纯粹理性批判》,邓晓芒译,人民出版社,2004年版,第140页。
[3] 康德《纯粹理性批判》,邓晓芒译,人民出版社,2004年版,第141页。

式的和纯粹的条件"[1]。康德认为,图型是先验想象力的产物和主动创造。关于图型的操作方式,康德认为,它是在人类心灵深处隐藏的一种技艺,我们不能对其完全洞悉了解。

在范畴演绎部分,先验想象力实际上已经具有时间性内涵。那么,作为先验想象力产物的图型,同样也就具有了时间性内涵。如果说,在范畴演绎部分,康德还没有明确指出先验想象力的时间性内涵,那么,在图型论中,康德则明确指出,先验图型就是时间。这一点也可以反过来确证康德在第一版范畴演绎中的时间性思想。

因此,在了解了图型存在的必要性以及图型作为先验想象力的产物之后,接下来的问题就是,纯粹知性概念的图型究竟是什么?康德明确指出,纯粹知性概念或范畴的图型是时间。经验的形成需要将知性范畴运用于感性直观,而范畴与感性杂多是不同质的,因而范畴之作用于经验性对象需要图型中介。图型,一方面既要先天地联系概念,与概念相符合,因而必须是纯的形式;另一方面,又要与现象符合,必须具有直观的性质。符合这两个条件的只有时间。因为"一种先验的时间规定就它是普遍的并建立在某种先天规则之上而言,是与范畴(它构成了这个先验时间规定的统一性)同质的。但另一方面,就一切经验性的杂多表象中都包含有时间而言,先验时间规定又是与现象同质的"[2]。因此,时间就成为将现象归摄于范畴的中介,或者说,只有在时间之中,范畴才能作用于直观。这样,时间就成为经验知识得以可能的先天条件。从某种意义上来说,时间甚至成为囊括了范畴与直观的更深层次的存在领域。

一切感觉到的表象都是时间中的表象,范畴在赋予时间以合乎规

---

[1] 康德《纯粹理性批判》,邓晓芒译,人民出版社,2004年版,第140页。
[2] 康德《纯粹理性批判》,邓晓芒译,人民出版社,2004年版,第139页。

则的统一性的同时，也受到"一切经验对象都在时间中"这个先天条件的限制。因而范畴必然遵循时间特性，其运用必须时间化。因为只有时间既与范畴同质又与现象同质。康德进一步结合范畴表研究了图型的时间内涵，即"每一个范畴的图型都包含和表现着仅仅一种时间的规定，如量的图型，这就是在对一个对象的相继领会中时间本身的产生（综合），质的图型，这就是感觉（知觉）与时间表象的综合，或时间的充实性，关系的图型，这就是诸知觉在一切时间中（即根据一条时间规定的规则）的相互关联性，最后，模态及其诸范畴的图型，这就是时间本身，作为对一个对象是否及怎样属于时间而加以规定的相关物。因此，图型无非是按照规则的先天时间规定而已，这些规则是按照范畴的秩序而与一切可能对象上的时间序列、时间内容、时间次序及最后，时间总和发生关系的"[1]。正是由于以图型作为中介和桥梁，范畴才得以与可能经验对象发生联系，才成为知识的先天可能性条件，先天综合判断才有可能。

总的来看，在康德那里，时间不仅仅是感性直观的先天形式，而且在先验想象力与图型论中，时间作为主动的能力将感性直观与知性范畴、主体与对象内在地联结起来，并最终解决了经验知识如何可能的问题。由此，时间成为人类认识之所以可能的根据，标明了人类认知的先验领域，并最终使得为形而上学奠基的任务得以完成。

第二节　实践哲学中的时间问题

"我应当做什么？"面对的是道德问题。在道德和自由的领域，由

---

[1] 康德《纯粹理性批判》，邓晓芒译，人民出版社，2004年版，第143页。

于人的行为并不总是能够以理性作为规定行为的唯一根据，因此德性原理对于人才显现为所谓"道德律令"。而道德最终指向的是"至善"，即德行和幸福的一致。为此就需要意志自由、灵魂不朽、上帝存在等悬设：意志自由保证了道德律的可能，灵魂不朽保证了人对至善的无限追求与意志和道德律的完全适合，上帝存在则保证了德福的最终一致与至善的实现。可以看到，对德性的追求有一个确定的终点，即至善的实现，人的道德行动就从这个终点获得其价值和意义，从而在自由的领域显现出不同于日常经验世界的、目的论的时间样态。

一、实践活动的时间结构

道德实践活动体现出特殊的时间性内涵。在人的实践活动中，意志自由是人的不可让渡的能在，即人在任何情况下都能够自己决定自己的行为。道德实践的目的是至善，即至上性与完满性的一致、德福的一致。这构成了实践的未来的时间维度。但人并不完全是理性的，并不能够始终按照理性，即意志自由的准则来行动，而是会受到各种内在、外在因素的影响和限制，这构成了人始终置身于其中的存在境况，即曾在的时间维度。要使得道德实践成为可能，康德认为需要一些"悬设"，除了意志自由外，还需要灵魂不朽和上帝存在。灵魂不朽使得德性的不断进展和提升成为可能，满足至善之中至上性的要求，上帝存在保证德性与幸福的一致，满足至善之中完满性的要求。

人的有限性决定了人总是需要灵魂不朽、上帝存在的悬设保证至善的实现，也就是说，作为将来的至善实际上会体现在人的曾在之中。同时，道德实践的法则会当前化为道德律令。在人的每一个道德行为的当时，都会出现道德律令的声音。对道德律令的承担就是人的义务。正是"向善存在"的可能性，使得必须在现实存在之中设定灵魂不朽、上帝存在、意志自由，而这些又会当前化为具体的道德实践。

对于人来说，自由就是绝对地开始一种行动的能力，也是对义务的承担，对规则的敬重。人的道德行为最终指向了至善，它落实在人的当前的实践活动之中。这样我们就可以概括出实践的时间结构：作为有限性存在的人在对至善的追求中承担起当前的道德实践，即未来在曾在之中当前化，构成了承担道德律令的实践活动，它包含着敬重的情绪体验。

首先，在《纯粹理性批判》中，康德区分了现象和物自体。人在经验世界中的存在属于现象世界，受到自然因果性的制约和需求、欲望的支配，追求现世的幸福。也就是说，人并不是完全理性化的存在，而是时时都会受到感性力量的制约，遵照欲求能力的要求追求生命的舒适与满足，即幸福。所谓幸福，在康德看来，就是"一个有理性的存在者对于不断伴随着他的整个存在的那种生命快意的意识"，"而使幸福成为规定任意的最高根据的那个原则，就是自爱的原则"。[1] 因此，幸福往往和感官的快适、和人的基于自爱原则的自我满足联系在一起，是人的经验性存在的体现。

康德注意到，人总是处于经验世界之中，受到自然因果的制约。在实践领域，作为经验性的存在，人并不总是能够按照道德法则来行动，而是会受到需要、欲望等因素的影响而采取某种行动。可以说，人之为人，就会始终存在于这种状态之中，由此才使得道德对于人来

---

[1] 康德《实践理性批判》，邓晓芒译，人民出版社，2003年版，第26页。

说始终作为"绝对律令"而存在。这构成了人的实践的曾在的时间维度,即实践总是已经置身于其中的某种状态。

其次,人的实践不仅仅是感性的,还是自由的。自由属于本体世界,不同于自然因果。经验世界的自然因果总是依赖于某种先在的条件,自由则是绝对地开端,随时随地都可能发生,具有绝对的当下性。人的实践就具有意志自由的当下性。

意志自由是人的最根本的能在,是人之为人的存在的可能性。"自由的概念,一旦其实在性通过实践理性的一条无可置疑的规律而被证明了,它现在就构成了纯粹理性的、甚至思辨理性的体系的整个大厦的拱顶石,而一切其他的、作为一些单纯理念在思辨理性中始终没有支撑的概念(上帝和不朽的概念),现在就与这个概念相联结,同它一起并通过它而得到了持存及客观实在性,就是说,它们的可能性由于自由是现实的而得到了证明;因为这个理念通过道德律而启示出来了。"[1]应当说,自由是人的先天的条件,是人之为人的确证,是人的理性之中最高的概念。在康德看来,人固然是自然的存在,会受到自然界因果规律的制约。但能够体现人之为人的特性的,恰恰是人的自由。由于自由,人可以不顾任何现实条件的影响和制约,按照普遍的法则独立地决定自己的行为。因此,意志自由构成了人的最根本的存在可能性,是人之为人的确证。

对自由的承担,就是人的义务。康德在《实践理性批判》中以极大的热情赞颂了义务,"义务!你这崇高伟大的威名!你不在自身中容纳任何带有献媚的讨好,而是要求人服从,但也绝不为了推动人的意志而以激起内心中自然的厌恶并使人害怕的东西来威胁人,而只是

---

[1] 康德《实践理性批判》,邓晓芒译,人民出版社,2003年版,第2页。

树立一条法则，它自发地找到内心的入口，但却甚至违背意志而为自己赢得崇敬"[1]。道德实践总是体现为当下对义务的承担，或者说，正是在义务之中，人才确证自己是自由的，才能突破经验世界的束缚，进入本体的存在。在这个意义上，道德实践就具有了本体论（存在论）上的时间性内涵。它不体现为经验时间的连续性，而是体现为道德实践的当下性、生成性。这构成了人的实践的当下的时间维度。

最后，意志自由是道德律的基础，人通过道德实践有其追求的最终对象和目标，即至善。可以说，人的所有的道德行为，都源于对至善的理解和追求，人在根本上就是"向善存在"的。在康德看来，至善包含两方面的内容，德行和幸福，"既然德行和幸福一起构成一个人对至善的占有，但与此同时，幸福在完全精确地按照与德性的比例（作为个人的价值及其配享幸福的资格）来分配时，也构成一个可能世界的至善：那么这种至善就意味着整体，意味着完满的善，然而德行在其中始终作为条件而是至上的善，因为它不再具有超越于自己之上的任何条件"[2]。因此，至善包含两方面的条件：完满性与至上性。完满性涉及幸福，至上性涉及德行。两方面的精确结合，就是至善。

但是，必须注意，康德这里所说的幸福不单纯是我们感官的快适，不单纯是基于自爱原则的自我满足。在康德看来，幸福以德行为前提，始终要符合实践理性的法则，也就是说，"幸福始终是这种东西，它虽然使占有它的人感到快适，但却并不单独就是绝对善的和从一切方面考虑都是善的，而是任何时候都以道德的合乎法则的行为作为前提条件的"[3]。这种幸福就和德行结合在一起，构成了"至善"的

---

[1] 康德《实践理性批判》，邓晓芒译，人民出版社，2003年版，第118页。
[2] 康德《实践理性批判》，邓晓芒译，人民出版社，2003年版，第152页。
[3] 康德《实践理性批判》，邓晓芒译，人民出版社，2003年版，第152页。

概念。因此，至善就作为道德所追求的最终对象构成了人的道德实践时间性中未来的时间维度，也就是说，至善作为人的道德实践的目标和对象就存在于人的道德实践之中，并在深层次上决定和影响着人的存在方式。

但是在现实生活中，德行并不总是能够与幸福结合在一起。因此，康德提出了"配享幸福"的概念，认为人只能不断地实践道德律令，以使自己能够配得上享有幸福，而并不能要求一定获得幸福。要实现德行与幸福的结合，即"至善"，则必然要求着上帝、自由和灵魂不朽的悬设。

意志自由上文已有论述。关于灵魂不朽，康德提出，至善要求意志与道德律的完全适合，对于人来讲，在任何时刻都不可能完全达到，因而"它只是在一个朝着那种完全的适合而进向无限的进程中才能找到"，而"这个无限的进程只有在同一个有理性的存在者的某种无限持续下去的生存和人格（我们将它称之为灵魂不朽）的前提之下才有可能。所以至善在实践上只有以灵魂不朽为前提才有可能"。[1] 也就是说，只有在向着作为对象的至善的无限进展之中，才能保证至善作为一个现实的目标是可以达到的。因此，作为将来的至善要求人的一种独特的存在状态，即灵魂的不朽，以保证向着至善的无限推进。最后一个悬设是上帝存在。至善是幸福与道德法则的一致。但道德律作为自由的法则，是不依赖于那些现实之中的具体条件的，"所以在道德律中没有丝毫的根据，来使一个作为部分而属于这个世界因而也依赖于这个世界的存在者的德性和与之成比例的幸福之间有必然的关联，这个存在者正因此而不能通过他的意志而成为这个自然的原因，

---

[1] 康德《实践理性批判》，邓晓芒译，人民出版社，2003年版，第168页。

也不能出于自己的力量使自然就涉及到他的幸福而言与他的实践原理完全相一致"[1]。这就需要一个拥有符合道德意向的原因性的至上的自然原因,即上帝,来保证二者的最终统一。尽管上帝存在是一种"悬设",但却有其理性的根据。对人来说,这就是一种信仰,一种从纯粹理性中产生出来的信仰。因而,只有在信仰之中,至善才成为可能。因而,灵魂不朽与信仰就是道德视域下人的存在状态,而这种状态就是信仰的状态。反过来说,只有信仰中的人才能实现灵魂不朽的生存。

总的来看,人的实践活动就体现出独特的时间结构:人的经验性存在构成了实践的曾在的时间维度,自由的道德行为构成了实践活动当下的时间维度,而至善构成了实践活动未来的时间维度。三者共同构成了实践活动的时间性。

二、敬重的时间性分析

在康德看来,自由是道德律的存在理由,是全部道德法则,以及服从这种道德法则所需承担的责任的基础,因而自由的人必然是道德的人,而道德的人也同时是自由的人。康德实际上区分了两种自由。第一种是消极意义上的自由,即能够独立于任何现实条件的影响,不受那些欲求的客体的决定。第二种是积极意义上的自由,即由实践理性给自己立法,行为符合普遍的立法形式。后一种意义上的自由才是道德律的基础。"所以道德律仅仅表达了纯粹实践理性的自律,亦即自由的自律,而这种自律本身是一切准则的形式条件,只有在这条件

---

[1] 康德《实践理性批判》,邓晓芒译,人民出版社,2003年版,第171页。

之下一切准则才能与最高的实践法则相一致。"[1]很显然，这时道德与自由事实上具有内在的同一性。于是，在实践理性的基础上，"自由的"意志便会导向一种道德的情感——敬重。康德指出："关于意志自由的、却又与某种不可避免的、但只是由自己的理性加于一切爱好上的强制结合着而服从法则的意识，就是对法则的敬重。"[2]道德实践的承担和完成对人来说就是义务，而对于道德律令的情感就是敬重。因而敬重是一种存在论意义上的情绪。

敬重来自人的自由的先天性，是一种智性的情感。"对道德律的敬重是一种通过智性的根据起作用的情感，这种情感是我们能完全先天地认识并看出其必然性的惟一情感。"[3]因此，敬重是人作为两个世界中的人的确证。人一方面属于感官世界，另一方面属于理知世界，"人作为属于两个世界的人，不能不带有崇敬地在与他的第二个和最高的使命的关系中看待自己的本质，也不能不以最高的敬重看待这个使命的法则"[4]。当人在道德实践中确证自己是自由和理性的存在时，就会产生敬重的情感。因而敬重也是对人的提高，是展示出人性中的崇高性。同时，敬重也是对义务的承担和认同，是对于法则的兴趣。由此我们可以描画出敬重的时间性内涵。

首先，敬重是对人自身有限性的自觉，即意识到自身是感性的存在。

在《实践理性批判》中，康德认为，道德律令的存在本身就植根于人的有限性。道德法则实际上不仅仅适用于人类，而是适用于一切

---

1 康德《实践理性批判》，邓晓芒译，人民出版社，2003年版，第44页。
2 康德《实践理性批判》，邓晓芒译，人民出版社，2003年版，第110页。
3 康德《实践理性批判》，邓晓芒译，人民出版社，2003年版，第101页。
4 康德《实践理性批判》，邓晓芒译，人民出版社，2003年版，第119页。

有理性的存在者。但因为人不仅是有理性的存在者，同时也是处于现象世界中的、受感性和需要刺激的存在者，他的行为并不必然地符合道德的法则。因而，道德实践的法则就会当前化为道德律令，即对于有限的有理智者来说总是体现出某种强制性。"一旦敬重是对情感的一种作用、因而是对一个有理性的存在者的感性的作用，这就预设了这种感性为前提，因而也预设了这样一些存在者的有限性为前提，是道德律使这些存在者担当起敬重来的。"[1]

同时，实践理性的三个"悬设"——上帝、自由、灵魂不朽也同样植根于人的有限性。尽管上帝、自由、灵魂不朽的存在在现实经验世界中无法获得证明，但在理性的实践运用中却可以获得确实性。在康德看来，人的道德行为以意志自由为前提条件，人达到神圣以灵魂不朽为前提条件，人获得"至善"则以上帝存在为前提条件，只有从这些悬设出发，才能保证一个道德世界（"目的国"）的存在，或者说，道德的存在恰恰证实着这些悬设的确实性。事实上，这三个悬设的存在仍然植根于人的有限性的存在：正因为人并不总是能按照道德法则来行动，所以才需要"自由"的悬设给人提出道德律令；正因为人此世的生命是有限的，无法达到道德法则的完整实现，才需要灵魂不朽来保证二者的最终契合；正因为在现实世界中德福并不总能保持一致，甚至常常相互背离，才需要上帝的悬设保证至善的存在。因此，恰恰是人在现实世界中的有限性存在构成了《实践理性批判》的内在根基，也构成了敬重之中人的存在的"曾在"的特性。

其次，敬重的情感导向了实践，即人的道德行动，因此敬重中包含着对义务的承担。

---

[1] 康德《实践理性批判》，邓晓芒译，人民出版社，2003年版，第104页。

敬重不仅仅是一种内心的情感，更是体现在当下的行动之中。所以康德说，爱上帝，就意味着乐意做上帝所命令的事，爱邻人，就是乐意履行对邻人的一切义务。敬重植根于人的道德实践活动，当人看到了对自身义务的承担，看到了道德律令的显现的时候，就会产生敬重的情感。因此，敬重一定是和当下的道德实践联系在一起的，道德实践活动显现出人的义务与尊严，是人之为人的体现。不过严格来说，道德实践是当下的，却又不完全是当下的，而是体现出对人的自由的追求。

最后，敬重作为向自由的提升。

对人类而言，永远也不可能达到完全自觉地符合德性法则的神圣意志，而只能不断地接近它，这是一个无限逼近的过程。因此，康德说："意志的这种神圣性仍然是一个不可避免地必须用作原型的实践理念，无限地逼近这个原型是一切有限的有理性的存在者有权去做的惟一的事，而这个实践理念就把那自身因而也是神圣的纯粹德性法则经常地和正确地向他们指出来，确保德性法则的准则之进向无限的进程及这些准则在不断前进中的始终不渝，也就是确保德行，这是有限的实践理性所能做到的极限，这种德行本身至少作为自然获得的能力又是永远不能完成的，因为这种确保在这种情况下永远不会成为无可置疑的确定性，而当做置信则是很危险的。"[1] 德性法则与自由相关，因此这种无限的提升也与自由存在密切联系。康德实际上由此赋予了人类以无限提升的空间。可以说，自由（道德）以其独立于一切感性经验的形式性、权威性激起人们的景仰和敬重，不断地提升人们的人格，给人们"展示了一种不依赖于动物性、甚至不依赖于整个感性世

---

[1] 康德《实践理性批判》，邓晓芒译，人民出版社，2003年版，第43页。

界的生活"[1]，这就是对人的存在的提升。

实际上，敬重中也包含着一种不愉快。当我们的爱好和自尊被限制在对法则的遵守这一条件之下时，会有不愉快的感觉，产生谦卑的情感。

康德认为，那种按照其意志的主观规定根据而使自己成为一般意志的客观规定根据的偏好就是自爱，即关爱自己本身胜过一切。这种自爱如果把自己当作立法性的、无条件的实践原则，就是自大。道德律使每个人把自己本性的感性偏好与道德法则相比较而感到谦卑。因而谦卑能够阻止和消除自爱与自大。谦卑是对自身感性存在的自觉，也是对道德法则发自内心的肯定和认同。所以感性方面的谦卑在智性方面恰恰是对法则的尊重，即当人看到道德法则超越了自己的感性天性，在对法则的认同中就感到自身也被提高了。这样，道德法则就让我们发觉自己的超感性存在，引起了我们对自己更高使命的敬重。

基于这一理解，康德对敬重有个明确定义："关于意志自由地、却又与某种不可避免的、但只是由自己的理性加于一切爱好上的强制结合着而服从法则的意识，就是对法则的敬重。"[2] 敬重之中包含着强制，这种强制立足于人的感性存在。敬重之中还包含着对道德法则的服从，这种服从不仅仅是行动上的，更是动机上的，即行动不仅仅是合乎法则，更是出于道德法则而采取某种行动。那些在客观实践上按照道德法则并排除一切出于爱好的规定根据的行动就是义务。康德明确区分了合乎义务所做的行动和出于义务，即出于对法则的敬重所做的行动，认为后者才具有道德价值。因此，敬重只是针对人的，因为

---

1 康德《实践理性批判》，邓晓芒译，人民出版社，2003年版，第221页。
2 康德《实践理性批判》，邓晓芒译，人民出版社，2003年版，第110页。

只有人才能认同并遵守道德法则，只有人才能作为目的本身存在。

康德特别举例来说明敬重。在一位出身微贱的普通市民面前，当我发现他身上有我在自己身上没有看到的那种程度的正直品格时，即使对于他来说，我的确具有某种优越地位，我仍会对他感到敬重。因为"他的榜样在我面前树立了一条法则，当我用它来与我的行为相比较，并通过这个事实的证明而亲眼看到了对这条法则的遵守、因而看到了这条法则的可行性时，它就消除了我的自大。即使我意识到自己有同样程度的正直，这种敬重也仍会保持"[1]。因此，敬重的情感是从一种否定性的情感过渡到了一种肯定性的情感，从谦卑过渡到了自我提升。

总的来看，敬重首先是对人的感性存在的自觉，由敬重的对象映照出自身的有限性，产生谦卑的感受。同时，敬重也是对对象的崇敬，在对象身上发现了道德法则的力量，并唤起自身的自由，意识到自己是可以接近甚至实现道德法则的，这就唤起了对自我的提升。敬重的实质就是对道德法则的认同与遵守。因此，敬重就是通过对义务的承担，在人的感性存在之中追求至善。这里我们可以描画出敬重的时间结构：敬重首先植根于人的感性存在。人是在两个世界中生存，谦卑就是人的感性存在的确证。同时敬重总是体现在当下对义务的担当之中。敬重的时间性就是人在自己的感性存在中通过当下的实践使自己获得提升，指向对作为未来的至善的追求。如果说谦卑更多体现出人的感性存在的曾在维度，自爱或自大更多体现出当下的维度，那么敬重就更多体现出未来的维度，并能将前两种时间维度包容在其中。这样来看，敬重的时间性就体现为：在人的作为感性存在的已是

---

[1] 康德《实践理性批判》，邓晓芒译，人民出版社，2003年版，第105页。

之中，通过当下的实践体现出对应是的期望与认同。

敬重的时间性本质上是道德实践活动的时间性，实践活动就是敬重的具体表现方式。在实践活动之中，人的感性存在显露出来，并成为人始终缠绕其中的特定状态，由此才会生成谦卑。同时，人会在感性存在之中采取当下的行动，服从道德法则的命令，承担其自身的义务，使自身获得提升。敬重与实践活动的时间结构在本质上是一致的。

第三节　历史与宗教哲学中的时间问题

"我可以期待什么？"康德对历史和宗教的思考实际上是顺着上一问题（"我应当做什么？"）的思路进一步思考至善如何可能。在康德看来，人的所有希望都指向幸福，而至善恰是德性与幸福的统一。"为使这种至善可能，我们必须假定一个更高的、道德的、最圣洁的和全能的存在者。惟有这个存在者才能把至善的两种因素结合起来。"[1] 而对至善的期待最终又会回复到道德实践之中，体现为当下的行动。因此，植根于过往的期待指向未来，而未来又规定、影响着当下，在这一过程中同样凸显出不同于经验现象的、特殊的时间性内涵。

期待本身就是时间性的。任何期待都是人的期待，从批判哲学的思路出发，能期待什么首先取决于人本身，植根于人自身的可能性。其次，期待包含着对某种未来的向往和追求。最后，期待并不是空洞

---

[1] 康德《单纯理性限度内的宗教》"1793年第一版序言"，李秋零译，中国人民大学出版社，2003年版，第3页。

地等待，而是会落实在当下的行动之中，通过当下的行动来推动某种结果的实现。可见在期待的这个理论结构之中，已经具有时间性的内涵。人总是在其既有本性之中，通过当下的行动，来追求未来的实现。在康德后期思想中，"期待什么"的问题就具体体现在对历史发展方向和宗教的思考之中。

在康德看来，无论历史还是宗教，都植根于人自身，其可能性都潜藏在人的本性之中。因此，康德对历史和宗教的分析，都包含着对人的本性的深刻思考，并以此为基点，进一步思考历史的发展方向和宗教对人的价值和意义。

一、康德历史哲学中的时间性内涵

康德的历史哲学包含着对人的禀赋的理解，对人类历史发展未来的信心，以及对启蒙时代和法国大革命的敏锐感知。这些构成了其内在的时间结构。

1. 对人的认识

人首先具有本能。康德认为在人类生存的最初阶段，只有本能在指引着人们前进，主要包括饮食及性的本能。这些本能与理性相冲突，并且具有违反自然的倾向，这是人类发展的最初阶段。在这一阶段中，人只是处于一种单纯的野蛮状态之中，他们的行为混乱并相互冲突，从中看不到历史的发展规律和趋势。但在康德看来，人类不能仅仅停留在这一状态之中。作为有理性的存在者，人从大自然那里承接来的自然禀赋注定要充分而合目的地发展出来，因此人一定会借助理性的力量突破自然本能的限制，使自己在历史中不断走向完善。

尽管个体的行为看起来似乎是杂乱无章的，每个人都在追求各自的目标，但"人类的行为，却正如任何别的自然事件一样，总是为普遍的自然律所决定的"[1]。康德以一种先验主义的方式来建构他的历史哲学，他预设了自然的意图，认为人类历史的发展进程是合乎自然规律的。大自然创造了人类，并且赋予了人类理性和基于理性的意志，而不是像别的动物那样只有单纯的感性欲求，只服从于它们自己的本能。因而自然要求人类超越自己的感性本能，通过理性自己造就自己。因此人类"在全体的物种上却能够认为是人类原始的秉赋之不断前进的、虽则是漫长的发展"[2]。

大自然使人类的全部禀赋得以发展所采取的手段就是人类在社会中的对抗性，即人类非社会的社会性。在康德看来，人的自然禀赋绝不是自然而然就能得到发展的，而是必须通过人与人之间的相互竞争、矛盾和冲突才能得到刺激并不断发展。"大自然的历史是由善而开始的，因为它是上帝的创作；自由的历史则是由恶开始的，因为它是人的创作。对个人来说，由于他运用自己的自由仅仅是着眼于自己本身，这样的一场变化就是损失；对大自然来说，由于它对人类的目的是针对着全物种，这样的一场变化就是收获。"[3]正是由于恶的作用，人的各种禀赋才不断地得到激发，从而人类才能得到发展。因此，正是人与人之间的对立和冲突促进了人类整体的文明化进程。人类的非社会性其实是刺激人类进步的重要因素，正是人类本能的对抗为理性统治提供了可能，也即是说，一部文明的历史必然会伴随着野蛮的历史。

---

1 康德《历史理性批判文集》，何兆武译，商务印书馆，1990年版，第1页。
2 康德《历史理性批判文集》，何兆武译，商务印书馆，1990年版，第1页。
3 康德《历史理性批判文集》，何兆武译，商务印书馆，1990年版，第68页。

但人类的非社会的社会性使得人们在追求自己自由的最大化的同时,又会导致他们停留在这种无休止的对抗、战争之中,从而使人类文明陷入不安全的状态,甚至会出现历史倒退乃至社会解体的严重后果。因此,康德认为人类禀赋发展的同时又需要一种外部制度的制约,即建立起一个普遍法治的公民社会。在这个共同体中,公民被赋予自由的权利,在一切事情上都具有公开运用自己理性的自由,有权自己进行选择。同时,也正是具有了这种自由,公民们才积极参与并且维护自己生活于其中的这个共同体,为共同体效力。但康德又认为"程度更大的公民自由仿佛是有利于人民精神的自由似的,然而它却设下了不可逾越的限度;反之,程度较小的公民自由却为每个人发挥自己的才能开辟了余地"[1]。因而共同体虽然要给予它的大众自由,但这自由并不意味着放纵,而是一种有限度、有节制的自由。只有在这种公民法治的状态之下,才能在总体的外部法治秩序之下,同时赋予个体法治范围内的自由。所以人与人之间既为了追求自己个人的感性目的而相互冲突、竞争,从而使双方的禀赋受到激励而不断得到发展,同时又需要有来自法治的根本强制,要求他们彼此尊重对方的基本权利。这就需要一个漫长的内心改造过程,使人们放弃那种破坏性的相互冲突,在一部合法的宪法里面寻找平静与安全。

可以说,对人的本性,尤其是人的自由的理解构成了理解人类历史的前提和基础,也构成了人置身于其中的、既有的存在状态。

2. 对历史目标的理解

康德对历史的看法是以目的论为基础,即认为历史有一个确定的

---

[1] 康德《历史理性批判文集》,何兆武译,商务印书馆,1990年版,第30页。

终点，人类的行为是向着那个终点不断前进。在康德看来，人类历史的统一性在于，一方面，历史在整体上是一个合乎规律的发展过程，另一方面，这一合乎规律的发展过程是朝向一定的目的的。这个目的不是来自人的主观设定，而是大自然的一项隐秘计划。

在写于1784年的《世界公民观点之下的普遍历史观念》一文中，康德就已经开始运用目的论的思想来反思人类历史，试图把看起来十分纷乱的、充斥着各种各样的罪恶的人类历史纳入大自然的目的论体系之中，并努力把这种目的与人类的自由协调起来，这样"人类的历史大体上可以看作是大自然的一项隐蔽计划的实现"[1]。在康德看来，之所以以这样的一种观点来对世界历史进行反思，"绝不是什么无关紧要的动机"[2]，因为如果人类是置身于一个没有理性的自然界之中，如果"一切归根到底都是由愚蠢、幼稚的虚荣、甚至还往往是由幼稚的罪恶和毁灭欲所交织成的"[3]，那么人类的生存还会有什么意义呢？而当我们从理性的目的这条线索来反思人类历史时，就"不仅能够对于如此纷繁混乱的人间事物的演出提供解释，或者对于未来的种种国家变化提供政治预言的艺术"，而且还会"展示出一幅令人欣慰的未来的远景：人类物种从长远看来，就在其中表现为他们怎样努力使自己终于上升到这样一种状态，那时候大自然所布置在他们身上的全部萌芽都可以充分地发展出来，而他们的使命也就可以在大地之上得到实现"[4]。因此，在康德看来，这种合乎理性的目的论的思想与整个人类历史，与人类的生存和发展都是息息相关的，它在深层次上决

---

1 康德《历史理性批判文集》，何兆武译，商务印书馆，1990年版，第15页。
2 康德《历史理性批判文集》，何兆武译，商务印书馆，1990年版，第20页。
3 康德《历史理性批判文集》，何兆武译，商务印书馆，1990年版，第2页。
4 康德《历史理性批判文集》，何兆武译，商务印书馆，1990年版，第20页。

定着我们对世界的看法及对自身的认识,决定着人类生存的价值与意义。这样,通过反思,康德就把合目的性的思想与人类自身的生存和历史发展联系起来。

《世界公民观点之下的普遍历史观念》采用先验方法来研究人类历史的发展,认为历史的发展在总体上合乎目的论的原则,体现出大自然的隐秘计划。历史在微观上包含着人的特殊的经验性行动,在宏观上则体现出由所有这些纷繁复杂的经验现象所构成的历史整体或世界整体,展现为整体性的时间进程。总的来看,康德是从道德(而非技术或知识)的观点来反思人类历史的进步,而道德又预设了人类意志的自由。因而康德对历史的理解就植根于人的自由之中。

在1797年《重提这个问题:人类是在不断朝着改善前进吗?》这篇文章中,康德同样认为,人类是在向着不断改善前进,这来自人类的自由和大自然的"天意"。

"如果要问:人类(整体)是否不断地在朝着改善前进;那么它这里所涉及的就不是人类的自然史(未来是否会出现什么新的人种),而是道德史了;而且还确乎并非根据种属概念,而是根据在大地上以社会相结合并划分为各个民族的人类的全体。"[1]因此,康德将人类发展的历史进程看作是人类整体迈向道德化的过程。要实现这种道德化的最终目标,一方面需要人的理性状态或者自然禀赋的发展,另一方面需要建立普遍法治的公民社会。在康德看来,自然赋予人们以理性能力,就是要让人的自然禀赋在历史的进程中不断得到发展和完善。但由于人的生命是有限的,人的理性能力也不能一蹴而就得到完善,这就需要立足于前人的经验基础不断地进行提升。所以,人类

---

[1] 康德《历史理性批判文集》,何兆武译,商务印书馆,1990年版,第145页。

只有作为一个整体才能在历史的延续中将理性，即人的自然禀赋发展到极致状态。

康德的历史哲学就是要阐明人类历史是如何朝着整体的道德化目标前进。他认为，理性和自由是人的自然禀赋，但要让这种自然禀赋逐渐显现出来，并一步步走向完善，只有通过历史的发展、人类世代的更替才能真正实现。"人类朝着改善而努力的收获（结果），只能存在于永远会出落得更多和更好的人类善行之中，也就是存在于人类道德品质的现象之中。"[1]因此总的来看，在历史中人类是朝着道德化这个最终目标前进的，人类总有一天能够在整体上实现纯粹的道德化，从而生活在理想的共同体之中。

根据这一观点，康德认为历史发展的最终目标就是整个人类社会的永久和平。他认为人生来就有"非社会的社会性"，想要一味实现自己的欲求和目的，这样就会与他人发生冲突。人们为了能够生存下来，就需要建立某种组织，维系人们的共同生活，这样就产生了国家。倘若国家之间的利益相互冲突，就会发生无休止的战争。因此国家之间必须要停止战争状态，缔结和平和约，尊重彼此的权利。各个国家要实行共和体制，并且在共和体制之下进行最广泛的联盟，使得处于其中的各个国家既能够维护自己的利益，也能够维护其同盟国的利益、安全和自由，从而实现永久和平。

在康德看来，"永久和平"并不是人类的臆想，而是源于大自然本身，也就是说，大自然"从它那机械的进程之中显然可以表明，合目的性就是通过人类的不和乃至违反人类的意志而使和谐一致得以呈现的；因此之故，正有如作为我们还不认识它那作用法则的原因的强

---

[1] 康德《历史理性批判文集》，何兆武译，商务印书馆，1990年版，第159页。

制性而言，我们就称之为命运；然而考虑到它在世界进程之中的合目的性，则作为一种更高级的、以人类客观的终极目的为方向并且预先就决定了这一世界进程的原因的深沉智慧而言，我们就称之为天意"[1]。这样看来，永久和平就植根于人的理性和道德之中，是大自然的一项隐秘计划，也代表了康德对未来世界的设想。可以看到，目的论的思想构成了康德理解人类历史的基本视域，始终引导着康德对人类历史整体发展乃至具体事件的理解。

康德由此进一步思考了人类历史的终结，认为历史的终结包含在人类全部时间过程之中，而不是在最后时刻发生的一次性事件。但是，这个终结的整体在单纯现象界中是无法通过相继综合的方式获得的，它只是引导历史向过去回溯和向未来延展的先验理念，是理性用以将人类全部经验性活动系统联结起来的纯粹理念。而从本体的视角反思现象界，更准确地说，从上帝的视角考察全部人类普遍历史，这个整体毕竟可以被设想为完成了的、终结了的。因为，世界中一切事物的运动变化包括人类历史的世代更替，都在上帝的计划和预见之中。

从以上论述可以看出，康德对人类历史的思考指向了一个明确的目标，从这一目标来看，人类历史就是一个合目的性的发展过程。可以说，对人类历史发展和万物终结的思考，构成了康德历史哲学中未来的时间维度。

3. 对时代的定位

那么，康德是如何定位自己置身于其中的这个时代呢？在《答复

---

[1] 康德《历史理性批判文集》，何兆武译，商务印书馆，1990年版，第118—119页。

这个问题："什么是启蒙运动？"》这篇文章中，康德明确指出："如果现在有人问：'我们目前是不是生活在一个启蒙了的时代？'那么回答就是：'并不是，但确实是在一个启蒙运动的时代。'"[1] 因为在这个时代，人们已经能够自由地使用自己的理性，人类自己加诸自己的不成熟状态也在逐渐消退。可以说，这是一个不断启蒙的时代，是通向历史目的的时代。这是康德对自身所处时代的定位。

康德认为，人们只有借助启蒙才能不断进步。绝大部分人一开始由于自己的懒惰和怯懦，同时又由于习惯于受人保护，在这内外双重作用下，便使他们处于不成熟的状态之中。然而启蒙确乎是可以实现的。只要赋予人们以自由，人们便会不断地去探索、尝试，从而敢于运用自己的理智，独立地进行思考，不断地摆脱他们的不成熟状态。因此，拥有了自由人们才能得以启蒙，在启蒙过程中也才能学会运用自己的理智，不断地向前进步。

在这个启蒙的时代中，实际上已经包含着过去与未来的某种契机。康德特别强调了法国大革命在人类历史发展过程中的特殊意义。1789年，法国大革命爆发。这一事件对当时德国的知识分子产生了强烈的影响。康德对这一事件持积极的肯定态度，并进行了深刻思考，认为这一事件事实上确证了人类的道德倾向。"它揭示了人性中有一种趋向改善的秉赋和能量；这一点是没有一个政治家从迄今为止的事物进程之中弄清楚了的，而是唯有大自然与自由在人类身上按内在的权利原则相结合才能够许诺的。"[2] 它具有某种昭示性的意义，并会对后来的时代和民族发挥持续性的影响。"这一事件是太重大了，

---

1 康德《历史理性批判文集》，何兆武译，商务书馆，1990年版，第28页。
2 康德《历史理性批判文集》，何兆武译，商务书馆，1990年版，第156页。

和人类的利益是太交织在一起了,并且它的影响在世界上所有的地区散步得太广泛了,以致于它在任何有利情况的机缘下都不会不被各个民族所想念到并唤起他们重新去进行这种努力的。"[1] 也就是说,这样一个时代,这样一个事件,植根于人类的自由之中,同时与预示着人类的未来发展。当下并不纯粹是当下的,而是历史的一个契机,是过去与未来交汇、对话的一个契机,是充满丰富性、生发性的一个契机。这构成了康德对启蒙时代的自我理解。因而启蒙时代就构成了康德历史哲学中当下的时间维度。

总的来说,在康德的历史哲学之中,人的二重性构成了人类置身于其中的既定状态和曾在的时间维度,启蒙运动构成了人类对自我的当前理解和当下的时间维度,永久和平则构成了人类历史发展的终极目标和未来的时间维度。人身上本就有理性的禀赋,在当前的启蒙时代之中,植根于理性的禀赋,就可以期待作为历史目的的永久和平,由此体现出康德历史哲学的时间性内涵。

二、康德宗教哲学中的时间性内涵

宗教哲学是康德思想的一个重要组成部分,康德是从道德的角度理解宗教。前面我们已经分析了《实践理性批判》中的时间性内涵,实际上已经涉及宗教及其时间性问题。因此,康德的宗教思想的时间性与道德实践有着密切关联。在康德的宗教哲学中,同样包含着对人性的深刻理解,对作为至善的未来的期待,以及对当下道德实践的肯定。这些构成了康德宗教哲学的时间性内涵。

---

[1] 康德《历史理性批判文集》,何兆武译,商务印书馆,1990年版,第156页。

1. 对人性的理解

首先，康德的宗教思想同样立足于人性，包含着对人性的深刻理解。具体来说，在人的本性中包含着向善的禀赋与趋恶的倾向。

康德认为人的本性包含三种向善的原初禀赋：与生命相联系的动物性禀赋，即机械性的自爱，包括自保、性本能、社会本能等等；与理性相联系的人性禀赋，即比较性的自爱，在与他人的比较中判定自己是否幸福；与责任相联系的人格性禀赋，体现为对道德法则的敬重的敏感性，将道德法则当作自身充足的动机。三种禀赋实际上体现出康德对人的完整理解，即人不仅具有动物性的生存欲求，还有由自爱原则所展开的、以幸福为指向的存在方式，最后还具有作为有理性的存在者，所体现出的由道德法则所决定的存在方式。在康德看来，这些禀赋都是源始的，因为它们都属于人的本性的可能性。

从消极的意义来讲，无论是动物性的自爱，还是对幸福的追求、对法则的敬重都与道德法则不冲突；从积极的意义上来讲，自爱、对幸福的追求，对法则的敬重都可以促使人们遵循道德法则。因而可以说这三种原初禀赋都是善的。但前两种禀赋也有可能违背目的地使用，嫁接各种恶习。只有第三种禀赋才是绝对地善的。

同时，人的本性中还包含三种趋恶的自然倾向：第一，人的心灵在遵循已被接受的准则方面的软弱（人的本性的脆弱），有心向善却没有坚强的意志去履行；第二，将非道德的动机与道德的动机混杂起来（不纯正），除了道德法则外还需要其他动机；第三，人心的恶劣或堕落（采纳恶的标准，心灵的颠倒）。前两种趋向是无意的罪，第三种是有意的罪，是人心的某种奸诈，在道德意向上的自欺欺人。

康德认为，《圣经》中记载，人类的始祖亚当和夏娃受到蛇的引诱而偷食禁果，使得后世人类整个族群都因此而具有原罪，但人最终是可以获得拯救的。因此，尽管人的本性中具有与生俱来的恶的倾向，但是人天生具有"向善的原初禀赋"。人虽然会因为外界的一些原因而陷入恶，但只要不是从根本上（即人的向善的原初禀赋）败坏了，就还是可以恢复善性的。因此从应然的层面来说，人本性应该为善。

值得注意的是，康德在谈到善恶问题时明确区分了"禀赋"与"倾向"。二者都属于人的本性。禀赋内在于人性之中，人既不能建立也不能根除。倾向既可以是天生的，也可以是人为的。康德将倾向理解为"一种性好（经常性的欲望，concupiscentia）的可能性的主观根据，这是就性好对于一般人性完全是偶然的而言"[1]。也就是说，趋恶的倾向对人来说是偶然的，并不属于人之所是，而是作为一种外在的要素附着于人的身上。它源于人的任性，是人的咎由自取，在这个意义上可以说它也属于人的本性。这时人的本性指称的就是人的某种存在的可能性，而这种可能性只是偶然地附属于人。

康德认为，"人是恶的"这一命题"无非是要说，人意识到了道德法则，但又把偶尔对这一原则的背离纳入自己的准则。人天生是恶的，这无非是说，这一点就其族类而言是适用于人的。并不是说，好像这样的品性可以从人的类概念（人之为人的概念）中推论出来（因为那样的话，这种品性就会是必然的了），而是如同凭借经验对人的认识那样，只能据此来评价人。或者可以假定在每一个人身上，即便是在最好的人身上，这一点也都是主观上必然的。由于这种倾向自身必须被看做是道德上恶的，因而不是被看做自然禀赋，而是被看做某种可以归咎于人的东西，从而也必须存在于任性的违背法则的准则之

---

[1] 康德《单纯理性限度内的宗教》，李秋零译，中国人民大学出版社，2003年版，第13页。

中。由于这些准则出于自由的缘故,自身必须被看做是偶然的,但倘若不是所有准则的主观最高根据与人性自身,无论以什么方式交织在一起,仿佛是植根于人性之中。上述情况就又与恶的普遍性无法协调,所以,我们也就可以把这种倾向称做是一种趋恶的自然倾向;并且由于它必然总是咎由自取的,也就可以把它甚至称做人的本性中的一种根本的、生而具有的(但尽管如此却是由我们自己给自己招致的)恶"[1]。康德在这里详细解释了人的趋恶的倾向。它源于人的主观任意,因而是可以归咎于人的。但也由此说明它是偶然性的存在,不属于人之为人的根据,以此和禀赋相区别。

对人的本性的认识揭示了人总是置身于其中的既定状态,构成了康德宗教哲学思想中曾在的时间维度。

2. 对未来的期待

其次,宗教必然涉及未来的问题,即至善的实现。所谓至善即道德和幸福的统一。康德认为,尽管道德并不依赖于宗教,但道德必然导致宗教。一个由道德法则来规定的意志,就是一个无条件善的意志,它并不需要借助其他任何条件或前提,而是出自纯粹理性本身。它所追求的最终客体,就是"至善",即"德性"与"幸福"的统一。但是,人的无条件善的意志只能导致善的行为,却不能保证善的结果,不能保证让有德性的人最终获得幸福。也就是说,不能保证至善在尘世的实现。在经验世界中,德性与幸福之间并没有必然的联系。因此,为了保证在尘世至善的实现,保证德性与幸福能够成比例

---

[1] 康德《单纯理性限度内的宗教》,李秋零译,中国人民大学出版社,2003年版,第17—18页。

地结合在一起，让人们的道德期望不致落空，理性就会要求上帝的实存。道德行为的后果就体现在现实世界之中。尽管这一后果并不足以作为人实行道德行为的依据，但这一后果本身却是人所期盼的目标。这样，康德就从纯粹的道德哲学，建立起了关于上帝的信仰，这种关于上帝的理性信仰，就构成了一个纯粹的理性宗教的核心内容。

很显然，纯粹的理性宗教信仰的对象，是一个根据人的道德行为造成德福一致的上帝。康德认为，对上帝的信仰体现在三个方面，一是相信上帝是天地的全能的创造者，即在道德上是圣洁的立法者，二是相信上帝是人类的维护者，是人类的慈善的统治者和道德上的照料者，三是相信上帝是自己神圣法则的主管者，即公正的法官。

人是作为理性存在者，作为能够出自道德法则而行动的自由的存在者与上帝发生关系，这里不需要迷信和狂热，而需要人对自身理性的自觉。人把自由地做出道德行为的权利留给自己，把施予道德奖赏，即获得幸福的权利归于上帝。

这样来看，上帝是因为道德的理由才需要的，假定没有上帝存在，则我们就不可能对德性与幸福的一致抱有希望。因此，康德所建立起来的，就是一种"单纯理性限度内的宗教"。道德哲学本身不需要宗教，人作为一种有理性的存在者，理性的先天的普遍立法形式就是道德的根源。但是，就人又有感性偏好，并且会追求幸福的目的而言，纯粹的道德又不能必然地达到这个目的，道德在人的生活中，只是一种配享幸福的资格。康德认为，只有纯粹理性界限里的宗教才能为此提供希望，而这种希望也是我们的理性的内在需要，否则理性的追求就无法得到安顿。因而至善就成为康德宗教哲学中未来的时间维度。

3. 对实践的要求

最后，康德的宗教需要落实到人的道德实践之中，即对义务的承担。尽管人凭借自身的力量无法实现至善，但却应当承担人之为人的道德义务。这样，"人发现自己被引向了对一个道德的世界统治者所做的协助或者安排的信仰，只有借助他的协助和安排，这一目的才是可能的。于是，关于上帝在这方面会做什么？是否可以一般地把某种东西归之于他？以及可以把什么特别地归之于他（上帝）？这在人面前就呈现了一个奥秘的深渊。不过，人在每一种义务方面所认识的，无非是为了能够配得上那种不为他所知、至少不为他所理解的襄助，他自己应该做什么"[1]。这时，人所能做的就是通过自己的道德实践使自己配得上最终的至善，至于至善什么时候能实现，则取决于上帝的力量，那就不是人所能测度的了。道德实践成为康德宗教哲学中当下的时间维度。

康德的宗教是理性化的宗教。当下的实践植根于人的原初向善的禀赋和趋恶的倾向，在承担自己的道德义务的同时，借助于对上帝的信仰以期待至善的实现。因此，上帝的存在是至善实现的保障，也是人性的内在需要。这样宗教就植根于人性之中。正是在宗教之中，体现出对至善的期待、对人性的理解、对当下实践的肯定，由此呈现出完整的时间结构。

综上所述，在康德的前三个问题，"我能够知道什么？""我应当做什么？""我可以期待什么？"中都包含着特定的时间性内涵，如果这三个问题最终可以归结为"人是什么？"的问题，那么，人的存在就同样处于时间性的问题域之中。因此，时间性就成为理解和把握康

---

[1] 康德《单纯理性限度内的宗教》，李秋零译，中国人民大学出版社，2003年版，第144页。

德思想的一个独特视域,这也使得我们从时间性的角度审视和考察康德美学成为可能,它会让我们看到,在康德那里,时间问题如何与审美问题、与人的存在问题相关联,审美又如何展现出丰富的时间性内涵。

第三章　康德美学的时间性特质

以上我们探讨了康德哲学体系的时间性内涵。康德美学是康德哲学体系的一个有机组成部分，因而在此基础上，我们就可以进一步探究康德美学的时间性问题。

首先，与之前的美学传统相比，康德美学体现出自身的独特性。这种独特性源于康德美学在其哲学体系中的"过渡性"功能，这也决定了康德美学独特的提问方式以及康德美学对审美的基本理解。更重要的是，"过渡"本身就具有时间性，由此可以展现出康德美学的时间性特质。其次，在康德美学中，审美判断力系属于反思判断力，对反思判断力的理解将直接影响并决定着对审美判断力及审美活动的理解。本章将立足于康德思想整体来认识和把握反思判断力的特殊作用，在此基础上对反思判断力的内在结构、审美意蕴及其时间性内涵进行探讨，这不仅能够深化对反思判断力本身的理解，同时还将从时间性的角度对康德美学，乃至康德的整个批判哲学体系展开更深层次的理解和把握，凸显出康德美学的时间性特质。最后，在康德美学中，想象力是一个十分重要的概念，在美、崇高、艺术中均发挥着积极作用，深刻影响着康德美学的整体面貌。可以说，想象力构成了理解康德美学的一条重要线索。因此，对想象力时间性内涵的探讨就成为理解和把握康德美学时间性问题的一条合适路径。总之，本章将从审美作为"过渡"、反思判断力、先验想象力等三条路径出发，从总体上展现出康德美学的时间性特质。

第一节 审美作为"过渡"的时间性

康德美学的基本问题首先源于康德美学在整个批判哲学体系中的独特位置及其承担的特定功能，即康德的判断力批判在其整个哲学体系中发挥着"过渡性"的功能。在康德看来，判断力的活动能够将自然与自由联系在一起，"使按照一方的原则的思维方式向按照另一方的原则的思维方式的过渡成为可能"[1]，使得哲学体系构成一个整体。很显然，"过渡"对于康德哲学体系的完整性来说具有重要作用。"过渡"这一概念本身就具有时间性的内涵，这也使得康德美学在其根基处就具有了时间性特质。同时，康德美学关于美的问题提出了独特的提问方式。提问方式的转换体现出对美的问题的独特理解，即将美的问题纳入人的存在问题之中，这样审美问题就通过存在问题体现出时间性内涵。这也使得作为"过渡"的判断力为康德的整个哲学大厦提供了坚实的基础，发挥着奠基性的作用。这种奠基性也使得审美活动成为一个源初性的领域，由此审美愉悦也就具有了存在论的意味和时间性的内涵。

一、判断力作为过渡

在《判断力批判》"导言"之中，康德把判断力置于知性和理性

---

[1] 康德《判断力批判》，邓晓芒译，人民出版社，2002年版，第10页。

"之间"，为二者提供某种过渡。从这种"之间"的位置，我们也可以理解判断力与知性和理性的关系。"过渡"并不是作为二者的中间性存在，在二者之间建立起某种联结。这样外在的联结并不能够真正使二者成为一个整体，也无法建立起一个完整的理论体系。真正的"过渡"是在二者"之间"为二者建立起共同的基础，这样才能为二者建立起本源性的联系。[1]在康德的意义上，"过渡"实则具有"奠基"的意义。从这个意义上来说，《判断力批判》实则是为前两个方面重新奠基。由此也将我们引向了审美活动的时间性问题。

第三批判中，判断力作为知性和理性的中介环节，承担着"过渡"的功能，将康德整个哲学体系连接成一个整体。但其特殊性在于，一方面，判断力和知性、理性共同构成了人的先天能力，并作为二者的中介环节存在。另一方面，判断力与知性和理性不同，并没有属于自己的领地，而只是在必要的时候附加于二者中的任何一方。而且康德提出："如果这样一个体系要想有一天在形而上学这个普遍的名称下实现出来的话（完全做到这一点是可能的，而且对于理性在一切方面的运用是极为重要的）；那么这个批判就必须对这个大厦的基地预先作出这样深的探查，直到奠定不依赖于经验的那些原则之能力的最初基础，以便大厦的任何一个部分都不会沉陷下去，否则将不可避免地导致全体的倒塌。"[2]也就是说，《判断力批判》是要探查并奠定整个形而上学大厦的根基。那么，"判断力"显然在整个康德哲学体系中就具有了某种更加基础性的地位。

这里需要注意的是，康德实际上提出了两种隐喻体系：一种是平

---

[1] 关于作为哲学概念的"之间"的源初性与时间性问题，可参看柯小刚《海德格尔与黑格尔时间思想比较研究》，同济大学出版社，2004年版。

[2] 康德《判断力批判》，邓晓芒译，人民出版社，2002年版，第2—3页。

面的体系，判断力作为知性、理性两部分的中介环节；一种是立体的体系，判断力指向了人类先天能力的基础，发挥着奠基的作用。正如上文指出，纯粹的中介不足以提供系统的整体性，因此判断力的奠基性的作用显然更值得重视。而对基础的探查也就是对人的存在的源初领域的探究。

进一步来看，两种隐喻都带有空间性。但空间隐喻要研究的是作为人的"先天能力"的判断力。康德《判断力批判》所要做的工作就是寻找判断力的先天原则。"先天能力"本身就具有时间性内涵。尽管从第一批判开始康德的"先天性"很多时候指的是"逻辑在先"而不是"时间在先"，但这里的时间指的是经验时间。从存在论的视野来看，"逻辑在先"只有植根于源初的时间性才成为可能。因此，立足于作为先天能力的判断力，审美活动就具有了存在论的意义和源初的时间性内涵。

具体来看，康德在前两大批判中分别确立了自然和自由两大领域的基本原则，但人的存在应该是一个完整的整体，而不应该分裂为两个不同的领域。这就需要将两个领域联结起来，构成一个整体。康德的方法是"过渡"，即通过判断力实现从自然向自由的"过渡"。当我们说"过渡"的时候，总是已经置身于某种状态之中，同时包含着向另一状态的筹划。当下作为"过渡"的行动即是要从已在的状态走向还未实现的状态，因此"过渡"本身就具有时间意味。另外，过渡不是脱离自然走向自由，而是将自然和自由结合在一起。因而不是摆脱已在的状态，而是已在状态的提升或升华，未实现的状态以"象征"的方式就存在于当下之中。因此，审美的当下性一方面始终停留在感性自然之中，另一方面也包含着对自由的指向。在这个意义上，审美作为"过渡"就同时将自然与自由纳入自己的问题性之中，是之前两大领域的奠基与融合,具有时间性的完整性,或者说,源初的时间性。

另外,"过渡"的实现立足于某种"可能性"。康德指出,"知性通过它为自然建立先天规律的可能性而提供了一个证据,证明自然只是被我们作为现象来认识的,因而同时也就表明了自然的一个超感性的基底,但这个基底却完全被留在未规定之中。判断力通过其按照自然界可能的特殊规律评判自然界的先天原则,而使自然的超感性基底(不论是我们之中的还是我们之外的)获得了以智性能力来规定的可能性。理性则通过其先天的实践规律对同一个基底提供了规定;这样,判断力就使得从自然概念的领地向自由概念的领地的过渡成为可能"[1]。

简单来说,知性能力揭示出某种"超感性基底"的存在,但无法对其进行规定,判断力提供了对其进行规定的可能性,而理性则能够对其进行规定。如果说判断力能够在知性和理性之间实现"过渡",那么"过渡"就立足于对超感性基底进行规定的"可能性"。

可能性与艺术和审美活动具有内在的联系。亚里士多德在《诗学》中就明确指出,诗依据的是"可然律或必然律",描述的不是已经发生的事,而是可能发生或必然发生的事。这一思想对于我们理解可能性与审美活动的关系无疑具有重要意义。可以说,可能性构成了审美活动得以可能的内在原则和依据。同时,可能性也包含着时间性内涵。在《存在与时间》之中,海德格尔揭示了此在作为能在的时间性内涵。可能性总是指向某种事物或状态的可能性,也就是说可能性总是指向了某种有待实现出来的事物或状态。在这个意义上,可能性

---

[1] 康德《判断力批判》,邓晓芒译,人民出版社,2002年版,第32页。

具有将来的指向性。同时,可能性总是立足于某种既有的条件或状态之上,只有借助这些条件,可能性才得以存在。因此可能性总是置身于曾在的状态之中,并始终依托于这种曾在的状态。最后,可能性总是现实的可能性,在判断力的活动中,可能性借助审美活动展现出自身的存在,在这个意义上,可能性总是体现出当下即是的内涵。由此可能性就具有了完整的时间性。这样,判断力作为可能性,就具有了特殊的时间性内涵。由此审美活动也就具有了不同于日常经验时间的源初的时间性。

这种时间性也使得审美活动具有了迥异于日常生活的存在特质。它一方面体现在经验存在之中,另一方面又具有超越经验存在、指向某种"超感性基底"的特质。或许这就是审美作为"过渡"的内涵与意义。

二、康德美学的提问方式

在康德哲学体系中审美作为"过渡"有赖于康德美学独特的提问方式。从对美的问题的提问方式上来看,康德美学不是问"美是什么?",而是问"我们是如何判断一个事物是美的?",因而是从美与人的关系中来理解美的问题,也就是说,美在任何时候都是与人相关的,在人的判断活动中显现出来,由此凸显出美的生存论性质。

从古希腊开始,对美的问题的思考的典型方式就是追问"美是什么?",即将美看作是外在于人、不受人的影响的客观存在,如柏拉图《大希庇阿斯篇》中就明确区分了"什么东西是美的?"和"美是什么?"两个问题,将对"美本身"的追问作为探讨美的问题的基本方向,这代表了对美的本体论的思考方式。但康德开始转换思考方式，将美放在与人的关系中加以思考，也就是说，美在任何时候都是与人相关的，都是在人的判断中显现出来的。不存在所谓纯粹外在的、客观的美，任何美的对象都只有在与人的关系之中才能存在和显现出来。因此我们不可能脱离人来讨论美的问题。

更进一步来看，康德将审美领域作为自然和自由之外的独立领域，有属于自己的先天原则，也就是说，对于人来讲美并不是可有可无的附属品，而是内在于人的本性之中，体现出人的一种独特的存在方式。因此，对美学问题的探讨就必须落实到对人的研究上。毫无疑问，人的存在本身就是时间性的，这也使得对审美活动时间性问题的探讨有了理论上的可行性。

在康德美学的提问方式之中也蕴含着对判断力的独特理解。在康德看来，审美判断得以可能依赖于人的特殊的能力——判断力，由此判断力就成为审美活动得以展开的关键。"判断"成为美得以生成和显现的前提，"判断力"作为一种先天能力就构成了审美对象得以显现的基础。

在古希腊时期，亚里士多德区分了理论、实践、创制三个领域，将创制确立为人类活动的一个独立领域，实际上就是将创制确立为人的一种独特的存在方式。康德关于判断力的思想就渊源于亚里士多德关于三个领域的思想，实际上是力图借助判断力的活动来解决理论与实践、自然与自由的统一问题。在《判断力批判》中，判断力作为人的先天能力，虽然没有自己的领地，但仍有自己的先天原则。从美学的角度来看，正是判断力的运作即审美判断才使得审美主体、审美客体得以生成，由此判断力就具有了存在论的意味。如果说存在问题与时间问题始终联系在一起，那么也使得从判断力出发探讨审美活动的时间性问题成为可能。

这一提问方式也体现出对审美活动的独特理解。虽然康德美学总体上仍然是以认识论为基础，但其中已经包含了某些存在论的意味。事实上，在康德的《纯粹理性批判》之中，已经透露出某些存在论的消息，海德格尔就对康德《纯粹理性批判》中的存在论问题进行了细致研究。[1] 这种存在论思想同样也体现在《判断力批判》中。在"如何判断一个事物是美的？"这一问题中不难发现，判断是使得审美主体和审美对象得以可能的源初境域。

康德注意到，当我们在直观自然现象和对自然进行审美的时候，这一直观本身既不是理论性的，也不是实践性的，毋宁说，它是比认识活动和实践活动更为本源、更为源初的一种活动。正如有学者所指出，"对于我们来说，这个世界首先是一个美的、和谐的、友善的世界，一个本源的真的世界，我们才会去追究它的法则性存在"，因而"审美原理恰恰构成了一切经验法则的一个必要前提"。[2] 康德在第三批判中试图通过对审美与自然合目的性的探讨来沟通现象和本体、自然和自由两大领域，实际上，这一沟通本身就具有奠基性的意义，是向更深层基础的开掘，是自然与自由的统一。在这个意义上，第三批判才真正成为康德批判哲学体系的最后完成。因此，从本源性的审美现象出发，就有可能沟通现象和本体两大领域，使整个批判哲学成为一个严整的体系。

在审美活动中，审美主体并不是外在于审美对象的主体，相反，正是审美活动才创造出了审美主体和审美对象的存在。这时，当下的

---

[1] 具体可参看海德格尔《康德与形而上学疑难》（上海译文出版社，2011年版）中的相关论述。
[2] 黄裕生《真理与自由——康德哲学的存在论阐释》，江苏人民出版社，2002年版，第326页。

判断活动就成为关键。正是判断活动才使得对象成为"美的对象",也才使得主体成为审美主体。在康德看来,审美活动中,想象力、知性、理性等心理能力活动起来,正是在这些心理能力的某种特定状态之下,对象的无目的而合目的的形式才被把握,并与主体的愉悦感建立联系,这时,主体才作为审美主体呈现出来,对象才作为审美对象显现出来。很显然,审美对象不是外在于人、与人无关的,而是在人的活动中才生成和显现出来。因此,审美活动就成为包括了审美主体与审美客体并使二者成为可能的独特领域。可以说,审美主体与审美对象不是彼此外在的,而是共同产生于审美判断之中,这样审美判断就成为了包容了审美主体和审美客体的源初领域。

三、审美愉悦的时间性

对康德美学来说,审美作为"过渡"还体现在对审美愉悦的独特理解之中。康德强调,在审美活动中,判断力根据某种先天原则与愉快或不愉快的情感有着直接关系,"这种关系正是在判断力的原则中那神秘难解之处,它使得在批判中为这种能力划分出一个特殊部门成为必要"[1]。也就是说,情感也具有某种先天性,但这种先天性是"神秘难解"的。可以说,康德的审美判断力批判就是对这一神秘难解问题的探究。

在康德看来,愉快和不愉快的情感和认识能力、欲求能力"不能再从一个共同根据推导出来",它们构成了人的心灵的三种机能。也就是说,愉快和不愉快的情感具有自己的独立性。这是康德对人的进

---

1 康德《判断力批判》,邓晓芒译,人民出版社,2002年版,第4页。

一步的理解。实际上,康德在第二批判中就涉及情感问题,如对于道德法则的"敬重"。但在这里康德谈的不是一般的情感,而是"愉快或不愉快的情感"。康德特别指出,"在认识能力和欲求能力之间所包含的是愉快的情感,正如在知性和理性之间包含判断力一样"[1]。也就是说,愉快的情感是和判断力对应的。如果说,判断力在整个批判哲学体系中具有奠基性的作用,那么,情感显然也具有这种特殊性。

在《判断力批判》的一个脚注里,康德解释了他把人的心理机能区分为认识能力、愉快和不愉快的情感、欲求能力的原因,实际上是重点解释了将情感作为先天能力的原因。康德认为,在人心中有一种"空的欲求",即"那些使他和他自己处于矛盾之中的欲求,因为他力求仅凭自己的表象来产生出客体,而对这个表象他却不能期望有什么成果"[2]。他会知道自己的现实力量无法实现这一客体,这种情况在激情或者渴望的状态下会特别明显。人在激情或渴望中明知很多事情是无法实现的,但仍然会产生这样的情感冲动。在这种情况下,"这些幻想的欲求借此而表明,它们使人心扩张和萎缩,并这样来耗尽力量,使得这些力量通过诸表象而反复地紧张起来,但又让内心在顾及这种不可能性时不断地重新落回到萎靡状态中去"[3]。这样看来,情感状态的变化很自然地就具有了时间性的内涵,这种不断扩张与萎缩、紧张和回返的状态,既不同于认识的因果性,又不同于道德状态之中有着明确的目标,而是构成了一种完全不同的存在状态。其基础就在于情感状态自身,而不是指向某种外在的目标。很显然,康德已经注意到,情感状态既不同于认识,也不同于道德,而是具有自己的先天

---

1 康德《判断力批判》,邓晓芒译,人民出版社,2002年版,第13页。
2 康德《判断力批判》,邓晓芒译,人民出版社,2002年版,第12页。
3 康德《判断力批判》,邓晓芒译,人民出版社,2002年版,第12页。

原则与时间状态。

情感包含着主体的愿望或欲求，包含着未来的时间维度。但在这里，却是一种"空的欲求"。也就是说，只是一种纯粹的未来的指向，但并不落实在某一个确定的目标或对象上。这就使得情感似乎具有了无限的意味或可能性。同时，情感总是人的情感，总是与人性的既定状态相关，总是处在与认识、欲求能力的关系之中，源于人的"天性"，这实际上构成了情感的曾在的时间维度。当然，情感总是当下呈现在人们的内心之中、为人们所直接体认的，具有当下的时间维度。因此，当下性的愉快或不愉快的情感总是出于人性的某种天性或自然的安排，同时又总是指向了某种不确定的对象或目标。在这个意义上，愉快或不愉快的情感就具有了自身的时间性，展现出人的独特的存在方式。

至于为什么会有这种"空的欲求"，康德认为这是一个人类学上的目的论问题，人只有通过尝试自己的力量，才能认识自己的力量。这样看来，这种"空的欲求"就似乎是某种善意安排的结果，尽管我们永远也无法从理性上确证这种安排。实际上也就是说，这是一个关乎人的存在的问题。由此情感就构成了人的一种特定的存在状态，并具有了目的论的意味。这种目的论的意味一方面回应了康德思想体系关于"人是什么?"问题的思考，从情感方面对人的存在进行了探索，另一方面也将情感与道德实践相联系，为《判断力批判》"过渡"任务的完成提供了具体途径。

康德没有解释的是，为什么我们需要认识这种力量。或许对于康德来说这并不是一个问题，批判哲学体系的基本问题就是对人自身的认识，是对古希腊哲学遥远呼唤（"认识你自己"）的接续。情感构成了人的一个独特的存在领域，有着自己的先天原则，因此情感也就构成了批判哲学体系的一个必要组成部分。如果确认了情感的存在论意义，进一步的问题就是，这种存在论状态具有怎样的时间性内涵。这就为具体探讨康德美学的时间性问题奠定了必要的理论基础。

第二节　反思判断力的时间性

初看起来，康德提出"反思判断力"似乎显得有些突兀：在第一、第二批判中，康德只是一般地提到判断力，而并未对其进行细分。但到了第三批判，康德则在"导言"中明确地把判断力区分为规定性的判断力和反思性的判断力，并对反思性的判断力进行了细致研究。不难发现，反思判断力对于康德美学来说是一个全局性概念，"判断力批判"就是对于反思判断力的研究和分析，而反思判断力的时间性就直接决定了康德美学的时间性特质。那么，究竟是什么原因促使康德在第三批判中做出这一区分，以及反思判断力具有怎样的时间性内涵，就成为研究康德美学时间性时必须思考的问题。

一、反思判断力的提出

在《纯粹理性批判》中，康德认为人是运用知性概念来把握自然，通过判断力给予自然以规律。但人的知性概念只能把握一般的自然，而无法把握自然中丰富多彩的偶然现象，这些现象也无法用一般的判断力来规范。那么，我们应当如何面对这些现象呢？

事实上，在发表《判断力批判》之前，康德就已经发现，运用知性概念的判断力无法解决人类在经验世界面临的所有问题。在写于1784年的《世界公民观点之下的普遍历史观念》一文中，康德已经开始运用目的论的思想来反思人类历史，试图把看起来十分纷乱的、充斥着各种各样的罪恶的人类历史纳入大自然的目的论体系，并努力将这种目的与人类的行为相协调，这样，"人类的历史大体上可以看作是大自然的一项隐蔽计划的实现"[1]。在康德看来，当我们从理性的目的这条线索来反思人类历史时，就"不仅能够对于如此纷繁混乱的人间事物的演出提供解释，或者对于未来的种种国家变化提供政治预言的艺术"，而且还会"展示出一幅令人欣慰的未来的远景：人类物种从长远看来，就在其中表现为他们怎样努力使自己终于上升到这样一种状态，那时候大自然所布置在他们身上的全部萌芽都可以充分地发展出来，而他们的使命也就可以在大地之上得到实现"。[2]因此，在康德看来，这种合乎理性的目的论的思想与整个人类历史、与人类的生存和发展都是息息相关的，它在深层次上决定着我们对世界的看法及对自身的认识，决定着人类生存的价值与意义。这样，通过反思，康德就把合目的性的思想与人类自身的生存联系起来，这对我们理解康德的反思判断力乃至整个《判断力批判》无疑都具有重要意义。

1787年6月25日，在致许茨的信中，康德称自己"必须马上转向《鉴赏力批判基础》"[3]。因此，我们可以肯定，康德对人类历史进行反思时所运用的反思方法，对《判断力批判》的构思是有着直接影响的。

在《判断力批判》中，康德明确区分了规定性的判断力和反思性的判断力，即"一般判断力是把特殊思考为包含在普遍之下的能力。如果普遍的东西（规则、原则、规律）被给予了，那么把特殊归摄于

---

1 康德《历史理性批判文集》，何兆武译，商务印书馆，1990年版，第15页。
2 康德《历史理性批判文集》，何兆武译，商务印书馆，1990年版，第20页。
3 康德《康德书信百封》，李秋零编译，上海人民出版社，1992年版，第106页。

它们之下的那个判断力（即使它作为先验的判断力先天地指定了惟有依此才能归摄到那个普遍之下的那些条件）就是规定性的。但如果只有特殊被给予了，判断力必须为此去寻求普遍，那么这种判断力就只是反思性的"[1]。在康德看来，规定性的判断力从普遍出发去整理特殊，其所运用的知性规律"只是针对着某种（作为感官对象的）自然的一般可能性的"，因而无法涵盖自然中大量存在的、纷繁复杂的经验现象。所以我们还需要某种不同于知性规律的经验性规律，把这些现象纳入某种统一的体系之中，这就需要借助反思性判断力的作用。正如康德所说："由于普遍的自然规律在我们的知性中有其根据，所以知性把这些自然规律颁布给自然（虽然只是按照作为自然的自然这一普遍概念），而那些特殊的经验性规律，就其中留下而未被那些普遍自然规律所规定的东西而言，则必须按照这样一种统一性来考察，就好像有一个知性（即使不是我们的知性）为了我们的认识能力而给出了这种统一性，以便使一个按照特殊自然规律的经验系统成为可能似的。"[2]从这一表述可以看出，反思判断力是针对知性规律无法囊括的经验自然的，而且，它从对规定性判断力的模仿和类比中获得自身的统一性（"好像有一个知性"），因此可以被看作是规定性判断力的某种补充形式。

但是，问题还不止如此。在康德看来，通过引入合目的性的原则，反思判断力指向了自然的某种最高的统一性，这种统一性甚至将规定性判断力的知性概念也包容在自身之内，"因为我们只有在那条原则所在的范围内才能运用我们的知性在经验中不断前进并获得

---

[1] 康德《判断力批判》，邓晓芒译，人民出版社，2002年版，第13—14页。
[2] 康德《判断力批判》，邓晓芒译，人民出版社，2002年版，第14—15页。

知识"[1]。也就是说，反思判断力所指向的统一性可以成为指引和向导，引导人们不断探询自然的奥秘，也只有在反思判断力的视域之中我们才能运用规定性的判断力不断探究自然、获得知识。

这样，反思判断力在康德的思想体系中就具有了特殊的意义。一方面，反思判断力是作为规定性的判断力的某种补充而提出的，似乎是要通过某种主体性的原则使得整个因果链条变得更加完整。但另一方面，只有在反思判断力的视域之中，因果链条才成为可能，因而反思判断力又构成了规定性判断力的某种基础或前提。这时，反思判断力或许就触及了哲学的某种更深层次的基础，指向了某种更为本源的存在。

实际上，康德在《判断力批判》中对反思判断力的基础性地位也有些许提示，在这部著作的"序言"中康德指出："对于纯粹理性，即对我们根据先天原则进行判断的能力所作的一个批判，如果不把判断力的批判（判断力作为认识能力自身也提出了这一要求）作为自己的一个特殊部分来讨论的话，它就会是不完整的……因为，如果这样一个体系要想有一天在形而上学这个普遍的名称下实现出来的话（完全做到这一点是可能的，而且对于理性在一切方面的运用是极为重要的）：那么这个批判就必须对这个大厦的基地预先做出这样深的探查，直到奠定不依赖于经验的那些原则之能力的最初基础，以便大厦的任何一个部分都不会沉陷下去，否则将不可避免地导致全体的倒塌。"[2]这段表述中同样包含着对反思判断力二重性的认知，即对判断力的批判是哲学体系的一个特殊部分，由此构成了整个体系的完整

---

1 康德《判断力批判》，邓晓芒译，人民出版社，2002年版，第21页。
2 康德《判断力批判》，邓晓芒译，人民出版社，2002年版，第2—3页。

性，这时这一批判就是作为体系的"补充"。但更重要的在于，这一批判将探查并奠定哲学体系的根基，这一思想对于我们重新理解反思判断力在康德思想体系中的价值具有重要意义。在康德看来，对反思判断力的批判并不属于哲学体系的组成部分，但却构成哲学体系得以可能的基础或前提。这样，反思判断力就成为某种隐在的存在、不在场的在场，在更深的层次上影响甚至决定着整个形而上学体系的可能。当然，这一特殊的存在或在场只有在批判的眼光之中才能显现出来，并被我们所理解。

因此，对反思判断力的探查不仅仅是对既有体系的"补充"，更具有为康德整个思想体系奠基的意味，由此也凸显出反思判断力在康德思想中的特殊意义，当然也会通向对审美更深层次的理解和把握。

二、反思判断力的时间性内涵

以上我们考察了反思判断力在康德思想中的特殊意义，接下来我们将尝试描画出反思判断力的内在结构，并在此基础上进一步探究其中的时间性内涵。

前文已经指出，反思判断力是为自然界中的特殊寻求普遍，而不是用某种普遍的概念去规定特殊。因此，我们首先遇到的，就是作为特殊的、自然界中多种多样的形式。

康德指出，"自然界有如此多种多样的形式，仿佛是对于普遍先验的自然概念的如此多的变相，这些变相通过纯粹知性先天给予的那些规律并未得到规定，因为这些规律只是针对着某种（作为感官对象的）自然的一般可能性的"[1]。知性规律面对的是自然的一般可能性，

---

[1] 康德《判断力批判》，邓晓芒译，人民出版社，2002年版，第14页。

但除此之外，自然界中还有大量的所谓"变相"，即作为特殊的存在，它们无法被纳入某种既定的知性规律之中，因此，这些变相从知性的眼光看来就是"偶然"。

对于人来说，偶然始终是无法回避的存在，如何理解和把握偶然，也始终是人类思想面临的一个重要问题。早在古希腊时期，亚里士多德就注意到了偶然的问题。在经验世界中，人们总是相信因果关系，任何一件事情的发生总是有其得以发生的条件，把握住了条件，我们也就能够理解事情的发生。但在亚里士多德看来，我们对因果链条的追溯往往会遇到障碍，因为"一切追溯将有时而碰到一件未定的事情。这样追溯就得停止，而事情之所必然的原因，也无可更为远求了，这未定之事就将是'偶然'的基点"[1]。而且，我们"于其它事物总可以找到产生这事物的机能，但对于偶然事物是找不着这样相应的决定性机能或其制造技术的；因为凡是'偶然'属性所由存在或产生的事物，其原因也是偶然的"[2]，"关于偶然属性不能作成科学研究"[3]。因此，偶然实际上就是必然链条的中断，我们对此也不可能形成知识。

康德同样看到，自然界中总是存在着那些作为偶然的、知性规律之外的现象和形式。虽然我们无法对之形成知识，但仍需要进行把握，这构成了反思判断力存在的理由和根据。因此，反思判断力的提出，很大程度上就是要面对自然界中那些无法被知性把握的、多样化的形式，或者说，多样化的形式构成了反思判断力的起点。

那么，反思判断力如何面对这些作为偶然的多样化的形式呢？对于这些形式，反思判断力相信它们并不是彼此孤立的，而是存在着相

---

[1] 亚里士多德《形而上学》，吴寿彭译，商务印书馆，1959年版，第126页。
[2] 亚里士多德《形而上学》，吴寿彭译，商务印书馆，1959年版，第125页。
[3] 亚里士多德《形而上学》，吴寿彭译，商务印书馆，1959年版，第123页。

互的关联，并共同构成了作为整体的自然。因此，这些作为偶然的形式"就还是必须出于某种哪怕我们不知晓的多样统一性原则而被看作是必然的"[1]。

这里就涉及反思判断力的第二项规定，即努力将这些多样化的形式纳入某种先验的统一性之中，使之成为经验得以可能的根据。这样，"反思性的判断力的任务是从自然中的特殊上升到普遍，所以需要一个原则，这个原则它不能从经验中借来，因为该原则恰好应当为一切经验性原则在同样是经验性的、但却更高的那些原则之下的统一性提供根据，因而应当为这些原则相互系统隶属的可能性提供根据"[2]。自然界中那些个别、特殊的形式，尽管似乎是纯粹的偶然，我们也无法将其纳入某种知性规律的统一性之中，但由于形而上学是"理性的一种自然趋向"[3]，所以我们仍然相信那些特殊的形式最终处于某种更高的统一性之中，由此才能弥合"偶然"所造成的裂隙。由此，反思判断力才会力图为自然界中丰富多彩的经验现象找到某种统一性，也就是说，这些多样化的形式并不是孤立地存在的，而总是已经存在于某种关联之中，处于某种统一性之中。

对康德来说，这样一种统一性虽然并不是来自认识，只是一种"预设和假定"，但同时也具有其必然性，也就是说，"这样一个统一性毕竟不能不被必然地预设和假定下来，否则经验性知识就不会发生任何导致一个经验整体的彻底关联了，又由于普遍的自然律虽然在诸物之间按照其作为一般自然物的类而提供出这样一种关联，但并

---

1 康德《判断力批判》，邓晓芒译，人民出版社，2002年版，第14页。
2 康德《判断力批判》，邓晓芒译，人民出版社，2002年版，第14页。
3 康德《任何一种能够作为科学出现的未来形而上学导论》，庞景仁译，商务印书馆，1978年版，第160页。

不是特别地按照其作为这样一些特殊自然存在物的类而提供的；所以判断力为了自己独特的运用必须假定这一点为先天原则，即在那些特殊的（经验性的）自然律中对于人的见地来说是偶然的东西，却在联接它们的多样性为一个本身可能的经验时仍包含有一种我们虽然不可探究、但毕竟可思维的合规律的统一性"[1]。因此，这种统一性不是外在地附加在这些经验现象之上的，而是说，只要我们将自然理解为自然，这些自然现象就一定具有统一性，或者说，只有在这种统一性之中，个别的现象才能够显现出来，也才能够被我们理解和把握。

但这种统一性只是反思判断力自己给予自己的规律，通过这种方式，它力图理解和把握偶然。因此，当我们在自然丰富多彩的偶然现象和形式中发现某种统一性时，我们就会充满惊奇，似乎自然是为了我们而显现出这种统一性。康德指出："发现两个或多个异质的经验性自然规律在一个将它们两者都包括起来的原则之下的一致性，这就是一种十分明显的愉快的根据，常常甚至是一种惊奇的根据，这种惊奇乃至当我们对它的对象已经充分熟悉了时也不会停止。"[2] 正因为统一性是反思判断力主体方面的规律，当我们在自然方面发现这种统一性时，才会引发惊奇。这种惊奇的愉快正是人与自然之间统一性的确证。

接下来的问题是，我们应如何理解这种统一性呢？反思判断力从自然中的特殊向普遍的回溯最终指向了合目的性的概念，这构成了反思判断力的第三项规定。

合目的性概念是康德审美判断力批判中的核心概念。康德对"自

---

[1] 康德《判断力批判》，邓晓芒译，人民出版社，2002年版，第18页。
[2] 康德《判断力批判》，邓晓芒译，人民出版社，2002年版，第22页。

然的合目的性"概念有着明确界定:"既然有关一个客体的概念就其同时包含有该客体的现实性的根据而言,就叫作目的,而一物与诸物的那种只有按照目的才有可能的性状的协和一致,就叫作该物的形式的合目的性;那么,判断力的原则就自然界从属于一般经验性规律的那些物的形式而言,就叫作在自然界的多样性中的自然的合目的性。这就是说,自然界通过这个概念被设想成好像有一个知性含有它那些经验性规律的多样统一性的根据似的。"[1] 正是通过合目的性概念,我们才能从特殊走向普遍,将自然界中多样化的形式纳入某种统一性之中,才能将自然思考为一个整体。

当然,自然的最终目的终究是人类无法认识的。虽然人类可以通过反思判断力思考某种统一性,但这种统一性"并不是我们所能够看透和证明的"[2],因而反思判断力只能以所谓"合目的性"作为自身的原则,给予主体自身一个规律,让我们从主体的角度重新将经验纳入某种统一性之中。这样看来,反思判断力实际上就是一种温和的探询与吁求,是对无法追溯的东西的追溯,是对那超越了因果规律的根本存在的想象,是对自然的敬畏与尊重。

很显然,自然的合目的性描述的不是人的心理,也不是自然的客观存在,而是指我们对自然"应当"如何判断,即为自然界中纷繁多样的形式预设某种先天的统一性,"因为我们没有这个预设就不会有任何按照经验性规律的自然秩序,因而不会有任何线索来引导某种必须按照其一切多样性来处理这些规律的经验及自然的研究了"[3]。换句话说,正是在合目的性的视域之中,自然才能不断地对人显现出来,

---

1 康德《判断力批判》,邓晓芒译,人民出版社,2002年版,第15页。
2 康德《判断力批判》,邓晓芒译,人民出版社,2002年版,第19页。
3 康德《判断力批判》,邓晓芒译,人民出版社,2002年版,第20页。

我们也只有在此视域之中"才能运用我们的知性在经验中不断前进并获得知识"[1]。因此，自然的合目的性概念作为一个先天概念，就构成了反思判断力的基本原则和最终指向。

实际上，康德引入合目的性概念并非偶然。之前提到，康德在形而上学的危机中已经看到了理性的局限，在对历史的反思中就试图以目的来为理性奠基。因此目的对于康德具有重要意义，正如有学者指出的，对康德来说，目的论"既是他批判哲学的前提，又是他的归宿"[2]。这样来看，以合目的性为原则的反思判断力实际上就触及了作为理性的根基的、更为本源的存在，从而第三批判在康德的整个批判哲学中就具有了奠基性的意义。正是在这个意义上，康德才会说"这样的批判是一切哲学的入门"[3]。

这样，我们就可以大致描画出反思判断力的基本结构：多样化的形式、彼此关联的内在统一性与合目的性概念共同组成了这一结构。其中，多样化的形式是反思判断力所面对的基本对象；彼此关联的内在统一性是反思判断力所遵循的基本线索，正是由此出发反思判断力才可能从整体上来理解自然；合目的性则表征着反思判断力的最终指向。正是从合目的性概念出发，我们才能将自然界中多样化的现象纳入某种统一性之中。同时，三者在反思判断力中又是统一在一起的，也就是说，反思判断力总是在合目的性原则的引导下，不断把握自然界中的多样化的形式，将其纳入内在的统一性之中，由此构成了反思判断力的统一体和完整结构。

从存在论的角度来看，这一结构也凸显出反思判断力内在的时间性。

---

1 康德《判断力批判》，邓晓芒译，人民出版社，2002年版，第21页。
2 张汝伦《德国哲学十论》，复旦大学出版社，2004年版，第4页。
3 康德《判断力批判》，邓晓芒译，人民出版社，2002年版，第30页。

首先,我们在自然界中,总是会遇到各种各样的、彼此差异的经验现象和形式,对这些形式的把握和直观构成了进一步思考的基础,并作为绝对的当下显现给我们。我们总是直接地、当下地遭遇自然界中丰富多彩的现象,总是直接地、当下地将这些现象和形式纳入自己的直观、理解和把握之中。因此,多样化的形式构成了反思判断力时间性的当下性,表征着"现在"的时间维度。

其次,我们在自然界中看到的任一形式,作为自然的一部分,总是已经处于自然的统一体之中,总是与其他形式有着各种各样、我们已知或未知的联系。这种统一性对于反思判断力来说,总是已经存在着的,是各个具体、个别的形式得以显现的基本视域,因而表征着反思判断力"曾在"的时间维度。

最后,合目的性概念是反思判断力将特殊纳入普遍之中的最终指向,它总是引导着、规范着反思判断力的运作,作为某种先在的存在("预设")将那些当下显现给我们的形式纳入自身之中。或者说,并不是我们遇到了那些多样化的形式为其寻找统一性,而是只有在合目的性概念的统一性之中,我们才能遭遇那些多样化的形式。在这一点上,合目的性概念表征着反思判断力"未来"的时间维度。

总的来看,多样化的形式作为反思判断力所面对的当下直观的对象,表征着"现在"的时间维度;统一性作为具体经验现象所置身于其中的内在关联,总是对具体经验现象构成某种既有限定和展开,因此表征了"曾在"的时间维度;而合目的性作为"预设"和最终指向,表征了反思判断力的"未来"的时间维度。而在反思判断力的运作之中,三者并不是彼此分离的,而是始终融合在一起的,由此体现出反思判断力时间性的统一性。这种融合了三个时间维度的时间性代表着某种更为源初的存在。正如之前所指出的,反思判断力在康德思想体系中实际包含着基础和本源的指向,也就是说,只有在反思判断力的前提下,我们才能真正理解经验自然,这也折射出反思判断力时间性的源初性和统一性。

三、反思判断力时间性的理论意义

以上我们考察了反思判断力的内在结构及其时间性内涵。之前已经指出,在康德美学中,审美判断力系属于反思判断力,因而反思判断力的时间性内涵对于康德美学有着深刻影响,这在当代审美时间性问题的理论背景中更具重要意义。

首先,对反思判断力时间性问题的探讨将凸显出康德美学的存在论指向。

时间问题与存在问题密切相关。康德曾将自己的所有思想归结为"人是什么?"这一问题,即对人的存在方式的思考,因此反思判断力的时间性实际上指示出人的一种独特的存在方式。根据康德的设想,对反思判断力的批判旨在沟通自然与自由两大领域,因而这一批判也昭示出人从经验世界向着自由和道德的存在方式的提升,是人自觉地追求一种理性的、智慧的生活方式的尝试,由此审美也就与人作为自由的存在相关联。由此康德才会说,"对自然的美怀有一种直接的兴趣(而不仅仅是具有评判自然美的鉴赏力)任何时候都是一个善良灵魂的特征"[1],而且"甚至很有可能,首先激起对自然界的美和目的的注意的也是这种道德的兴趣"[2]。审美成为自由的表征,而自由对于审

---

1 康德《判断力批判》,邓晓芒译,人民出版社,2002年版,第141页。
2 康德《判断力批判》,邓晓芒译,人民出版社,2002年版,第317页。

美也具有召唤和引导的作用，因此"对于建立鉴赏的真正入门就是发展道德理念和培养道德情感"[1]，对道德和自由的追求也使人成为真正的人。从这里也可以顺理成章地延伸到席勒的思路，赋予审美以人性救赎的功能，在审美与人之间建立紧密的联系。因此，反思判断力昭示着、呼唤着人的道德化的存在形态，由此也凸显出康德美学的存在论指向。

其次，对反思判断力时间性问题的探讨可以进一步深化康德美学时间性问题的研究，为理解这一问题奠定更为坚实的基础。

反思判断力包含着完整的内在结构，在其运作中也体现出统一的时间性，包含着曾在、当下、未来等不同的时间维度。这一统一的时间性恰恰构成了经验时间得以可能的前提，由此反思判断力也指向了某种更为本源的存在。这一点对于审美具有重要意义。从时间性的角度来看，审美的确具有不同于经验现实的独特特质，给我们展现出某种更为本源的存在，由此审美在康德的体系中才可能成为沟通自然与自由两大领域的桥梁。康德之后，在席勒、谢林、黑格尔的美学思想中，甚至在海德格尔后期关于诗的沉思之中，都显现出对审美存在的特殊性的体认，也显现出审美特殊的时间性内涵。

反思判断力的不同的时间形式也昭示出审美的多种呈现方式。反思判断力具有统一的时间性，但其中也包含着时间性呈现的不同的可能性。在不同的条件下，这种统一的时间性会以有所侧重的方式呈现出来，显现为不同的时间形式，由此也使得审美具有了不同的呈现方式。在康德的分析中，美与崇高分别侧重于自然与自由，构成了审美判断的两个主要部分，也体现出不同的时间形式。实际上，不同的审

---

[1] 康德《判断力批判》，邓晓芒译，人民出版社，2002年版，第204页。

美范畴总是对应着审美活动的不同特质，也会体现出不同的时间性内涵。20世纪，随着审美活动的不断扩展，审美范畴更加丰富、多样，从而也展现出更为复杂的时间形式。

最后，对反思判断力时间性问题的探讨将进一步推动当代美学中审美时间性问题的研究。20世纪存在论的凸显使得审美时间性作为一个理论问题提出，但这一问题并非20世纪的发明，而是以各种各样的方式存在于之前的西方美学之中。因此，对反思判断力的时间性问题，乃至对康德美学时间性问题的探讨将从美学史的角度展现出时间对于审美的深刻影响，为当代审美时间性问题的研究奠定更为坚实的理论基础。

第三节　先验想象力的时间性

想象力在西方美学史上很早就受到人们的关注。早在公元前3世纪，古罗马的斐罗斯屈拉特就比较了想象与模仿，在他看来，想象"比摹仿是更为巧妙的一位艺术家。摹仿仅能塑造他所看到过的东西，而想象还能塑造他所没有看到过的东西，并把这没有看到过的东西作为现实的标准"[1]。斐罗斯屈拉特认为想象比模仿更重要，如果我们还记得"摹仿"概念在古希腊美学思想中的重要地位，那么这一观点就显然更加值得重视。17世纪，培根将人类的知解力分为记忆、想象和理智三种活动，并明确地将诗纳入想象的范围，认为想象是诗歌的根本特征。培根认为："诗歌以想象为主，而想象是不受事物的法则的限制，所以自然中本为分割的东西，想象可以任意连合起来，自然

1　伍蠡甫主编《西方文论选（上卷）》，上海译文出版社，1979年版，第134页。

中本为连合的东西,想象亦可任意分割开。"[1]这里,培根已经揭示出想象在艺术中的核心作用,这对于后来美学的发展具有重要意义。

比较而言,休谟更加强调想象的综合性:"人的想象是再自由不过的。它虽不能超出内在的和外在的感官所提供的那些观念的原始储备,却有不受局限的能力把那些观念加以掺拌,混合和分解,成为一切样式的虚构和意境。"[2]在休谟看来,想象虽然在材料上受到感官的限制,但同时又可以对那些感官材料进行重新组合,这体现出想象超越感官能力的特性。而伯克则立足于感觉的经验主义基础,细致探讨了审美的生理—心理机制,认为人的审美鉴赏力不仅与感觉、想象力有关,而且也与判断、理性有关。因此,他明确地将人的审美鉴赏力分为感觉、想象力和判断,这对于康德美学有着重要影响。

从以上简单回顾可以看到,在西方美学史上,对想象力及审美想象的探讨始终是美学研究的一个重要领域,并形成了一些非常有价值的理论主张,它们在不同程度上构成了康德关于审美想象思想的基础。当然,康德关于想象力的思想也有着自己独特的理论旨趣。

康德审美判断力批判的主要任务就是探察审美的先验原理,而想象力是审美判断中最为活跃的因素。康德美学中的想象力可以超越经验性的联想律,"努力追求某种超出经验界限之外而存在的东西,因而试图接近于对理性概念(智性的理念)的某种体现"[3],本身就具有先验性。显然,先验想象力对于整个康德美学具有重要意义。当然,早在《纯粹理性批判》中,康德就对先验想象力进行了深入探讨。而

---

[1] 培根《论学术的进展》,转引自蒋孔阳、朱立元主编《西方美学通史(第三卷)》,上海文艺出版社,1999年版,第27页。
[2] 休谟《论人的知解力》,转引自朱光潜《西方美学史(上卷)》,人民文学出版社,1963年版,第232页。
[3] 康德《判断力批判》,邓晓芒译,人民出版社,2002年版,第158页。

《纯粹理性批判》中先验想象力的各种规定也会渗透审美活动，在深层次上规定着审美活动的性质和指向。这样，《纯粹理性批判》第一版和第二版中关于先验想象力论述上的差异对于我们理解康德美学中的想象力，乃至理解整个康德美学中的时间性问题就都具有十分重要的意义。因此，本节我们将从辨析《纯粹理性批判》两个版本对先验想象力规定的差异入手，探讨康德思想体系中先验想象力的存在论品格及其时间性内涵。

一、先验想象力的存在论品格

前面提到，康德把自己的所有思考最后都归结为"人是什么？"这一问题，而人在康德看来恰恰是有限性的存在。这样，先验想象力作为一种源初的机能，就与人的有限性具有了内在的关联。正如有学者指出的："是先验想象力而非先验的主体性构成了人的本质，而这种先验想象力和时间又只有在人这种根本上的有限存在者那里才有存在论的意义。"[1]

在海德格尔看来，康德的《纯粹理性批判》所处理的根本不是一般所认为的认识论，而是要为形而上学奠基。这一观点看似突兀，但仔细阅读《纯粹理性批判》就可以发现，这一观点的提出还是有其内在理据的，并非完全空穴来风、突发奇想。

康德在《纯粹理性批判》第一版的"序言"一开始就提到了形而上学所面临的困境，这一问题的提出绝非随意而为。因为在康德看

---

[1] 张祥龙《海德格尔思想与中国天道：终极视域的开启与交融》，生活·读书·新知三联书店，1996年版，第88页。

来,"甚至人类真正的、持久的幸福也取决于形而上学"。因此,康德对形而上学的关注实际上指向了人本身,而人之为人在康德看来恰恰就在于人的道德性。这样,《纯粹理性批判》的最终旨归就不是单纯的认识论,而是指向了人的自由与道德。于是,康德在《纯粹理性批判》中明确提出:"我们现在所从事的……是一件不那么辉煌、但却也并非不值得做的工作,这就是:为庄严的道德大厦平整和夯实基地。"[1] 在随后的一个注释中,康德说道:"形而上学在其研究的本来的目的上只有这三个理念:上帝、自由和不朽……它需要这些理念不是为了自然科学,而是为了从自然那里超升出来。"[2] 很显然,康德所关注的并非单纯的自然科学问题或所谓"认识论",而是道德的问题。在康德看来,只有以道德为基础,人才是真正的人,才能获得"真正的、持久的幸福"。因此,在《纯粹理性批判》的末尾,康德又重新回到了这一问题:"形而上学也是对人类理性的一切教养的完成,这种教养即使撇开形而上学作为科学对某些确定目的的影响不谈,也是不可或缺的。……形而上学……通过它的审查职权使科学的共同事业的普遍的秩序与和睦乃至福利都得到保障,防止对这个事业的那些勇敢而富有成果的探讨远离那个主要目的,即普遍的幸福,从而反倒赋予了自身以尊严和权威。"[3] 很显然,康德的思考始终具有明确的问题性,始终关注着人的问题。在这个意义上,海德格尔提出《纯粹理性批判》是为形而上学奠基的观点的确是很有见地的。而在这一奠基之中,先验想象力起着至关重要的作用,可以说,这一奠基本身就是通过回溯到先验想象力而实现的。这样,先验想象力就与人的有限性联系起来。

---

1 康德《纯粹理性批判》,邓晓芒译,人民出版社,2004年版,第274页。
2 康德《纯粹理性批判》,邓晓芒译,人民出版社,2004年版,第285页注②。
3 康德《纯粹理性批判》,邓晓芒译,人民出版社,2004年版,第641页。

表面看来，先验想象力能够"把一个对象甚至当它不在场时也在直观中表象出来"[1]，似乎是突破了人的有限性，而具有了无限性的内涵。但是，这种无限性本身恰恰从另一个方面就证明了人的有限性，正如海德格尔所说："人作为有限的本质存在，在存在论上具有某种确定的无限性。但是，人在对存在物自身的创造中决不是无限的和绝对的，相反，他只是在存在之领会的意义上才是无限的。但是，正如康德所言，只要对存在的存在论上的领会还只是在存在物的内在经验中方为可能，那么，这种存在论上的东西的无限性，在本质上就还是与存在物层面上的经验联结在一起的。这样的话，人们一定会反过来说，这种在想象力中暴露出来的无限性，恰好就是对有限性的最强有力的证明，因为存在论是有限性的某种指归。"[2]因此，先验想象力实际上就植根于人的有限性，就是对人的有限性的确证。而且，先验想象力作为一种综合，本身就支持并构成着人类主体的具体有限性的整体和源初统一。

明确了先验想象力与人的有限性的内在关联，我们可以在此基础上讨论想象力与康德美学的关系。

上文提到，在康德的整个思想中，想象力处于感官和统觉之间的位置，这种"之间"的位置使得想象力变得非常灵活，它既可以被视为是属于感性的，也可以被视为是属于知性的，因为"既然我们的一切直观都是感性的，那么想像力由于使它惟一能够给予知性概念一个相应直观的那个主观条件，而是属于感性的；但毕竟，它的综合是在行使自发性，是进行规定的而不像感官那样只是可规定的，因而

---

[1] 康德《纯粹理性批判》，邓晓芒译，人民出版社，2004年版，第101页。
[2] 海德格尔《康德与形而上学疑难》，王庆节译，上海译文出版社，2011年版，第268页。

是能够依照统觉的统一而根据感官的形式来规定感官的,就此而言想像力是一种先天地规定感性的能力,并且它依照范畴对直观的综合就必须是想像力的先验综合,这是知性对感性的一种作用,知性在我们所可能有的直观的对象上的最初的应用(同时也是其他一切应用的基础)"[1]。这样来看,想象力就具有了二重性,"它按照其智性的综合统一来说是依赖于知性的,而按照领会的杂多性来说是依赖于感性的"[2]。而想象力之所以能够具有这种二重性,它一定与这二者有着更深层次的、基础性的联系,如果这种二重性不是外在的、表层性的话。实际上,想象力的这个"之间"的位置包含着丰富的意蕴,它不是把二者分开的某种间隔,而是使二者得以发生的源初境域。只有在这一境域之中,感性和知性的一系列活动才得以开启和发生。前面已经提到,康德在《纯粹理性批判》第一版的演绎中明确指出了感性、统觉和想象力的内在联系。根据康德的思路,这一境域实际上就是源初时间。因为"我们的一切知识……最终毕竟都是服从内感官的形式条件即时间的,如它们全都必须在时间中得到整理、结合和发生关系"[3]。

　　同时,从这种二重性本身来看,这一源初境域就是接受性的自发性。之所以是接受性的,是因为它始终和感性相联系,始终植根于人的有限性存在;而其自发性恰恰就体现为它不受其他心意机能的规定而能够主动地对感性进行规范,这实际上就体现出它的自由内涵。这样,接受性的自发性就恰恰体现出有限自由的本性及其与人的深刻关联。

---

[1] 康德《纯粹理性批判》,邓晓芒译,人民出版社,2004年版,第101页。
[2] 康德《纯粹理性批判》,邓晓芒译,人民出版社,2004年版,第109页。
[3] 康德《纯粹理性批判》,邓晓芒译,人民出版社,2004年版,第114—115页。

从想象力"之间"位置的丰富性,我们也可以理解判断力与知性和理性的关系。在《判断力批判》"导言"之中,康德把判断力置于知性和理性"之间",为二者提供某种"过渡"。同样,这种"过渡"并不是一种外在的、偶然的过渡,而是植根于与这二者的某种本源的联系。作为"之间",我们有理由认为,判断力,就如同想象力一样,展开为一个源初的境域,在其中,知性和理性得以开启和显现。从这个意义上来说,《判断力批判》实则是为前两个方面重新奠基。在康德的意义上,"过渡"实则具有"奠基"的意义。由此我们也可以理解想象力在第三批判中的重要作用及其与审美的内在关联。在《判断力批判》的一个脚注中,康德提到了自己关于"纯粹哲学的划分"的三分法,并认为"这是植根于事物的本性中的"。[1] 很显然,康德方法的基本思路就是寻找使对象得以可能的条件,那么,这一三分法必然会把我们引向使对象得以发生的源初境域。正是在这一源初境域之中,事物的存在才得以显现。

从康德对想象力的定义来看,想象力就是"把一个对象甚至当它不在场时也在直观中表现出来的能力",所谓"表象出来",即"使之在场""使之显现",因为在海德格尔看来,"显现乃是在场的本质结果,并且具有在场的特性"[2]。前面提到,海德格尔认为,康德的《纯粹理性批判》是在为形而上学奠基,那么,如果我们从存在论的视角来考察想象力的这一定义,就会看到想象力作为"使之在场""使之显现"的内在意蕴。

很显然,想象力是把原先分散的、个别的感官印象组织起来,使

---

[1] 康德《判断力批判》,邓晓芒译,人民出版社,2002年版,第33页。
[2] 海德格尔《海德格尔选集(上)》,孙周兴选编,上海三联书店,1996年版,第584页。

之呈现在一个时间序列之中，获得某种统一性，成为经验现象。只有以这种方式，那些分散的、个别的感官印象才能作为在场显现出来，才能具有某种统一性和意义。而这种统一性和意义是这些感官印象自身无法提供的，它只能来自想象力的作用。可以说，想象力构成了一个源初发生的境域，使得那些分散的、个别的感官印象得以在场和显现。根据海德格尔的分析，先验想象力就是源初时间，而"所有一般现象、亦即一切感官对象都在时间中，并必然地处于时间的关系之中"[1]。那么，我们同样可以说，所有的感官对象都处于时间性之中。这样，时间性作为源初的发生境域就不会为这些感官对象所规定，恰恰相反，这些感官对象只有在时间性的境域中才能获得自己的规定，才能作为在场显现出来。

另一方面，"在场"这一概念也具有存在论的意味。在海德格尔看来，"在场本身一道带来无蔽状态。无蔽状态本身就是在场"，"让在场在带入无蔽状态之中后显现出自己的本性。在场意味着：解蔽，带入敞开之中。在解蔽中嬉戏着一种给出，也即在让—在场中给出了在场亦即存在的那种给出"[2]。在海德格尔看来，"无蔽"就是存在的敞开与开启，而想象力作为"让在场"的能力，实际上就是"解蔽"的能力，"把某物带入在场"的能力。如果说真理就意味着"去蔽"，那么，想象力作为"解蔽"的能力就与真理联系起来。当然，这一真理不是科学的真理、经验的真理，而是存在性的、本源性的真理，它构成了其他一切真理的基础。因此，从存在论的角度来看，想象力就使存在者之存在显现出来，给出存在的真理。

---

[1] 康德《纯粹理性批判》，邓晓芒译，人民出版社，2004年版，第37页。
[2] 海德格尔《海德格尔选集（上）》，孙周兴选编，上海三联书店，1996年版，第585、666页。

二、先验想象力作为源初时间

想象力是康德美学中的一个重要概念，在美、崇高、艺术的分析中均发挥着不可替代的作用。在康德的思想体系中，想象力实际上不仅仅出现在第三批判中，在第一批判中康德就已经重点论述了想象力在认识活动中的作用，并提出了"先验想像力"的概念。在第三批判中，康德力图确立审美活动的先天原则，那么，其中的想象力同样不可能是经验想象力，而只能是先验想象力。正如康德所说，纯粹理性与实践理性实际上并不是两种不同的理性，而是同一种理性在不同情境下的运用。那么，第三批判中的想象力与第一批判中的先验想象力同样具有同一性。如果说，第一批判中的想象力具有存在论的意义和源初的时间性内涵，那么显然，审美活动中的想象力同样也就具有了时间性。因此，我们下面的分析将从康德第一批判关于想象力的论述开始，结合海德格尔的研究，揭示出先验想象力的时间性内涵。而时间性的先验想象力也会贯穿在康德的第三批判之中，由此康德美学就凸显出自身的时间性特质。

在《纯粹理性批判》中，关于想象力的论述主要集中在"范畴的先验演绎"部分，这也是两个版本差异最大的部分。所谓范畴的先验演绎，就是"对概念能够先天地和对象发生关系的方式所作的解释"[1]，也就是要说明范畴如何能够具有普遍必然性和客观有效性。在第一版的演绎中，康德的思路是这样的：首先从经验出发，探索使人类经验得以可能的先天根据，其次考察知性与对象的关系，阐明范畴如何能够具有客观实在性。前者可以看作是主观演绎，后者可以看作是客观演绎。康德的演绎具体分两节进行：第一节"经验的可能性之

---

[1] 康德《纯粹理性批判》，邓晓芒译，人民出版社，2004年版，第80页。

先天根据",实际上是考察构成经验可能性的先天基础的主观来源;第二节"知性与一般对象的关系及先天认识这些对象的可能性",旨在阐明范畴如何能够具有客观实在性。在第一节的演绎中,康德认为,感官接受性只有与自发性相结合,才能形成知识,而这种自发性就构成了形成知识的三重综合的基础,即直观中领会的综合、想象中再生的综合以及概念中认定的综合。所谓"直观中领会的综合",也就是把在直观中所接受的杂多综合成一个表象,使之获得某种统一性。如果没有这一综合,杂多就只能是一些分散的、零碎的、彼此之间毫无联系的东西,因而就无法形成某种感官印象。"想像中再生的综合",是指通过想象力的作用,把先行给予的表象在思想中再生出来,使之与继起的表象结合在一起,从而使表象的杂多产生某种按照一定规则的相伴或相继,构成一个完整的表象。

但是,再生的综合并不能保证这种综合的必然性,因而还需要某种更高的知性综合能力,也就是知性所先天具有的一种"概念"能力,把诸表象综合成一个具有必然联系的整体,即"对象",从而"使诸表象在与一个认知的对象的必然关联中具有了客观的而非主观假定的统一性"[1]。知性的这种概念能力的活动即"概念中认定的综合",它将前两个综合的结果进一步综合为一个全体。康德认为,这种综合只能来自"先验统觉",即先行于直观的一切材料、使一切对象表象成为可能的意识的统一性。

在第二节的演绎中,康德指出,人类心灵具有三种能力或才能:感官、想象力和统觉。感官可以把现象经验性地展示在知觉之中;想象力把现象经验性地展示在联想(和再生)之中;统觉则把现象展示

---

[1] 杨祖陶、邓晓芒《康德〈纯粹理性批判〉指要》,人民出版社,2001年版,第138页。

在对这些再生的表象与它们借以被给予出来的那些现象之同一性的经验性意识之中，也就是展示在认定之中。在康德看来，这三种能力包含了一切经验的可能性条件，而且本身不能从任何别的内心能力中派生出来。但是它们的地位和作用并不是平行的、等量齐观的。在第一版的演绎中，康德认为，"我们就必须设定想像力的某种纯粹的先验综合，它本身构成一切经验的可能性（当这种可能性必须预设现象的再生性时）的基础"，而且"想像力的纯粹的（生产性的）综合的必然统一这条原则先于统觉而成了一切知识、特别是经验知识的可能性基础"。[1]这样，在心灵的三种能力中，想象力实际上就成为比统觉更为本源的一种存在，从而成为"人的本质的更充分的表达"[2]。这一点显然具有极为重要的意义，因为自笛卡尔以来整个西方哲学对主体和认知能力的看法均认为，统觉是最高的认知能力，想象力是较低层次的心灵机能。而康德对想象力本源地位的确立却翻转了这一传统，它促使我们重新思考人类诸心灵机能之间的关系，重新思考整个西方思想传统，进而重新思考人本身。这无疑是一个极具新意的论域。但这一思路或许太具颠覆性，结果康德在《纯粹理性批判》第二版中就做出了重大修正，降低了想象力的重要性，而重新确立了统觉在认识能力中的最高地位。

《纯粹理性批判》第二版对"纯粹知性概念"的先验演绎是沿着这样的思路进行的：康德首先提出了"联结"的概念，所谓"联结"，就是"杂多的综合统一的表象"。[3]而能够把直观中给予的杂多

---

[1] 康德《纯粹理性批判》，邓晓芒译，人民出版社，2004年版，第116、126页。
[2] 张祥龙《海德格尔思想与中国天道：终极视域的开启与交融》，生活·读书·新知三联书店，1996年版，第80页。
[3] 康德《纯粹理性批判》，邓晓芒译，人民出版社，2004年版，第88页。

联结在一个意识中的,恰恰是统觉的本源的综合统一。在康德看来,"统觉的综合的统一就是我们必须把一切知性运用、甚至全部逻辑以及按照逻辑把先验哲学都附着于其上的最高点,其实这种能力就是知性本身"[1]。这样,康德就首先确立了统觉的最高地位,并认为统觉的必然统一的原理"是整个人类知识中的最高原理"[2]。在此基础上,康德进一步对范畴的客观效力进行了演绎。而这时,想象力作为把感性直观结合起来的东西,"它按照其智性的综合统一来说是依赖于知性的,而按照领会的杂多性来说是依赖于感性的"[3]。也就是说,想象力这时就是处于感性和知性之间的一种认识能力。

可以看到,在《纯粹理性批判》第一版的演绎中,想象力居于十分重要的地位,而这种地位又与时间有着紧密的联系。因此,对想象力与时间关系的考察将可以使我们在更深的层次上理解想象力的作用,并由此透视出想象力与自由、与审美的源初关联。

康德在第一版的演绎一开始,就明确指出:"我们的一切知识作为这样一种变状,最终毕竟都是服从内感官的形式条件即时间的,如它们全都必须在时间中得到整理、结合和发生关系。这是一个总的说明,是我们在下面必须绝对作为基础的。"[4]也就是说,我们的一切知识,必然都是在时间之中产生、形成和展开的,必然都是以时间为基础的。而后面的演绎表明,这一时间事实上就是先验想象力。

前面提到,康德在演绎的一开始就指出了三重综合,即直观中领会的综合、想象中再生的综合以及概念中认定的综合,它们分别对

---

[1] 康德《纯粹理性批判》,邓晓芒译,人民出版社,2004年版,第90页注①。
[2] 康德《纯粹理性批判》,邓晓芒译,人民出版社,2004年版,第91页。
[3] 康德《纯粹理性批判》,邓晓芒译,人民出版社,2004年版,第109页。
[4] 康德《纯粹理性批判》,邓晓芒译,人民出版社,2004年版,第114—115页。

应着人的三种主观的认识来源,即感官、想象力和统觉。康德认为,"既然我们想把诸表象的这种结合的内部根据一直追踪到那一点上,在其中一切表象都必须汇合起来,以便首次在这里为一个可能经验获得知识的统一性,那么我们就必须从纯粹统觉开始"[1],但康德随后指出,想象力事实上比统觉更为本源。在这一认识的基础上,康德重新考察了这三重综合。

康德认为,我们所遇到的现象总是包含着某种杂多,因而各种知觉在内心之中本身就是分散的和个别的。为了形成认识,就必须使它们具有一种联结,而这种联结感官自身是无法提供的。"所以在我们里面就有一种对这杂多进行综合的能动的能力,我们把它称之为想像力,而想像力的直接施加在知觉上的行动我称之为领会。也就是说,想像力应当把直观杂多纳入一个形象;所以它必须预先将诸印象接收到它的活动中来,亦即领会它们。"[2]康德由此指明了,我们在直观之中,在对现象杂多的领会之中,就需要想象力提供某种统一,由此我们才能形成某种表象。

接着,康德指出,想象力的再生能力使我们能够把不同的知觉联结在一起,构成一个完整的表象。但是,表象的再生需要一个规则,以保证一个表象是与某一特定表象而不是与另一表象在想象力中建立联结。而按照规则再生的这一主观的和经验性的根据,就是对诸表象的联想。但是,现象之所以能够被联想,康德认为,其客观根据就在于现象的"亲和性",它保证了现象的结合中的具有客观必然性的综合统一。正是这一概念,保证了联想规则的必然性,使之具有了不以

---

[1] 康德《纯粹理性批判》,邓晓芒译,人民出版社,2004年版,第125页。
[2] 康德《纯粹理性批判》,邓晓芒译,人民出版社,2004年版,第127—128页。

人的偶然意念为转移的实在性。所以，康德指出，"一切（经验性的）意识在一个（本源统觉的）意识中的客观统一，就是甚至一切可能知觉的必要条件，而一切现象的（或近或远的）亲和性则是在先天地建立于规则之上的想像力中的某种综合的必然结果"[1]。

这样，康德实际上就把前面所说的三重综合都统一到了先验想象力的活动之中，从而使先验想象力具有了基础性、本源性的内涵。同时还应看到，只有在先验想象力的基础上，我们才能够把不同的杂多表象联结在一起，使之构成一个连续的序列，由此形成某种表象，也正是在这一活动之中，经验性的时间表象才有可能形成。因此，正是先验想象力的活动使得时间成为可能，从这一意义上来说，先验想象力就是源初时间。

在"纯粹知性概念的图型法"一章中，康德进一步明确了先验想象力与时间的关系。为了联结不同质的纯粹知性概念和经验性直观，必须找到一个中介。这个中介应该既与范畴同质，又与现象同质，并使得前者应用于后者成为可能。康德认为"先验的时间规定"就是这一中介，因为，"一种先验的时间规定就它是普遍的并建立在某种先天规则之上而言，是与范畴（它构成了这个先验时间规定的统一性）同质的。但另一方面，就一切经验性的杂多表象中都包含有时间而言，先验时间规定又是与现象同质的。因此，范畴在现象上的应用借助于先验的时间规定而成为可能，后者作为知性概念的图型对于现象被归摄到范畴之下起了中介作用"，因此，"图型无非是按照规则的先天时间规定而已，这些规则是按照范畴的秩序而与一切可能对象上的时间序列、时间内容、时间次序及最后，时间总和发生关系的"[2]。

---

[1] 康德《纯粹理性批判》，邓晓芒译，人民出版社，2004年版，第129页。
[2] 康德《纯粹理性批判》，邓晓芒译，人民出版社，2004年版，第139、143页。

但是,"先验的时间规定"作为图型,始终离不开想象力的作用。因为只有通过想象力的先验综合,才能使直观的一切杂多获得统一性,也才能有与之相应的统觉的统一性。因此,康德明确指出,"图型就其本身来说,任何时候都只是想像力的产物"[1]。

同时,在与纯粹直观、理论理性和实践理性的关系之中,先验想象力同样居于本源性的地位。海德格尔在《康德与形而上学疑难》一书中对此进行了细致研究。首先,在先验想象力与纯粹直观的关系上,海德格尔认为,康德所谓的"纯粹直观"即空间与时间,而在这种纯粹直观之中所直观到的一定是某种统一的整体。因此,在纯粹直观之中已经包含着某种"综合",但这种"综合"不同于知性的综合,康德称之为"综观"(Synopsis)。而在海德格尔看来,"如果纯粹综观构成了纯粹直观的本质,那么,它只有在超越论的想象力中才是可能的"[2],因此,"纯粹直观,究其本质的根基而言,也就是纯粹想象"[3]。

在先验想象力与理论理性的关系上,海德格尔分析了康德的图型论,认为人类的知性和理性不仅仅具有自发性,同时还具有接受性,是接受性的自发性,而这种接受性的自发性的功能就在于,主动地把所接受的杂多纳入一个整体,在此基础上形成某种知识。这显然就来自先验想象力的作用。因此,海德格尔认为,我们的理性思考之所以可能,实际上有赖于想象力的作用,甚至源初的"思考"就是纯粹想象。

在先验想象力与实践理性的关系上,海德格尔仔细分析了对法则

---

1 康德《纯粹理性批判》,邓晓芒译,人民出版社,2004年版,第140页。
2 海德格尔《康德与形而上学疑难》,王庆节译,上海译文出版社,2011年版,第135页。
3 海德格尔《康德与形而上学疑难》,王庆节译,上海译文出版社,2011年版,第136页。

的敬重。他指出，人们服从法则，实际上是服从作为纯粹理性的自身。在这一对自身的服从中，人们把自身提升到了能够自我决定的自由存在者的高度。因此，敬重就是自我存在的独特方式。在对法则的敬重中，从服从法则的角度来看，无疑就是一种接受性；但同时，从自由的角度，从对法则的敬重的角度来看，这又是一种自发性，而且，二者不可化约。海德格尔认为，这种接受性的自发性只有在先验想象力之中才是可以理解的。

这样，海德格尔通过考察先验想象力与纯粹直观、理论理性和实践理性三者的关系，就把先验想象力与时间联系起来，明确了先验想象力在人类心灵中的本源性地位，这是对康德第一版演绎思路的进一步延伸，但并不是亦步亦趋的"照着讲"，而是极具原创性的"接着讲"，充分体现出海德格尔式的思想魅力。

先验想象力作为源初时间，这一点无疑极具启发性，并在深层次上规定着审美活动之中的想象力，使之具有了时间性的内涵。就美学而言，由于想象力本身在审美活动中具有极其重要的地位，由此便引出了审美的时间性问题。

按照康德的思路，审美时间性问题的核心和基础即审美作为源初的时间，这一点使审美具有了不同于日常经验时间的更为深层的内涵。事实上，审美作为源初时间，本身就包含着日常经验时间的各个维度，是对日常经验时间的开启和绽出。在西方美学史上，审美的时间性问题始终内在于美学探讨之中，不过在不同的美学家那里会呈现出不同的理论形态。前面提到，柏拉图首先明确区分了"美的事物"和"美本身"，认为"美本身"不同于"美的事物"，它是"美的事物"之为"美的事物"的根据，而且它是永恒的，不会因为具体的"美的事物"的改变而改变。但是，正如海德格尔所指出的："永恒并不是一个停滞的现在（Jetzt），也不是一个无限地展开的现在序列，而是返回到自身中的现在——如果它不是时间的隐蔽本质又是什么呢？"[1]也就是说，"永恒"的无时间性本身就是一种时间性，就植根于时间的源初本质之中。

在亚里士多德那里，审美同样具有时间性的内涵。在《诗学》中，亚里士多德细致地比较了诗与历史，认为"诗人的职责不在于描述已经发生的事，而在于描述可能发生的事，即根据可然或必然的原则可能发生的事。历史学家和诗人的区别……在于前者记述已经发生的事，后者描述可能发生的事。所以，诗是一种比历史更富哲学性、更严肃的艺术，因为诗倾向于表现带普遍性的事，而历史却倾向于记载具体事件。所谓'带普遍性的事'，指根据可然或必然的原则某一类人可能会说的话或会做的事——诗要表现的就是这种普遍性，虽然其中的人物都有名字"[2]。在亚里士多德看来，由于"历史"如实记述已经发生的事，因而历史就被封闭在过去的时间之中；而"诗"则描述可能发生的事，即根据可然或必然的原则可能发生的事，这样，"诗"就蕴含着多个时间维度，就具有了"生发"或"开启"的意义。由此，"诗"所表现的事就具有了普遍性，因为它超越了具体的现象时间，而具有了更为丰富的时间性内涵。康德在《纯粹理性批判》中谈到纯粹知性概念的图型时也指出："可能性的图型是各种不同表象的综合与一般时间的条件相一致（例如相对立的东西不能在一物中同时存在，而只能依次存在），因而是一物在任何一个时间里的表象的规定；现实性的图型是在一个确定的时间中的存有；必然性的图型是

---

[1] 海德格尔《尼采（上卷）》，孙周兴译，商务印书馆，2002年版，第20页。
[2] 亚里士多德《诗学》，陈中梅译注，商务印书馆，1996年版，第81页。

一个对象在一切时间中的存有。"[1] 由此我们也可以看出，服从现实性的"历史"局限于某一确定的时间，而服从可然律和必然律的"诗"则更具普遍性，也更为本源。

很显然，康德关于先验想象力时间性的思想对于审美具有重要意义。由于想象力是审美活动中最活跃的因素，可以说，审美活动就是由想象力不断推动而展开的。因此，审美活动的时间性就体现为想象力的展开，而审美活动中的想象力就是先验想象力，由此也保证了审美判断的普遍性和必然性。同时，由于康德把审美确立为一个不同于理论理性和实践理性的独特领域，审美的时间性也就不同于日常的经验时间，在想象力的推动下，审美活动就具有了源初的时间性内涵，成为存在真理的显现，这一点我们在后文具体分析康德的美的四个契机和关于崇高、艺术的思想的时候还会进一步展开。

在康德之后，伽达默尔明确提出了艺术作品的时间性问题。在《真理与方法》中，伽达默尔区分了两种时间，即"真正时间"和"现象时间"。现象时间是呈现于历史存在之中的时间，而真正时间是超历史的、神圣的，是从"生存状态"的时间性出发进行描述的时间。伽达默尔认为，这种时间"具有一种耶稣显灵的性质"，对于经验意识来说不具有连续性。[2] 很显然，艺术的时间性就属于这种"真正的时间"，伽达默尔把它描述为节日庆典的时间经验。

伽达默尔认为，节日的一个突出特征即是"复现"，即不断地变迁和重返，而所复现的东西在每一个复现中都是同一的。因此，在节日庆典中的时间经验就在于，每一次庆祝都是一个独特的"现在"，都是游戏的当下进行。而每一次庆祝又都不是上一次的简单重复，总

---

[1] 康德《纯粹理性批判》，邓晓芒译，人民出版社，2004年版，第143页。
[2] 伽达默尔《真理与方法（上卷）》，洪汉鼎译，上海译文出版社，1999年版，第157页。

会有一些不同的因素参与其中；同时，每一次庆祝活动总是发生在特定的历史时间之中。这样，节日的时间特性就呈现为当下性和历史性。另一方面，节日又总是要求观赏者参与其中，也就是要求一种"同在"。在伽达默尔看来，这种"同在"具有忘却自我的特性，即忘却自我地投入某个所注视的东西。只有在忘却自我的过程中，才能与整个艺术游戏、与真理同在，才能把握到一种意义的连续性。因此，在审美活动中，人们就能脱离现象的时间，跃入艺术本体的时间性之中，由此才能把握到艺术的真理。很显然，在伽达默尔看来，艺术的时间特性要比现象的时间更具本源性，这一点与康德关于审美时间性的思想无疑是相通的。

可以看到，康德关于审美的时间性的思想实际上与西方美学史上的经典论述有着隐秘联系，它本身就构成了西方美学史上关于审美时间性的思想传统的一个重要部分，并使审美真正具有了源初性、先验性的品格。而且，如果人的存在首先就是时间性的，那么由此出发，我们就可以从审美的时间性通向审美与人的存在的内在关联。而这一点，当然是与先验想象力的作用分不开的。

以上我们分别从康德美学中审美的"过渡性"、反思判断力、先验想象力等三个方面探讨了康德美学的时间性问题，从总体上展示出康德美学的时间性特质。可以说，审美的"过渡性"确立了康德美学在康德整个哲学体系中的功能和地位，为时间性问题奠定了基础；反思判断力则具体体现出内在的时间性内涵；先验想象力的存在论品格展示出审美本身就是一个源初发生的境域，体现出源初的时间性。在此基础上，我们可以进一步探讨在康德美学中，时间性会以怎样的形式展现出来。这就需要对康德美学关于美、崇高、艺术的分析进行具体研究了。

第四章 康德美学中的时间展开形式

我们已经明确了康德美学在总体上具有时间性特质，这也为我们进一步具体研究康德美学的时间性问题奠定了必要的理论基础。关于康德美学中时间性问题的具体表现，学界现有的研究主要是从康德美学的一些具体概念出发进行探讨，未能梳理出康德美学时间性问题的内在线索和整体思路。[1] 事实上，康德美学包含着丰富的时间性内涵，其中也蕴含着多种时间展开形式，它们共同构成了时间性问题的整体面貌。具体来说，康德美学中时间展开形式主要表现在美、崇高、艺术三种审美形态之中。本章将结合康德《判断力批判》的文本结构，从"美的分析"、"崇高的分析"、艺术的分析三个方面出发，通过文本分析对康德美学中美、崇高、艺术中的时间展开形式进行具体研究，以呈现出康德美学中时间性问题的丰富性和复杂性。

第一节 "美的分析"中的时间展开形式

"美的分析"是康德审美判断力批判的重要部分，历来受到学界

---

[1] 目前关于这一问题的研究主要有黑尔德《时间现象学的基本概念》（上海译文出版社，2009年版）；卢春红《情感与时间——康德共通感问题研究》（上海三联书店，2007年版）。这些文献在不同程度上涉及康德美学的时间性问题，前者主要集中于"判断力"这一概念，后者则着重思考了"共通感"的时间性内涵。但均未对这一问题进行系统研究。

重视。在这里，康德通过对美的四个契机的分析，仔细考察了审美得以可能的先天条件。其中所确立的审美的基本原则，在相当长的一段时期规范着人们对审美活动的理解，直到今天仍然具有重要影响。如果说，时间是一切现象得以可能的先天条件，那么，对于审美现象而言，时间也同样构成了审美得以可能的先天条件。尽管这时，时间可能会呈现出完全不同的形式和样貌。

一、康德"美的分析"的基本结构

康德"美的分析"的四个契机分别从质、量、关系、模态四个方面考察了审美活动，这一分析方法源于康德的《纯粹理性批判》，是康德在考察认识活动时所使用的方法。从这一方法也可以看出康德对审美活动的理解仍然是受到内在逻辑功能的指引，体现出形式性的特征。这在康德后面的具体研究中会进一步显现出来。

首先需要注意的是"契机"（Moment）这一概念。契机一词具有"关键的时刻""决定性的时刻"或"关节点"等含义。当我们提到"关键""决定性"等含义时，总是指向着某种整体。因为只有在某个整体之中，这样的表述才有意义。"契机"是一个时间的"瞬间"，但时间中的任何一个瞬间都不是孤立的、静止的，而是存在于时间的整体之中。而且，契机也并非某一个任意的瞬间，而是能够以某种方式显现出整体的、关键性的瞬间。因此，"契机"本身就是时间性的，指称着那个能够以某种方式显现出整体存在的独特瞬间。这里，康德用"契机"来描述审美活动的先天条件，已经透露出其中的时间性消息。

这样，从现象学的观点来看，"契机"既是时间性的，又是存性的，它给予我们一个特殊的"瞬间"。在这个"瞬间"，事物本身以某种方式显现出来。时间与存在实现了二者的统一，而统一就存在于"契机"之中，并由"契机"释放出来。因此，康德的审美契机，实际上蕴含着审美活动在时间中的显现。

在对审美活动的研究中，对契机的寻获本身就是一个"契机"。当康德完成了他的前两大批判的时候，这个属于审美的契机就在暗自涌动，对此需要细致的观察和敏锐的思考，需要在那个适合的瞬间把瞬间本身凸显出来。因此，契机实际上就是时间的自我凸显，尽管这种自我凸显本身又需要一个契机——思想的引导。

这无疑提示我们，康德所展现的审美的诸"契机"本身就来自思想的引导，这种引导既是来自批判哲学体系内在的逻辑，更是来自审美活动自身的时间性存在。因此，在《判断力批判》中，契机并不仅仅代表自身，更重要的在于，它作为时间性的存在凝聚起了整个审美活动并使之显现。这一点构成了我们进一步考察的前提和基础。

在具体探讨中，康德分别从审美判断的质、量、关系、模态四个契机展开。从质的方面来看，审美是通过不带任何利害的愉悦而对一个对象进行评判，具有无功利的愉悦感；从量的方面来看，审美不借助任何概念而能普遍地令人愉悦，即无概念的普遍性；从关系的方面来看，审美对象具有无目的的合目的性形式；从模态方面来看，审美不借助任何概念而能必然地产生愉悦，即无概念的必然性。四个契机涉及审美主体、审美客体、审美愉悦等内容，共同呈现出审美活动的整体面貌。

对康德来说，审美活动正是通过这四个契机才呈现出来，因此，四个契机既是一种分析方法，也是一种呈现方式。或者说，康德的分析既是逻辑性的，也是现象学式的，体现出存在论的意味。[1]因此，我们可以着眼于我们的论题，从总体上来把握康德通过四个契机所展现出来的审美活动整体。或许，这样能够更接近于审美活动的"实事本身"。

二、康德"美的分析"中的时间展开形式

在审美活动中，我们直接感受到了一种愉快，但作为审美愉快，它显然不同于感官快适和对善的愉快。根据康德的分析，审美愉快实际上来自两个方面，一方面是审美对象无目的而合目的性的形式，另一方面是审美主体中想象力与知性的自由游戏，二者的契合（一个"决定性的时刻"）就产生了审美愉快。而审美共通感的存在，则保证了审美愉快不会仅仅局限于单个个体，而具有了先天的普遍性与必然性。这是康德通过"美的分析"的四个契机给我们展现出的审美活动的主要特征。可以看到，审美愉快实际上成为康德"美的分析"的一条主线。下面，我们将以此为引线，来探讨"美的分析"中审美活动的时间展开形式。

首先，在审美活动中，与审美愉快直接相关的，既不是对象的实际存在，也不是对象那些经验性的特征，而是对象的"形式"。我们必须充分考虑到"形式"在整个西方思想中的独特内涵。早在古希腊时期，亚里士多德就确立了形式与质料的区分以及形式与存在的内在

---

[1] 海德格尔在《康德与形而上学疑难》《路标》中对康德的现象学阐释无疑为探讨康德美学的时间性问题奠定了必要的理论基础。戴茂堂的《超越自然主义——康德美学的现象学阐释》（武汉大学出版社，2005年版）则从现象学的视域重新审视了康德美学，这些都为本文的研究提供了重要的方法论启示。

关联：形式就是"每一事物的怎是与其原始本体"，"由于形式，故物质得以成为某些确定的事物；而这就是事物的本体"。[1]因此，形式构成了物之所以为物的内在本质（eidos）。如果审美愉快来自对象的形式，那么，这意味着审美观照不同于日常经验性的"看"，而是所谓"本质直观"或"形式直观"。正是在这种直观下，"形式"方才凸显出来。

当然，对于审美活动来说，这是一种特殊的形式，具有"无目的的合目的性"。在这一看似矛盾的表述中，目的既以某种特殊的方式凸显出来（"合目的性"），同时又隐藏着，无法被知性所把握（"无目的"），而合目的性恰恰源于反思判断力下直观的主动寻获。正是在直观之中，形式与目的保持着微妙的关系。很显然，在审美活动中，目的并不直接存在，而是借助于反思判断力以缺席的形式在场。目的的缺席使我们不断地回返到当下直观给予的合目的性形式本身，但这种合目的性的形式又会使我们一再注意到目的的缺席性在场。也就是说，形式不断地暗示、显示、展示着目的，而目的又不断地指向并返回到形式本身。形式与目的保持着自由游戏，相互遮蔽并相互指引、相互展示。

因此，审美活动绝不是静止的，而是始终处于动态过程之中，"这里，一个合目的性的形式所表明的是，美在其中所指向的不是目的本身，而是如何达至目的的过程"[2]。在对形式的直观之中，我们不断从形式走向目的，又不断地从目的回返到形式。这一过程在不断地发端，又不断地返回，由此体现出一种不断出离、不断回返的时间形

---

1 亚里士多德《形而上学》，吴寿彭译，商务印书馆，1959年版，第139、162页。
2 卢春红《情感与时间——康德共通感问题研究》，上海三联书店，2007年版，第158页。

式。很显然，这时时间已经不是我们熟悉的经验世界的一维时间（在第一批判中，康德明确指出，"时间只有一维"[1]），而是不断回返到自身的时间。这构成了"美的分析"中典型的时间展开形式。

其次，从主体方面来看，审美愉快来自想象力与知性的自由游戏。想象力无论是对于康德美学，还是对于康德的时间性思想都是一个关键概念。

上文已经指出，先验想象力本质上就是源初时间，这对于我们理解康德美学的时间性问题具有重要意义。在《判断力批判》中，康德强调指出，审美活动中的想象力绝不是再生性的经验想象力，而应该"被看作生产性的和自身主动的（即作为可能直观的任意形式的创造者）"[2]，即先验想象力，这构成了审美时间性的内在基础。

在审美活动中，想象力的活动提供出杂多的形式，"事实上，'形式'现在意味着：单个客体在想像中的映像"[3]。而知性则给予这些杂多的形式以某种非概念的统一性。这时，想象力不再像认识活动中那样服从于知性概念，它不必顾及知性而能自由地活动。相反，知性倒是要围绕着、应和着想象力，为其产生的多样性直观提供非概念性的综合。这就是二者的自由游戏。

在自由游戏中，想象力无疑占据着更加主动的位置，它引导着知性，产生出审美的多样形式。但是，当直观不断地从一个形式走向另一个形式，体现为形式的"继续"的时候，之前的形式并未消失，而是在审美活动中得以"持存"，并与之后的形式共同指向某种统一

---

1 康德《纯粹理性批判》，邓晓芒译，人民出版社，2004年版，第34页。
2 康德《判断力批判》，邓晓芒译，人民出版社，2002年版，第77页。
3 Gilles Deleuze, *Kant's Critical Philosophy: The Doctrine of the Faculties*, Minneapolis: University of Minnesota Press, 1984, p. 47.

性，即各种形式的"同时存在"。在这一过程中，形式的多样性自然而然地趋向并符合知性规律。因此，想象力与知性的自由游戏构成了一个独特的"契机"，包含着并体现出经验时间的所有三种样态：持存、继续与同时存在。从而彰显出审美时间性的源初性与完整性。

另一方面，想象力与知性的自由游戏在审美活动中不是体现在某一瞬间，而是不断地自我再生和自我加强。这样，我们才会"留连（weilen）于对美的观赏"[1]。Weilen一词意指"停留""逗留"，既不是完全的停止，也不是不断离去的运动，在这里恰恰显现出审美的不断返回的持续或持续性的再生与返回。这时，时间就不再是如同日常经验中那样到来、离开、消逝，而是不断地开始，又不断地回返到自身，体现为持续的涌流与回返。

通过以上考察可以看到，在审美活动中，客体与主体两方面均体现出共通的时间展开形式，凸显出审美不同于日常经验的源初性与独特性存在。当然，审美的时间性不应仅仅局限于单个主体，而应当具有普遍必然性，这也是审美活动的题中应有之义。

康德在比较快适、对于善的愉悦和审美愉悦时指出，三者在适用对象上有所区分：快适适用于人和动物，对于善的愉悦适用于包括人在内的所有有理性的存在者，只有审美愉悦是独属于人的。这一思想指明了审美愉悦与人的内在关联，也为其时间性奠定了生存论基础。

从审美愉悦的角度来说，康德认为审美愉悦是"自我再生"和"自我加强"的。因此，审美愉悦是从自身中创造出来的，包含着自身的源发性机制，成为当下的创造和强化。同时，审美愉悦也包含着期待的视野。康德认为，审美愉悦不依赖于任何私人的条件，"这种

---

1 康德《判断力批判》，邓晓芒译，人民出版社，2002年版，第58页。

愉悦必须被看作是植根于他也能在每个别人那里预设的东西之中的；因此他必定相信有理由对每个人期望一种类似的愉悦"[1]。也就是说，审美愉悦期待着他人的认同。这样来看，审美愉悦同样具有自身的时间性：作为既定状态的人的生存、作为当下的创造性的愉悦、作为未来的对他人的期望。审美愉悦的完整时间性恰恰凸显出审美愉悦的生存论特质，也确证着审美活动的时间性存在。

在康德看来，审美愉悦应该具有普遍必然性，也就是说，审美虽然总是表现为单称判断，但却不能仅仅属于某个单个人。那么问题是，这种普遍必然性从何而来？在康德看来，这必须回溯到所谓"共通感"，正是"共通感"保证了审美愉悦的普遍必然性。

"共通感"在康德美学中具有重要意义，但康德本人对共通感的论述却多有模糊晦涩之处，因此这一问题也成为康德美学研究中的一个重要论域。[2] 按照康德的界定，"共通感"作为鉴赏判断的主观性原理，"只通过情感而不通过概念，却可能普遍有效地规定什么是令人喜欢的、什么是令人讨厌的"[3]。在康德看来，共通感实际上是"一种共同的感觉的理念，也就是一种评判能力的理念，这种评判能力在自己的反思中（先天地）考虑到每个别人在思维中的表象方式，以便把自己的判断仿佛依凭着全部人类理性，并由此避开那将会从主观私人条件中对判断产生不利影响的幻觉"[4]。因此，共通感的普遍有效性要求着"在每个别人的地位上思维"的思维方式，即"合目的性地运用

---

1 康德《判断力批判》，邓晓芒译，人民出版社，2002年版，第46页。
2 可参看卢春红《情感与时间——康德共通感问题研究》（上海三联书店，2007年版）、周黄正蜜《康德共通感理论研究》（商务印书馆，2018年版）关于这一问题的系统性研究。
3 康德《判断力批判》，邓晓芒译，人民出版社，2002年版，第74页。
4 康德《判断力批判》，邓晓芒译，人民出版社，2002年版，第135页。

认识能力的思维方式"，也即批判的、启蒙的思维方式。[1] 它意味着走出狭隘自我的囿限，寻求人类共通的基础。这时审美判断就不仅仅是从个体出发的判断，同时还是在他人的立场上做出判断。这意味着在审美判断中源初地蕴含着人际共通的可能，正是这一点保证了审美判断的普遍性和必然性。

通过置身于他人的立场，获得的将是一种普遍的立场。因为在"别人的地位上思维"并不意味着放弃自己的思维，而是在自我与他人之间形成情感上的交流与共在，并创造出一种更具包容性的立场。康德由此指出："在我们由以宣称某物为美的一切判断中，我们不允许任何人有别的意见；然而我们的判断却不是建立在概念上，而只是建立在我们的情感上的：所以我们不是把这种情感作为私人情感，而是作为共同的情感而置于基础的位置上。"[2] 因此，作为共通感的情感就不是私人的情感，而是某种"共同的（共通的）"情感，它构成了审美判断共通性的基础。

因此，共通感这一概念实际上包含着一种内在的运动，正如有论者所指出的："共通感作为先验的一致，就处于我思与他思的循环往复之中。循环不是简单的重复，而是一次次的生成与消解，在其中，曾经发生过的又一次获得了显现，将要发生的正在来临，共通感载着历史的厚重前行。"[3] 在自我与他人的循环往复、交互影响中我们又一次看到了审美活动中那种不断自我回返的时间展开形式。

以上我们通过对"无目的的合目的性形式""想像力与知性的自由游戏""审美共通感"等概念的分析，探讨了康德"美的分析"中

---

[1] 康德《判断力批判》，邓晓芒译，人民出版社，2002年版，第136—137页。
[2] 康德《判断力批判》，邓晓芒译，人民出版社，2002年版，第76页。
[3] 卢春红《情感与时间——康德共通感问题研究》，上海三联书店，2007年版，第89页。

审美活动的时间展开形式。可以看到,"美的分析"中审美活动体现出一种不断开始、又不断回复到自身的时间展开形式。作为开始,审美体现出不同于经验世界因果联系的自由内涵;作为回返,审美体现出不同于经验世界线性时间的循环性时间。因此,"美的分析"中的时间既不同于经验世界的一维时间,也不同于道德反思下的目的论的时间,而是不断发端、又不断回返的时间。曾在、当下、未来在审美中相互游戏、共同显现。正是在这一循环运动中,审美活动显现出自己独特的时间性内涵。

三、"美的分析"中时间展开形式的意义

康德"美的分析"中的时间展开形式对于我们进一步理解康德美学、理解审美时间性问题具有重要意义。事实上,当代美学关于审美时间性问题的研究在诸多方面均体现出对康德的理论回应,从而凸显出康德美学时间性问题的现代意义。

首先,"美的分析"中的时间展开形式给我们展示出审美的丰富样态和审美对于人的特殊意义。如前所述,在康德看来,审美、时间与人的存在三者始终紧密相关。因此,时间的不同展开形式实际上展示出审美的不同样态、人的存在的不同样态。如果说,一维的线性时间展示出人的经验性存在样态,道德时间展示出人的自由的存在样态,历史时间展示出目的论的存在样态,那么,由于审美在康德体系中的居间位置(没有属于自己的"领地"),审美时间就展示出一种更为复杂的存在样态。它在某种程度上试图超越此前的各种时间样态,并给予某种综合。这一点在以上关于"美的分析"的时间性内涵的探讨中已经透露出些微消息。

上文提到，康德"美的分析"已经开始从启蒙的视角思考人的存在问题，个体的存在不是孤独的、单子式的，而总是处于与他人的关联之中，并从这种关联获得自身存在的价值。这构成了人的存在的基本形式。因此，"美的分析"提供给我们的，是不同于科学世界和道德世界的更为丰富、更为源初的生存体验。如果说，人的生存归根到底是时间性的生存，那么，康德由此就展现出审美的时间性内涵。

很显然，康德对时间的理解以人的存在为基础，时间问题归根到底是存在问题。这一点给予现代美学以重要启示。正是在这一思想背景下，现代美学"绝非指艺术和美的学科，而是社会生存之感觉学"[1]。作为对社会生存的描述，时间性构成了现代美学的基本视域。它以审美的方式、从时间性的视角探察人的可能的存在样式及其内在意义，从而体现出康德美学的潜在影响。

其次，康德"美的分析"中不断回返的时间展开形式触及了审美时间性的根本特征，这一点在20世纪的美学发展中获得了理论回应。

1974年，在那篇《美的现实性——作为游戏、象征、节日的艺术》的著名演讲中，伽达默尔从游戏、象征、节日三个视角来考察艺术，体现出非常自觉的时间意识。在对游戏的认识上，伽达默尔不仅指出了游戏的自由性，更强调了游戏"首先是指一种总是来回重复的运动"，并能在不断的重复中体现出某种同一性；而"象征就是那种人们由此重新认出某件事的东西"，它使人们能够和整个过去的传统相互交流、交互影响；在对节日的分析中，伽达默尔同样强调："节日是把一切人联合起来的东西"，"属于节日的……是一种重复。……

---

[1] 刘小枫《现代性社会理论绪论——现代性与现代中国》，上海三联书店，1998年版，第307页。

时间程序是通过节日的重复才产生出来的"。[1]

伽达默尔对艺术的分析始终强调艺术的公共性及其特有的时间性内涵：不断的返回与重复。这一时间形式与康德"美的分析"中的时间展开形式不无相似之处。或许，这种相似就植根于审美活动的本性之中。

因此，伽达默尔的艺术时间性分析可以看作是对康德"美的分析"时间性的遥远回应。实际上，伽达默尔对此并不讳言。在《美的现实性》《真理与方法》等著作中，均多次提到了康德美学，并作为自己思考的重要基础。这也进一步彰显了康德美学时间性内涵对现代美学的深刻影响。以此为基础，完全可以展开康德美学与现代美学的更为深入的对话与交流。

最后，康德"美的分析"中审美活动的时间展开形式具有现代性意义。康德在《判断力批判》中一方面确立了审美不同于认知和道德的独特领域，并力图寻找这一领域的先天规律；但另一方面，审美又在某种意义上能够超越这种分化领域，回返到某种更为源初的生存体验。康德美学由此显现出与现代性的复杂关联。

如前所述，在康德的审美共通感中，时间性体现为启蒙的扩展式思维方式：站在每一个他人的立场上思维。由此，审美时间得以在最为个体的形式中体现出公共性的内涵，而这种公共性不是来自外在强制，而是一种质询、吁求与呼唤，它植根于通过审美团契建构起的存在共同（通）体之上。这时，时间的共通就意味着存在的共通。它具体表征着审美在现代社会分化结构中的独特位置及其与现代性的复杂关系。

---

[1] 伽达默尔《美的现实性——作为游戏、象征、节日的艺术》，张志扬译，生活·读书·新知三联书店，1991年版，第34页以下。

因此,"美的分析"中审美活动的时间展开形式实际上触及了现代性的某些根本特征,并进行了积极思考。可以说,"美的分析"中的时间性既是现代性的特殊表征,同时又在最深刻的层面上蕴含着对现代性线性时间观的内在批判。这一点对于我们在现代性的思想背景中理解康德美学及"美的分析"的时间性内涵无疑具有重要意义。[1]

在对现代性的反思中,审美从来就是一个重要维度。在康德之后,席勒、黑格尔、尼采等均从不同的角度对现代性提出批判和反思,而这些思想也都在不同程度上显现出审美时间性的内涵。在席勒那里,审美是反思现代性的一个有力参照,关于素朴诗和感伤诗的著名区分本身就植根于一种时间意识;黑格尔美学力图把握理念在时间中的自我显现,本身就以时间性为基础;尼采尽管对康德持强烈的批判态度,但他所描述的"相同者的永恒轮回"无疑具有时间意味,并且与康德"美的分析"中的时间展开形式不无相通之处。到20世纪,审美时间性更成为反思现代性的一个自觉的维度。而所有这些,都在不同程度上显现出与康德的精神联系,也进一步彰显出康德美学时间性思想对于之后美学发展的深刻影响。因此,对康德美学时间性问题的探讨在现代性的思想背景下对于当代美学的发展就具有了重要意义。

康德"美的分析"中的时间是不断涌流与回返的,但"无目的的合目的性"形式之中也蕴含着目的论的指向。这一隐在的目的尽管在"美的分析"中还未真正凸显,但毕竟指示着审美的另一可能途径,其中会体现出别样的时间展开形式。这一途径及其时间展开形式在随后康德对崇高的分析中得以凸显。

---

[1] 这方面的研究可参看尤西林《心体与时间——二十世纪中国美学与现代性》(人民出版社,2009年版)第二章《心体与审美》的相关论述。

第二节　崇高分析中的时间展开形式

除"美的分析"之外，对崇高的分析也是康德美学中的一个重要部分。因此，对康德崇高学说中的时间展开形式进行考察，就成为全面理解和把握康德美学时间性问题的必要组成部分。

崇高是西方美学的一个重要范畴。康德《判断力批判》中对崇高的分析立足于古希腊以来的美学传统，包含着独特的时间性内涵。康德美学中崇高的时间展开形式不是线性的，而是不断地从作为目的的未来回复到当下，又不断地以使命的方式提示着当下的开放性和未完成性，从而体现出超越经验时间的、更为本源的时间性内涵。对康德崇高思想中时间展开形式的探讨可以进一步凸显当代美学与康德美学之间的内在联系，对理解当代美学及审美时间性问题具有重要意义。

需要指出的是，尽管审美时间性问题是随着当代现象学的发展而逐渐凸显，并成为当代美学的一个重要论域。但这一问题实则植根于整个西方美学传统，有着深厚的历史积淀。因此，对康德崇高思想时间性的研究就需要重新返回到历史传统，在与传统的对话中揭示出康德崇高思想时间性的基本面貌，这也为我们从时间性的角度来重新认识和把握整个美学传统，激活传统的内在潜力，提供了一个重要契机。

一、崇高时间性问题的历史梳理

从当代现象学的视域出发，时间问题始终与存在问题，尤其是人的存在密切相关。因此，对审美时间性的探讨也就与审美活动中人的独特存在有着密切关系。这一点也成为我们考察西方美学史上不同时期崇高时间性问题的一个基本视角。

在西方美学史上，古罗马的朗吉努斯在《论崇高》中第一次提出并探讨了崇高问题。在朗吉努斯那里，崇高主要是作为文章的风格，具体包括伟大、庄严、雄伟、壮丽、尊严等内涵。朗吉努斯认为，崇高有五个来源，即庄严伟大的思想、强烈而激动的情感、运用藻饰的技术、高雅的措辞、整个结构的堂皇卓越。而其中最重要的是第一种，即庄严伟大的思想，因此"崇高可以说就是灵魂伟大的反映"[1]。值得注意的是，朗吉努斯明确地将崇高与人的心灵相联系，并从这种联系出发来理解崇高的诸种特征。这一联系后来在伯克、康德关于崇高的思想中得以继承，并使得从时间性的角度探讨崇高成为可能。

朗吉努斯的崇高有着鲜明的人生论指向："天之生人，不是要我们做卑鄙下流的动物；它带我们到生活中来，到森罗万象的宇宙中来，仿佛引我们去参加盛会，要我们做造化万物的观光者，做追求荣誉的竞赛者，所以它一开始便在我们的心灵中植下一种不可抵抗的热情——对一切伟大的、比我们更神圣的事物的渴望。所以，对于人类的观照和思想所及的范围，整个宇宙也不够宽广，我们的思想往往超过周围的界限。你试环视你四周的生活，看见万物的丰富、雄伟、美丽是多么惊人，你便立刻明白人生的目的究竟何在。"[2]因此，崇高来自我们在对自然万物的观照中所激起的超越性的热情和渴望，以及对于人生、对于人之为人的更为深刻的理解，这一思想后来在康德的崇高论中获得了积极回应。

可以看到，朗吉努斯的崇高思想虽然还没有明确的时间观念，但他把崇高与人的灵魂相联系，并始终坚持崇高的人生论指向，在当代

---

1 伍蠡甫、胡经之编《西方文艺理论名著选编（上卷）》，北京大学出版社，1985年版，第119页。
2 缪灵珠《缪灵珠美学译文集（第一卷）》，章安祺编订，中国人民大学出版社，1998年版，第114页。

现象学的视域中，这些思想中无疑潜藏着时间性的内涵。

17世纪，伯克第一次明确区分了崇高与美两个范畴，认为美源于人的社会交往的情欲，而崇高源于人的自我保存的情欲，这样就把审美范畴同人的本能相联系，立足于人本身来探讨审美范畴的可能性及其特点。

从近代认识论的思路出发，伯克从主客两个方面探讨了崇高的表现，即在对象的外在形式上，崇高往往表现为巨大、无限、模糊、光亮、突然的变化等等，这些思想后来也以各种方式被康德所吸纳；从主体心理上看，崇高首先显现为引发我们的痛苦和恐惧，即"凡是能够以某种方式激发我们的痛苦和危险观念的东西，也就是说，那些以某种表现令人恐惧的，或者那些与恐怖的事物相关的，又或者以类似恐怖的方式发挥作用的事物，都是崇高的来源。换言之，崇高来源于心灵所能感知到的最强烈情感"[1]。

与朗吉努斯仅宽泛地将崇高与人的灵魂相联系不同，伯克对崇高的规定更为具体，强调了痛苦和恐惧构成了崇高的来源。但是，他同时认为，在崇高之中，那些危险或令人恐惧的事物不应对人造成实际的危害，只有这样，我们才能感受到崇高所带来的快感。[2]这一思想后来被康德纳入关于力学性崇高的分析之中，对康德的崇高理论产生了直接的影响。

因此，伯克指出："从属于自保原则的激情，表现为痛苦和危险；当引起它们的原因直接作用于我们的时候，它们就是一种实在的痛苦；而当我们有着痛苦和危险的观念，但其实并未身处其中的时候，

---

[1] 伯克《关于我们崇高与美观念之根源的哲学探讨》，郭飞译，大象出版社，2010年版，第36页。
[2] 伯克《崇高与美——伯克美学论文选》，李善庆译，上海三联书店，1990年版，第37页。

它们就可以成为欣喜……能够激发欣喜之情的，我称之为崇高。从属于自保原则的激情是所有激情之中最强有力的。"[1] 在伯克看来，崇高就是一种建基于人的自我保存的、由痛感转化而来的强烈的欣喜。这样，崇高就是一种间接的愉快，包含着一种内在的运动，这一点后来同样成为康德崇高理论中的一个重要观点，也成为我们探讨崇高的时间性的重要依据。

总的来看，伯克将崇高联系于人的自我保存的本能，从某种意义上来说，在伯克那里，崇高并不完全是一个心理学问题，而是与人的存在相关联。崇高所唤起的情感，来源于人对自身存在的领会与坚持。一方面是自身存在受到威胁，另一方面是这一威胁并不能给我们的存在造成实际的危害。或许，正是在受到威胁的时候，我们才能够如此真切地感受到我们的存在，也才能如此真切地感受到对于自身存在的欣喜。这样，崇高就不是一种偶然的、随意的情感，而是植根于人的存在本身，这也为我们在当代语境中探讨崇高的时间性问题奠定了基础。

朗吉努斯、伯克关于崇高的论说，构成了康德之前西方美学史上关于崇高的最重要的理论探讨，也为康德的崇高思想奠定了重要基础。尤其是，朗吉努斯、伯克将崇高与心灵、与人的存在相联系，这也使得从时间性的角度来思考崇高成为可能。

二、康德崇高分析中的时间展开形式

如果说，时间性问题是贯穿康德思想始终的一个内在线索，那

---

[1] 伯克《关于我们崇高与美观念之根源的哲学探讨》，郭飞译，大象出版社，2010年版，第45页。

么,从时间性的角度来理解康德的崇高思想就具有了理论上的合理性和可行性,由此崇高在康德美学中就体现出独特的时间展开形式。

首先值得注意的是,康德将崇高区分为所谓"数学的崇高"和"力学的崇高",而区分的关键则是"想象力",也就是说,"崇高的情感具有某种与对象的评判结合着的内心激动作为其特征……这种激动通过想像力要么与认识能力、要么与欲求能力关联起来……这样一来,前者就作为想像力的数学的情调、后者则作为想像力的力学的情调而被加在客体身上,因而客体就在上述两种方式上被表现为崇高的"[1]。

海德格尔已经指出,在康德思想中,先验想象力就是源初时间。既然两种崇高的区分实际上源于想象力的不同情调(数学的和力学的),那么可以说,正是时间的不同形式构成了两种崇高的区分,因此时间也就成为理解康德崇高思想的关键。

数学的崇高的时间性首先体现在对"大"的直观之中。尽管在康德之前,伯克已经提到了崇高的对象的巨大、无限,但对巨大、无限等特征只是从经验性的角度进行描述,却未能从理论上进行深入分析。康德则对崇高的"大"从先验哲学的角度进行了细致分析。

康德指出,在数学性崇高中,我们直观到所谓的"大",但这并不是一般的大,而是"完全地、绝对地、在一切意图中(超出一切比较)称之为大"[2],是超越了一切比较和度量的大。从其绝对性上讲,这种大本身就是无限。

进一步来看,对绝对的"大"的直观包含两个相互联系的环节,

---

1 康德《判断力批判》,邓晓芒译,人民出版社,2002年版,第85页。
2 康德《判断力批判》,邓晓芒译,人民出版社,2002年版,第88页。

即"领会"与"统摄"。"领会"是对事物的各部分的量的直观把握，这一过程可以不断前进、无限展开，逐渐达到对事物更为全面的把握。"统摄"则是把领会所把握的事物的各个部分纳入一个整体之中，达到对该事物的总体理解。但是对于数学性崇高来说，这一整体实际上不可能是确定的整体，而是一个整体的理念（"绝对的大"），是想象力所瞻望的那个不确定的、无限的整体。

因此，领会与统摄就显现出不同的运动指向。康德指出："对一个空间的量度（作为领会）同时就是对这空间的描述，因而是在想像中的客观运动和一种前进；反之，把多统摄进一之中，不是思想中的一而是直观中的一，因而是把连续被领会的东西统摄进一个瞬间之中，这却是一个倒退，它把在想像力的前进中的那个时间条件重又取消，并使同时存在被直观到。"[1]

领会的前进似乎可以不断进行下去，其中包含着无限的、连续的时间。但在崇高的直观之中，领会的无限的时间最终进入一个瞬间之中。在这个瞬间中，领会的连续性时间"消失"了，达到的是所谓"直观中的一"。所有之前所领会的、之后将领会的都进入了作为"一"的"同时存在"之中。这里，瞬间指称的是"同时存在"。作为一个瞬间，崇高取消了经验的连续性时间，并将时间的三种维度凝结为一。"同时存在"中既包含着之前领会所把握的全部表象，还包括了想象力所瞻望的最终的理念。因此，"同时存在"并不是一个孤立、贫乏的点，恰恰相反，这一瞬间就是融合了过去、现在、未来的丰富、本源的时间。它并不是时间的终结，而是完整时间性的显现和绽出。

---

1 康德《判断力批判》，邓晓芒译，人民出版社，2002年版，第97—98页。

很显然，这种对绝对的大的把握已经超越了人的经验能力。想象力固然可以无限地对对象进行把握，但知性却无法把这些表象统合在一个直观中，也即是说，无法对其进行整体的把握。为了对其进行把握，就需要理性的参与，因为"理性对于一切给予的大小、甚至对那些虽然永远也不能被完全领会但仍然（在感性表象中）被评判为整个给予出来的大小，都要求总体性，因而要求统摄进一个直观中，并要求对于一个日益增长的数目系列的所有那些环节加以表现，甚至无限的东西（空间和流逝的时间）也不排除在这一要求之外，反而不可避免地导致将它（在普通理性的判断中）思考为（按其总体性）被整个给予的"[1]。这一理性就是人的超感性的机能，它超越了一切感性的尺度，也超越了想象力无限扩张的功能，从而能够把不断累进着的把握过程纳入一个直观总体之中。在康德的批判哲学体系中，理性恰恰昭示着人的本体性存在。因此，对绝对的大进行领会和统摄的时间性就建基于人的本体性存在之上。时间性的绽出提示着人的存在方式的转换，而正是与人的本体性存在相联系，康德才会紧接着在第27节马上提到崇高的情感就是对人的自身使命的敬重。

因此，数学性崇高的时间性昭示着人作为本体性存在的独特的生存方式。这样，对崇高的直观就提供了一个契机，使人能够超脱经验世界的大，显现出理性能力的超越性以及不同于经验现象的时间展开形式，这一点在对力学性崇高的讨论中变得更为突出。

力学性崇高面对的是自然的强力。在对力学性崇高的评判中，自然对象的巨大威力对我们显现为似乎是不可抗拒的可怕景象，映衬出我们自身的渺小。但同时，由于对象并不给我们造成"实际的"威

---

[1] 康德《判断力批判》，邓晓芒译，人民出版社，2002年版，第93页。

胁，从而使我们能够超越一开始的恐惧心理，"建立起来完全另一种自我保存"，即理性的生存。在这样的存在面前，自然界的任何威力都不足以产生威胁。我们能以一种非感性的尺度来同自然相抗衡，看到我们凭借理性的力量最终能够战胜可怕的自然，这样就产生出崇高的愉悦。因此，"自然界在这里叫作崇高，只是因为它把想像力提高到去表现那些场合，在其中内心能够使自己超越自然之上的使命本身的固有的崇高性成为它自己可感到的"[1]。

自然界的巨大威力威胁的是人的感性生存，但感性的生存并不是人的生存的全部。崇高之为崇高，就在于它能唤起人的超感性的生存。"崇高"（Erhaben）一词本身就蕴含着"提高""提升"等含义，意味着使人超脱感性的、现象的生存方式，达到理性化的生存。因此，崇高不仅仅是一种状态，更是一种内在的运动、一种提升和升华，是对于经验生存的超脱和对于本体性生存的瞻望。它不是来自外在的直观，而是直接作用于人的心灵。因而，崇高就与人的生存，而且是人之为人的理性化的生存有着直接的关联。它既是对人的理性化生存状态的言说与肯定，又是使人达至这种生存状态的瞻望与提升。可以说，崇高本质上就是一种生存方式，这也构成了我们思考崇高时间性问题的基本视域。

因此，力学性崇高之中同样体现出一种内在运动，即从经验性生存向本体性生存的提升，其间包含着痛苦、恐惧与神圣的战栗，并使作为本体的人的存在凸显出来，正是这一内在运动构成了力学性崇高的时间展开形式。

康德认为，人作为本体的存在，意味着绝对地开始一个事件的能

---

[1] 康德《判断力批判》，邓晓芒译，人民出版社，2002年版，第101页。

力，它不同于经验时间中因果性的无限上溯（经验的上溯不可能找到一个绝对开端），而是经验时间的断裂与突破。在这个断裂之处、这个开始的瞬间，开启了一种新的生存方式。它独立于任何经验条件，以一种绝对的方式刺破了经验的壁垒，指向那个最终的目标，并由此照亮了人的整个经验生存。

作为本体的人，追求的最终目标就是至善，即幸福和德性的一致，本体性时间就源于至善的理念。而为了保证至善的实现，则需要上帝、自由、灵魂不朽等悬设。正因为人并不总是能按照道德法则来行动，所以才需要"自由"的悬设给人提出道德律令；正因为人此世的生命是有限的，无法达到道德法则的完整实现，才需要灵魂不朽的悬设保证二者的最终契合；正因为在现实世界中德福并不总能保持一致，甚至常常相互背离，才需要上帝的悬设保证至善的存在。这样，本体性时间就具有了明确的指向，体现为道德律的践行与人的不断提升。这时，时间展开形式不再是一维的、单向的，而是从当下的瞬间绽出，又通过对至善的追寻作为责任和使命不断地回复到当下。

康德明确指出，崇高的真正根源并不在自然界，而在人的内心。[1] 在对崇高的评判中，人们把注意力从外界转向自身，意识到自身作为本体性存在的优越性，在自己的内心唤起超感性的使命，激起一种崇敬的道德情绪，以和自然相抗衡。这种对自身道德使命的崇敬构成了崇高的最终指向。这时，崇高就源于对自身的更深层次的认知，源于对自身使命的理解与担当。

因此，康德崇高的时间性就体现出道德化的内涵，指向作为至善的最终目的。在崇高之中，康德强调了人的使命与对于自身使命的敬

---

[1] 康德《判断力批判》，邓晓芒译，人民出版社，2002年版，第103页。

重。这时时间就不是形式化的,而是与人之为人的使命相关联,指称着人的独特的生存方式。这一时间形式既保持了与人相亲近的活生生的经验形态,同时又能使人体会到自身的超感性的使命,不断获得进步和提升。因此,崇高的时间展开形式就不是经验时间的线性结构,而是不断地从作为目的的未来回复到当下,又不断地以使命的方式提示着当下的开放性和未完成性。

很显然,康德崇高之中的时间展开形式与合目的性有着密切关联。在康德看来,对崇高的评判是"建立在对内心的某种完全超出了自然领地的使命的情感(道德情感)之上的,鉴于这种情感,对象表象就被评判为主观合目的性的"[1]。正是理性目的的存在才使得崇高时间展开形式展现出开放性和目的论的指向,它构成了人的生存的引导,召唤着人不懈地履行自己的道德使命。正因为崇高的时间展开形式与道德的内在关系,进入这一时间形式也需要文化教养和道德理念的发展。正是在这个意义上,康德才认为,对崇高的判断不仅要求主体具有良好的审美判断力,同时还需要认识能力方面的修养,要求唤起主体内心中潜藏的道德观念,"事实上,没有道德理念的发展,我们经过文化教养的准备而称之为崇高的东西,对于粗人来说只会显得吓人"[2]。如果缺乏道德观念,主体就不能从自身内在的精神品质中产生出一种理性的优越感,使自己超越于自然的强大威力之上,而只会在自然的威力面前感到恐惧和危险,无法把对象把握为崇高。而这种道德性,由于在"人类的天性里"有其基础,就成为崇高感的内在基础。

---

[1] 康德《判断力批判》,邓晓芒译,人民出版社,2002年版,第108页。
[2] 康德《判断力批判》,邓晓芒译,人民出版社,2002年版,第104页。

可以看到，不管是自然界数量的巨大还是威力的强大，它们作为现象世界的不合目的性恰好指向了理念的合目的性，凸显出人的本体性存在。我们在崇高中感到的痛苦的欣喜，恰是突破现象界生存后对于自己本体性存在的自觉。在此基础上，两种崇高均体现出对于现象世界的超越，由此也凸显出超越经验时间的本体性时间展开形式，即在崇高的瞬间之中实现从既定的经验性生存向作为未来的本体性存在的超越与提升。这一时间展开形式打破了现象时间的一维特性，呈现出更为丰富的内涵，并指向人的本体性生存。这也让我们更为深刻地理解崇高的审美瞬间：随着人的存在方式的转换，它显现为现象时间的瞬间断裂，以及本体时间性的凸显。

三、崇高的时间展开形式的现代性意义

康德崇高思想中的时间展开形式对于我们重新理解康德美学、理解审美的时间性具有重要意义。事实上，当代美学关于审美时间性问题的研究在诸多方面均体现出对康德的理论回应，从而凸显出康德美学时间性问题的现代意义。

康德崇高思想中的时间展开形式展现出人的本体性存在，在对自然的感受中显现出人的价值。崇高的时间性本质上就是人的本体性存在的时间性，崇高的形式——无论是数学的崇高还是力学的崇高，都揭示出人的存在的不同面向，因而崇高的时间性也就具有了存在论上的本源性和基础性。在启蒙时代的思想背景中，崇高的时间展开形式体现出与现代性的复杂关联，由此也显现出崇高时间性的现代意义。

从时间结构上来看，启蒙以来无限进步的时间观念取消了作为意义和价值来源的终极目的。因此，"文明人的个人生活已被嵌入'进

步'和无限之中,就这种生活内在固有的意义而言,它不可能有个终结……所以在他看来,死亡便成了没有意义的现象。既然死亡没有意义,这样的文明生活也就没了意义,因为正是文明的生活,通过它的无意义的'进步性',宣告了死亡的无意义"[1]。现代人所拥有的似乎只剩下了一个一个、不断流动的瞬间。我们仍然记得波德莱尔对现代性的敏锐把握,"现代性就是过渡、短暂、偶然……"[2]。现代性对当下瞬间的关注抹平了时间的线性结构,将时间的所有维度都凝缩为一个个单独的点,过去、未来就从作为当下瞬间的点中释放出来并获得意义,而当下瞬间的点实际上并没有自身的存在,因而现代时间整个来说就体现为虚无。那一个个瞬间,似乎无限丰富,但由于没有未来的支撑,实际上却是无限空虚的,因为它无法给予人的生存以价值指向。可以说,现代虚无主义就植根于现代性的时间结构之中。

康德崇高的时间展开形式同样十分重视瞬间,从这一意义上来说,康德崇高的时间性本身就是现代性的表征。但是,根据上文的分析,康德的瞬间不是一个孤立、静止的点,而是体现出内在运动的独特存在,毋宁说,康德的崇高瞬间是掺杂着惊惧、痛苦、敬重和神圣的战栗的丰富境域,在其中,所有这些情感都是存在性的,都体现出人的存在的不同样态。而这些不同情感的方向性运动则体现出康德崇高时间性的独特指向,这一指向就蕴含在"合目的性"这一概念之中。

康德美学以合目的性为基础,因此,崇高的瞬间恰恰来自作为彼岸的本体性目的,"这一'瞬间'就是'永恒',亦即结束了时间前

---

[1] 马克斯·韦伯《学术与政治》,冯克利译,生活·读书·新知三联书店,1998年版,第29—30页。

[2] 波德莱尔《波德莱尔美学论文选》,郭宏安译,人民文学出版社,1987年版,第485页。

进后所抵达的终极目的,它象征着作为主体先验根据的道德自由本体,同时也象征着实践理性最高目标的圆善"[1]。也就是说,当下的瞬间从超越性、彼岸性的未来获得意义和价值,未来则作为对当下瞬间的保证,由此决定了崇高的时间展开形式的超越性内涵。它构成了经验时间的基础和根源。

这样,崇高的时间展开形式就不是形式化的,理性目的的存在使康德崇高思想的时间展开形式显现出道德化的指向,而道德有着明确的指向——至善。前面提到,至善的获得需要上帝存在、灵魂不朽的预设。因此,崇高之中内在地包含着审美的信仰维度。这时,信仰就不是未经批判的迷信,而是来自人的道德天性。[2]因此,康德崇高的时间展开形式借助于合目的性概念,通过主体反思所指向的道德本体,力图给予现代生活某种意义指向,体现出审美的超越性及其对虚无主义的反思。这一点也直接开启了美学的救赎功能,对现代美学的发展产生了重要影响。我们在席勒、马尔库塞、阿多诺那里都可以听到康德思想的隐秘回声。

第三节 艺术论中的时间展开形式

除对美和崇高的分析之外,艺术论也是康德美学中的一个重要部分。在《判断力批判》中,康德对艺术从艺术审美、艺术创造以及艺术品的存在方式等不同角度进行了细致分析,其间隐含着完整的体系

---

[1] 尤西林《心体与时间——二十世纪中国美学与现代性》,人民出版社,2009年版,第230页。
[2] 康德在第三批判中分析力学的崇高时就明确辨析了作为信仰的宗教与迷信的区别。这一点恰恰凸显出康德美学中崇高的信仰维度。

及独特的时间性内涵。对康德艺术论中的时间展开形式的探讨是全面理解和把握康德美学时间性问题的题中应有之义,对进一步理解当代美学及审美时间性问题也具有重要意义。

在对艺术的思考一开始,康德就明确地将艺术定位于人的生产,"我们出于正当的理由只应当把通过自由而生产、也就是把通过以理性为其行动的基础的某种任意性而进行的生产,称之为艺术"[1]。很显然,在康德看来,艺术是一种生产、一种活动,而不是一个确定的、现成的对象。作为一种活动,艺术会体现在不同的方面、不同的层次之中,由此也会展现出独特的时间性内涵。因此,我们对康德艺术论中的时间展开形式的考察,将从康德关于艺术的整体思考出发,从艺术审美、艺术创作、艺术作品等三个方面展开。

一、艺术审美的时间展开形式

在对艺术考察的一开始,康德就明确指出:"在一个美的艺术作品上我们必须意识到,它是艺术而不是自然;但在它的形式中的合目的性却必须看起来像是摆脱了有意规则的一切强制,以至于它好像只是自然的一个产物。在我们诸认识能力的、毕竟同时又必须是合目的性的游戏中的这种自由情感的基础上,就产生了那种愉快,它是惟一可以普遍传达却并不建立在概念之上的。自然是美的,如果它看上去同时像是艺术;而艺术只有当我们意识到它是艺术而在我们看来它却又像是自然时,才能被称为美的。"[2]

---

[1] 康德《判断力批判》,邓晓芒译,人民出版社,2002年版,第146页。
[2] 康德《判断力批判》,邓晓芒译,人民出版社,2002年版,第149页。

必须注意到，康德在这里谈论的是"美的艺术作品"（Produkte der schönen Kunst）。尽管康德在使用"艺术"（Kunst）与"艺术作品"（Produkte der Kunst）两个概念时并不十分严格，但仍然可以看出二者的区分："艺术"指称的是一种独特的人类活动，而"艺术作品"则指称由这种人类活动所创造出的具体对象。这里康德明确提到的是"艺术作品"，他所思考的是艺术作品如何在审美活动中呈现出来，即在审美活动之中艺术作品的独特的呈现方式。实际上，康德对艺术作品的呈现方式进行了颇具现象学意味的分析，其间也隐含着独特的时间展开形式。

在对美的艺术的欣赏中，我们首先"意识到""它是艺术"，这种"意识"来自知性的判断；但同时，艺术又必须"像是自然"，而"像"则依赖于想象力的作用，或者说，就是在艺术审美活动中想象力的表现方式。从上引表述可以看出，在艺术审美之中，"像"显然居于核心位置。鉴于康德思想中想象力与时间的内在联系，我们完全有理由认为，"像"本身就包含着源初的时间性。

当我们说"……像……"时，在这个线性结构之中，前者首先凸显出来，显现为在场。但随着"像"的展开，前者似乎开始隐入后者，由在场转为不在场，而后者则显现出来，成为在场。但同时，"像"又明确提示出前者与后者的差异，告诉我们前者才是实际存在，具有实存性。这时，前者又重新成为在场，而后者则成为不在场，前后二者似乎就处于不断地循环之中。在这种在场与不在场的相互交替中，"像"本身凸显出来，它的意义既不在于前者，也不在于后者，而是在于二者的循环、交替中所显现的某种意义交错的复杂关系。而且，在康德看来，艺术与自然就活动在"像"所展开的运动之中，相互映射，从而构成了一个游戏空间。很显然，正是"像"构成了并展开着这一交替,在二者的循环交替中,"像"显然具有决定性,它超越了并建构着在场与不在场,成为二者得以可能的某种源初境域。

很显然,"像"的运动实际上跨越了、包含了艺术与自然两大领域,并使得二者之间的游戏和对话成为可能,从而体现出审美的源初性。由"像"所开启的艺术审美不是一个瞬间,而是一个过程、一种运动、一场游戏。其中,艺术作品不断地从艺术走向自然,又不断地从自然返回艺术,呈现为一种时间性的循环往复的运动,也就是说,在"像"所展开的审美游戏之中,艺术作品通过想象力的作用会不断地超越自身的存在,指向自然,并不断地从自然返回自身。当然,这时所返回的自身由于想象力,即源初时间的参与已经具有了更为丰富的内涵和意蕴。可以说,正是时间使得艺术审美成为可能并推动艺术审美活动不断展开。因此,这一内在运动本身就包含着独特的时间性内涵。

更进一步来看,"像"的展开本身就包含着主体与艺术品的存在,正是在"像"所展开的运动之中,主体才作为审美主体、艺术作品才作为审美对象呈现出来。对于艺术审美来说,二者绝不是外在的,而是会直接影响审美活动的面貌和走向。

首先,"看起来像"总是"对……而言像",本身就预设了一个观看者,一个审美主体。在康德看来,审美要成为可能,必须对主体心灵进行一定程度的"陶冶",作为"一切美的艺术的入门"[1],由此主体才能作为审美主体进入审美活动之中。而"陶冶"作为对人的"陶冶",总是试图将既有的陶冶融入当下存在之中,并进而影响和塑造未来。而当下存在与未来又会构成新的"陶冶"。因此,"陶冶"实

---

[1] 康德《判断力批判》,邓晓芒译,人民出版社,2002年版,第203页。

际上在审美主体的当下存在之中包含着所有的历史存在与对未来的期望，构成了人的存在中曾在、当下、未来的深层次对话。这样，"像"之中就包含了审美主体所有的历史经验和现实存在，并在深层次上影响着主体的未来走向（后来席勒的审美教育思想实际上就是这一思路的延伸），体现出完整的时间性。

另一方面，"像"所面对的实际上是艺术作品"形式的合目的性"。这种"形式的合目的性"摆脱了一切强制，"好像只是自然的一个产物"。尽管艺术与自然在审美活动中彼此相"像"，但二者的地位显然不同。当康德说，自然被设想成"好像"有一个知性时[1]，他已经改变了我们通常所理解的"自然"概念，或者说，已经改变了自然的现身方式。自然不再是完全外在于人的、与人对立的客观存在物，而是以一种更具亲和力、更切近、更源初的方式显现出来。这时的自然就具有了本体的意义，并最终构成了艺术的背景、基础和最终指向。很显然，艺术与自然在审美活动中实际上是无法分割的，但自然显然占据着更为重要、更为源初的位置。在这一意义上，"像"的游戏就体现出其"合目的性"，"像"所直观到的恰恰就是对象的合目的性的形式，而这一合目的性的形式也必须通过"像"的活动才得以展现出来。这样来看，在审美活动中艺术作品会不断地出离自身、溢出自身，指向作为目的的自然（当然，这一目的很可能是永远无法真正达到的），体现出面向未来的开放性；而作为目的的自然也会返回来使当下的艺术作品作为"美的艺术作品"呈现出来。这样，艺术审美就体现出立足当下而又超越当下实际存在、指向未来而又不断返回自身的独特的时间展开形式。

---

1 康德《判断力批判》，邓晓芒译，人民出版社，2002年版，第15页。

因此，尽管艺术审美首先是对艺术作品的当下直观，但在这个当下之中，又包含着复杂的时间游戏。在审美活动之中，主体心灵获得了时间性的陶冶，艺术作品也会不断地出离与回返，构成循环往复的时间展开形式。这样，艺术审美的当下就成为更为源初的时间，或者时间的凝缩，不同的时间维度就在当下的审美直观中展开并呈现出来。

二、艺术创造的时间展开形式

以上我们分析了由"像"所开启的艺术审美独特的时间形式，其中包含着艺术作品独特的呈现方式，那么，接下来的问题就是，艺术作品由何而来？为什么会如此这般地呈现出来？这就涉及艺术创造，即天才的问题，这同样是康德艺术论中的一项重要内容。

康德认为，艺术与自然的一个根本不同即在于艺术源于人的创造，正是创造使得艺术作品作为艺术作品呈现出来。而在艺术创造活动中，最重要的就是天才，因为"美的艺术只有作为天才的作品才是可能的"[1]。康德对于天才有一个明确的界定："天才就是给艺术提供规则的才能（禀赋）。由于这种才能作为艺术家天生的创造性能力本身是属于自然的，所以我们也可以这样来表达：天才就是天生的内心素质（ingenium），通过它自然给艺术提供规则。"[2] 艺术创造的时间性就集中体现在天才之中。

与对美和崇高的分析相似，构成天才的内心能力同样包括想象力

---

[1] 康德《判断力批判》，邓晓芒译，人民出版社，2002年版，第151页。
[2] 康德《判断力批判》，邓晓芒译，人民出版社，2002年版，第150页。

与知性。在艺术创造过程中，想象力毫无疑问起着主导作用，知性更多的是鼓舞、激起，而不是限制想象力的运动。这时的想象力，康德明确指出，是"作为生产性的认识能力"，即先验性的想象力。这样，想象力就具有了源初时间性的意味，并由此展开了整个艺术创造活动。

在艺术创造活动中，想象力首先运动起来（实际上，天才之为天才，就在于想象力的活跃），产生出丰富的表象。表象的产生完全无法预期，始终具有偶然性和新奇性，它们既不服从某些既定的规则，也无法被纳入确定的概念之中，充分体现出其丰富性、活跃性。在这一过程中，想象力会不断地溢出自身，"在引起一个表象时思考到比在其中能够领会和说明的更多的东西"[1]。在这一点上，倒是有点类似于中国诗学中的"兴"。那种兴发的力量构成了艺术得以生成的动力和基础。由此想象力的活动就体现出艺术的不断生发的时间性。所以，艺术在根底上就是时间性的。

想象力的运动所产生出来的表象，就是审美理念。实际上，审美理念本身就是一个奇怪的表达。既然从柏拉图以来的西方思想一直在强调理念的非感性、超感性的特征，那么，理念如何能是感性的？

康德说："我把审美[感性]理念理解为想像力的那样一种表象，它引起很多的思考，却没有任何一个确定的观念、也就是概念能够适合于它，因而没有任何言说能够完全达到它并使它完全得到理解。"[2]之所以能够把这些表象称为理念，是由于"没有任何概念能够与这些作为内在直观的表象完全相适合"。而且更重要的在于，"它们至少

---

1 康德《判断力批判》，邓晓芒译，人民出版社，2002年版，第159页。
2 康德《判断力批判》，邓晓芒译，人民出版社，2002年版，第158页。

在努力追求某种超出经验界限之外而存在的东西,因而试图接近于对理性概念(智性的理念)的某种体现,这就给它们带来了某种客观实在性的外表"[1]。也就是说,这些表象尽管是直观的,但却并不局限于感性本身,而是能够突破自身的局限,指向某种超感性的存在。因此,严格来说,审美理念并不是理念,而是居于感性和理性之间,并试图联系、沟通二者。从其直观性上来说,它是感性的;从其内涵的超越性上来说,又具有理念的特征。但正因为审美理念横跨现象、本体两个世界,因而更能体现出某种超越二者的源初性(在这一点上,审美理念类似于第一批判中的"图型"。并非偶然的是,正是在图型论中康德指出了时间的源初地位)。

合而言之,审美理念以先验想象力为根底,是想象力的具体表象。在艺术创造活动中,想象力从来不是抽象的,总要通过审美理念呈现出来,而审美理念总是源出于想象力的运作。在这个意义上,可以说想象力与审美理念是一而二、二而一的。如果说先验想象力是源初时间,那么审美理念就是这一时间的具体呈现。

当然,由想象力所推动的审美理念的运动并不是任意的,康德始终强调,艺术创造是以一个目的为前提的,"由于艺术在原因里(以及在它的原因性里)总是以某种目的为前提的,所以首先必须有一个关于事物应当是什么的概念作基础"[2],因而是以知性为前提。但是,尽管想象力以知性目的为前提,但却又不局限于这个特定的目的,相反,总是能以各种新奇的、无法预期的方式来扩展这一概念,给予其更为丰富的内涵。

---

[1] 康德《判断力批判》,邓晓芒译,人民出版社,2002年版,第158页。
[2] 康德《判断力批判》,邓晓芒译,人民出版社,2002年版,第155页。

当知性无法满足想象力不断扩展的要求时,想象力最终会唤起理性的参与,"使智性理念的能力(即理性)活动起来,也就是在引起一个表象时思考到比在其中能够领会和说明的更多的东西"[1]。这时,想象力的创造性运动就指向了道德理念。这构成了艺术创造的最终指向,当然,也构成了审美愉悦的来源,因为康德随后指出,美的艺术所唤起的不是单纯的感官愉悦,而必须"被结合到那些惟一带有一种独立的愉悦的道德理念上来"[2]。可以说,整个艺术创作活动就是由想象力的源初时间性不断推动的。

理念是无法充分表达和直观的,想象力以丰富的表象不断扩展理念,想象力的运作虽然"摆脱了联想律的束缚",无限自由,但又是指向审美理念的,因此体现出合目的性;审美理念虽然引导着想象力的运作,但又并不是一个确定的概念,而是一个最终无法确定表达出的表象。因而想象力的活动又是无目的的。这样,审美创造活动就体现出独特的时间展开形式。想象力产生出无限丰富的表象,这些表象的产生并不符合联想律的规则,受到审美理念的引导,但这些表象与审美理念之间的联系是神秘的、无法预期的,另一方面,审美理念又不断地返回到当下的想象力的活动之中,引导着想象力的进一步活动。这样,想象力的活动就体现为一个不断循环的、"自动维持自己、甚至为此而加强着这些力量的游戏"。因此,艺术创造活动中就体现出一种循环往复、自我加强的时间展开形式。而且,这一时间形式有着自己确定而又不确定、无目的而又合目的的指向。

因此,在康德看来,艺术创造活动从根本上就是想象力与知性的

---

[1] 康德《判断力批判》,邓晓芒译,人民出版社,2002年版,第159页。
[2] 康德《判断力批判》,邓晓芒译,人民出版社,2002年版,第171页。

游戏：受到知性概念的鼓舞和刺激，想象力以丰富的表象不断扩展这一概念，并最终超越了这一概念，创造出知性无法确定表达的表象。这时，理性能力会活跃起来，引导想象力去"追求某种超出经验界限之外而存在的东西，因而试图接近于对理性概念（智性的理念）的某种体现"。因此，这些表象尽管无法被纳入确定的概念之中，但却最终指向了作为道德本体的理念，因而体现出深层次的合目的性。这一追求也最终会返回来构成不同于感官愉悦的、独特的审美愉悦。这样，艺术创造活动就体现出确定而又不确定、无目的而又合目的的指向，展现出不断超越自身、又不断返回自身的独特的时间展开形式。在这个意义上，可以说，艺术创造就是时间的游戏，艺术的源初性就体现在这种融合了感性和理性、无法被任何既定规则限制的状态之中。

最后，想象力与知性的游戏最终所实现的，就是艺术的"精神"。康德指出："精神，在审美的意义上，就是指内心的鼓舞生动的原则。但这原则由以鼓动心灵的东西，即它用于这方面的那个材料，就是把内心诸力量合目的地置于焕发状态，亦即置于这样一种自动维持自己、甚至为此而加强着这些力量的游戏之中的东西。"[1]在康德看来，精神之中包含着想象力与知性的合目的性的游戏，这一游戏会"自动维持自己"，也就是说不需要，也不依赖于任何外在条件，而能自我运作，这正体现出想象力的自由；同时，理性的参与最终还能返回来"加强着这些力量"，使审美活动始终处于"焕发"状态，去追求超越性的智性理念。可以说，精神就是天才能力的直接显现，是艺术创造活动所展现出来的最终状态，或者说就是艺术的内在生命。

---

1 康德《判断力批判》，邓晓芒译，人民出版社，2002年版，第158页。

其中包含的内在运动使得精神始终是创造性的、活泼泼的，集中体现出艺术创造的时间性内涵。

当然，康德关于天才运作内在机制的分析仍然保持着理论上的谨慎。在康德看来，天才就是想象力与知性以某种比例的结合，因此"天才真正说来只在于没有任何科学能够教会也没有任何勤奋能够学到的那种幸运的比例，即为一个给予的概念找到各种理念，另一方面又对这些理念加以表达，通过这种表达，那由此引起的内心主观情绪，作为一个概念的伴随物，就可以传达给别人"[1]。这种比例是"幸运的"，意味着我们完全无法预期天才的产生，它似乎只是一种偶然性的绽出，以不可预期的方式打破了经验时间的连续性。但并不是由此将人们带入黑暗的深渊，而是展现出一种完全不同的存在状态，这种状态就其内在机制来看，恰恰是时间性的。

三、艺术作品的时间展开形式

艺术作品一旦被创造出来，就会进入经验时间之中，成为现实世界之中一个确定的存在。但作为天才的创造，艺术作品又不同于具体的物的存在，而是和之前、之后的作品存在着复杂的关联，展现出自身特有的时间性内涵。既然艺术作品源于天才的创造，那么对艺术作品的时间展开形式的分析同样需要从天才开始。

康德指出，天才就是"一种产生出不能为之提供任何确定规则的那种东西的才能"[2]，因而，独创性构成了天才的第一特性。也就是说，

---

1 康德《判断力批判》，邓晓芒译，人民出版社，2002年版，第161—162页。
2 康德《判断力批判》，邓晓芒译，人民出版社，2002年版，第151页。

艺术作品不是来自对以往作品的模仿，而是直接源出于天才的创造，它不服从任何现成的规则，也不能被纳入任何既定的框架之中。它似乎是一种全新的存在，一个全新的开始。因此，天才意味着打破经验世界的连续性，截断众流，绝对地开启一种状态的能力。它使得经验时间中的一个瞬间在整个时间链条中凸显出来，构成经验时间的断裂，成为一个特异的现在。我们上面已经分析了天才的内心能力，其中包含着想象力的自由。天才的独创性在于它不依赖于外在的经验条件，而是来自内心的自由。由于以天才为基础，这个现在并不是静止的点，而是不断涌动的、开放性的瞬间，其中包含着内在运动。在这一点上，艺术作品始终具有当下性，是一个活生生的现在。

因此，尽管艺术作品总是产生于某个特定的时代，作为经验世界中的现实存在有着经验时间的确定性。但它并未被局限于这个特定的经验时间之中，而是以其当下性体现出对于经验时间的超越。但这一当下要成为一种活生生的当下，还有赖于天才的另一特性——典范性，正是由此艺术作品才展现出其独特的时间展开形式。

尽管天才的作品不能产生于模仿，但作品一旦被创造出来，就可以或者应该成为后人模仿的典范。但这时的模仿并不是一般意义上的模仿，而是一种启发、唤起，也就是说，天才始终作为标准和准绳，召唤着后来的作品。

当然，天才的召唤并不是给予或提供一个确定的规则，而仅仅在于唤起另一位天才的独创性和自由，也就是唤起另一天才的主体性，使之作为天才而存在。在这个意义上，召唤实际上就是通过以往的作品提供一个特定的契机，使得另一天才活跃起来，以自己独特的艺术创造活动回应之前作品的召唤。这样，后起的作品尽管受到之前作品的启发，并与其保有某种精神联系，但由于这一作品同样来自自身天才的创造，因而仍然是一个独特的存在。在这个意义上，艺术就是天才与天才之间的对话，在其根底上就包含着主体间性。可以说，正是这种主体间的对话才构成了艺术的真正历史。

因此，天才的作品不只是一个当下的存在，而是能够或者应该作为典范不断被之后的作品回溯，供后人模仿。而且正是后来天才作品不断地回溯，才使得之前的作品始终具有当下性，成为活生生的现在。这样，艺术作品的存在就显现出特殊的时间展开形式：一方面是天才作品对未来天才的召唤，另一方面是后来作品对之前典范的回溯。因此，艺术始终存在于之前作品与后来作品的内在关联之中，并始终具有自身的当下性。正是由此，艺术（天才）才能始终保持为当下（现在），成为鲜活的存在。很显然，在艺术存在的当下性中本身就包含着过去和未来的时间维度，这也构成了艺术作品独特的存在方式和时间展开形式。

实际上，艺术的独创性和典范性是一而二、二而一的。艺术只有是独创的，才可能成为典范；而典范的意义就在于其以不可预期、不可重复的独创性为后来的作品确立了标准和准绳。正是独创性与典范性使得艺术具有了自身的时间展开形式和独特的存在方式，这对于20世纪的阐释学、接受理论等思想无疑具有重要启发。

伽达默尔的阐释学始终强调理解的历史性："每一时代都必须按照它自己的方式来理解历史流传下来的本文，因为这本文是属于整个传统的一部分，而每一时代则是对这整个传统有一种实际的兴趣，并试图在这传统中理解自身。……因此，理解就不只是一种复制的行为，而始终是一种创造性的行为。"[1]因此，真正的理解活动就是"视域融

---

1 伽达默尔《真理与方法（上卷）》，洪汉鼎译，上海译文出版社，1999年版，第380页。

合"的过程，即本文的历史视域与理解活动的当前视域之间的融合，由此历史就展现为"效果史"。很显然，这一思想强调了本文作为效果史的存在，即融合了历史与当下，并不断开启未来的存在方式。而姚斯的接受理论进一步提出："一部文学作品并不是一个独立存在的并为每一时代的每一读者都提供同一视域的客体。它不是一座自言自语地揭示它的永恒本质的纪念碑。它倒非常象一部管弦乐，总是在它的读者中间引出新的反响，并且把本文从文字材料中解放出来，使之成为当代的存在。"[1] 也就是说，艺术作品在每一时代都可以具有当下性，而这一当下性的获得则需要通过与不同时代读者之间的交流来实现。这些思想与我们刚刚描述的康德关于艺术品的存在方式不无相通之处，也显示出康德思想的现代意义。

对艺术作品的时间展开形式的探讨可以让我们重新认识艺术作品的存在方式。艺术作品本身有其物质存在，但艺术之为艺术，又不在于其物质性存在，而是体现出某种独特的存在方式。作为天才的创作，艺术作品的存在当然会受到天才的影响。天才的独创性和典范性可以让我们重新理解艺术作品的存在方式，它的绽出和召唤的特性显示出艺术作品的独特的时间性：勾起人们的回忆，激发人们的当下，召唤人们的未来。这一思想与海德格尔后期关于诗、艺术的沉思有某种理论上的共通，也从一个侧面显现出康德美学的现代性意义。

以上我们从三个方面探讨了康德艺术论的时间展开形式。如果说，对于"像"的现象学考察涉及艺术审美的时间展开形式，关于天才内心能力的考察涉及艺术创造的时间展开形式，对于天才的独创性

---

[1] 姚斯《文学史作为向文学理论的挑战》，见胡经之、张首映编《西方二十世纪文论选（第三卷 读者系统）》，中国社会科学出版社，1989年版，第154页。

与典范性的分析涉及艺术品作为历史存在的时间展开形式,那么,由此也展现出康德艺术论的完整体系及其时间结构。这一体系由艺术审美、艺术创造以及艺术品的存在方式等三方面构成,而且,这三方面都体现出那种循环往复而又具有明确指向的时间性内涵,这也给我们展现出康德艺术论时间性问题的总体面貌,并给予现代美学以深刻影响。

第五章　康德美学中的时间模式

通过以上对康德美学中时间展开形式的具体分析可以看到，在美、崇高、艺术之中，审美活动均体现出某种突发性和偶然性，以当下的形式突破了经验时间的限制，同时在这一当下之中又包含着人的某种既定存在以及对某种目的的期许与瞻望，从而呈现出时间性的内涵，当然不同的审美形态之中具体的时间展开形式也会有所区别。总的来看，康德美学中存在着三种基本的时间模式，即偶然性的时间模式、循环性的时间模式、目的性的时间模式。如果说时间展开形式更多地与具体的审美形态（美、崇高、艺术）相关联，时间模式则能够从更普遍的意义上展现出康德美学中时间性问题的理论价值。实际上，这三种时间模式不独出现在康德美学之中，而是普遍存在于古希腊以来不同时期的西方文化之中。对三种时间模式的内涵及其美学意义的探讨将从更为宏观的视野形成对康德美学时间性问题的总体把握，由此呈现出康德美学时间性的整体面貌。

本章将从总体上研究康德美学中三种不同的时间模式。其中，偶然性的时间模式凸显出审美活动中的时间对日常经验时间的中断与突破，展示出审美活动的独特存在；循环性的时间模式展示出审美活动的内在机制，其中既包含了对古希腊时间观的回溯与继承，也包含着对现代性的线性时间观的反思，具有特殊的理论价值和现实意义；目的性的时间模式凸显出审美时间的目的性指向,也体现出审美对现实生活的超越与反思。

第一节 偶然性时间模式

在康德思想中,审美是不同于认识和道德的独特领域。康德在《判断力批判》中明确指出,哲学分为自然和自由两大领域,但二者之间需要一个桥梁和过渡,以实现人的存在与思想体系的完整性。这一功能由审美来完成。因而审美就成为不同于认识和道德的独特领域,也就具有了不同于二者的异质的时间性内涵。

上一章我们分析了康德美学中不同的时间展开形式。从总体上看,康德一开始就强调了审美与感性的关联。从时间意义上来看,感性具有当下性的时间意味。审美总是体现在感性现时之中,总是具有当下性。在上一章关于美、崇高和艺术的分析中均显现出审美的当下性。但审美活动的当下不同于经验时间的现在,它总是作为经验时间的断裂,体现出异质的时间性内涵。在审美活动中,这种异质的时间性总是以突发的方式展现在经验时间之中,在康德美学中,就体现为偶然性时间模式。

偶然问题是西方思想中的一个重要问题,也贯穿在康德思想体系之中。在康德美学中,偶然性存在以合目的性的面貌出现,成为康德美学思想的前提和基础,并内在地影响了康德对美、崇高和艺术的分析,体现出独特的时间性内涵。康德美学对偶然性存在的处理方式在康德之后西方美学的发展过程中以不同的方式延续下来。对于我们理解审美时间性问题具有重要意义。

在《判断力批判》中,康德注意到,自然界之中存在大量经验性存在，我们无法将其纳入知性规律的框架进行解释，当然也无法看到其存在的先天必然的根据，因而它们只能被认为是偶然。但为了理解和把握这些丰富多样的现象，我们仍然需要假设这些偶然的东西具有某种内在的统一性，"即在那些特殊的（经验性的）自然律中对于人的见地来说是偶然的东西，却在联结它们的多样性为一个本身可能的经验时仍包含有一种我们虽然不能探究、但毕竟可思维的合规律的统一性"[1]。这样来看，偶然性存在就是那些无法认识的东西，但人仍然能够给予它们某种统一性，尽管这种统一性无法探究和解释，多少带有几分神秘的意味。事实上，审美判断就建基于自然之中的偶然性存在及这种神秘的统一性之中，因而偶然也就成为审美活动得以产生的契机，使得突破经验时间、展现本体性存在成为可能。

事实上，偶然问题在西方思想的不同时期都会被提及，尽管很多时候并未被进行专题性的探究，但它始终隐含在西方思想的历史发展过程之中。可以说，西方思想的发展就是不断地尝试克服偶然性的过程。[2]因此，我们有理由相信，偶然在《判断力批判》中的出现并非偶然，而是植根于西方的整个思想传统和康德对这一问题的系统思考。可以说，偶然性存在与康德思想以及康德美学具有深刻的关联，它影响甚至决定了康德美学的内在理路及其表现方式，并展现为独特的时间模式。因此，偶然就为我们理解康德美学的时间性问题提供了一个合理的入口。

康德的批判哲学是一个完整的体系，事实上，偶然性存在不仅仅出现在第三批判之中，在康德的思想体系的其他部分都有不同程度涉

---

1 康德《判断力批判》，邓晓芒译，人民出版社，2002年版，第18页。
2 孙纯《偶然性（Kontingenz）》，《德语人文研究》，2018年第6卷第1期。

及。因而我们对康德美学中偶然问题及偶然性时间模式的思考就从对康德的思想体系的整体认识入手。

一、偶然与康德的思想体系

偶然是西方哲学史上的一个重要问题，尽管更多的时候是以掩藏的方式显现出来。古希腊时期，无论是柏拉图的理念还是亚里士多德的本质，都是必然性的存在，但其哲学体系背后也或多或少透露出偶然的消息。例如，亚里士多德就明确地从存在的角度思考了偶然问题。"从命题'可能有这件事'就可以推论出偶然有这件事，而反过来也一样。"[1] 这里，偶然的东西也就是可能存在的东西，即非必然的存在，它可能存在，也可能不存在。基督教兴起之后，必然和偶然的问题均被从信仰的角度进行思考，如奥古斯丁在思考朽坏问题的时候指出："朽坏，不论来自意志，不论出于必然或偶然，都不能损害我们的天主"，对于天主来说，"你无所不知，对于你能有偶然意外吗？一切所以能存在，都由于你的认识"。[2] 17世纪，莱布尼茨从偶然的角度理解现存的世界，认为世界是在偶然性中被定义的。因此，现存的世界只是存在着的某个可能的世界，并不具有必然性。从理论上来说，经验的东西无法提供自身存在普遍必然性的说明，因而只是可能存在的东西，即偶然。在此基础上，寻求存在的稳靠基础，就成为人的"形而上学本性"。这些思想都在不同程度上影响到康德对偶然问题的思考。

---

1 亚里士多德《范畴篇 解释篇》，方书春译，商务印书馆，1959年版，第77页。
2 奥古斯丁《忏悔录》，周士良译，商务印书馆，1963年版，第124页。

这里我们不拟对偶然问题展开系统考察，只是需要指出，偶然问题在哲学史上有其历史脉络，更重要的在于，偶然之所以会成为一个问题，就在于它打破了经验因果的连续性和经验时间的连续性，以突然的方式显示出经验时间的断裂，因而体现出完全不同的时间性内涵。这一思想也构成了我们把握康德美学时间性问题的必要的理论背景。对康德来说，偶然问题不仅仅隐含在其第三批判之中，而是存在于其整个哲学体系之中。因此，在思考康德美学中的偶然问题时，我们需要将其放在康德思想体系的整体中来加以考察。

在第一批判中，康德需要回应来自经验主义，尤其是休谟的质疑，为经验提供先天原则。具体做法就是"人为自然立法"，实际上是以先天的知性规律来消化自然的偶然性。其所思考的基本问题是：人如何理解多样性的现象世界，如何把现象世界的多样性纳入一个必然的、合规律性的系统。用康德的话来表述就是："先天综合判断如何可能？"也就是说，如何把多样的经验现象纳入一个先天性的思想体系，给因果性即现象世界的必然性提供先天根据。

康德通过作为人的感性直观形式的时间和空间整合感性经验，通过知性范畴将感性经验纳入必然性的系统，从而将各种现象归摄到知性范畴之中，建构起一个合规律性的世界。知性的世界消化了现象世界的多样性和偶然性，成为一个必然性的世界。对于康德来说，"自然法则的和谐系统预设了一个共同的基础，因为无法想象这样一个系统是通过那些彼此不同的元素的相互作用偶然产生的"[1]。但是这一世界还存在某种裂隙，即康德的物自体，这是无法纳入知性规律之中的存在，是无法言说的存在。同时，正如康德所注意到的，知性规律并

---

[1] Ewing, *Kant's Treatment of Causality*, Routledge & Kegan Paul, Ltd., 1924, p. 27.

不能穷尽自然之中所有的可能性。对那些知性规律之外的现象我们显然需要不同的方式来把握。可以说，第一批判力图以知性规律消化自然的偶然性，由此将自然理解为一个合规律性的系统，但这并不足以完全消除偶然问题。

康德对此有着明确意识。第一批判所做的工作是寻找"经验以及它的可能性的普遍的、先天提供的条件，并且从而我们将把自然规定为一切可能的经验的全部对象"。康德明确指出，"我这里找的不是为观察一个既定的自然之用的规则，因为这些规则已经以经验为前提了"[1]。也就是说，康德在第一批判里处理的只是经验得以可能的先天条件，而并不涉及具体的经验存在本身。实际上，这些一般的条件在经验世界会显现为丰富多样的具体经验现象，仅从这些先天条件无法给自然现象提供充分解释。这也就为偶然性存在提供了一个空间。对康德来说，经验世界之中还存在着知识之外的领域，即实践。

在第二批判中，康德从自由出发探求人的行动的先天法则，力图确立人的行动的规律，即道德律。经验世界中，人的行动会受到各种经验条件的影响，本身充满了偶然性。康德试图从自由出发确立人的行动的道德律，即任何有理性的存在者都应遵守和服从的行动法则。道德律建基于自由，描述的是应然状态，因而不会受到现实的挑战，即现实之中人的不合乎道德律的行为并不足以证明道德律是无效的。这样实际上是以应然的方式消化人的行动的偶然性，但这种应然并不保证现实之中人的行动一定符合道德法则。"道德上绝对必然的行动在物理学上则完全被看作是偶然的"，因而"理性不是通过存在（即

---

1 康德《任何一种能够作为科学出现的未来形而上学导论》，庞景仁译，商务印书馆，1978年版，第62页。

发生的事）、而是通过应当存在来表达这种必然性"。[1] 可以看到，康德是试图以自由的道德律来消化人的行动的偶然性，但人的行动的偶然性实际上并未被消除，所以康德才会讨论德福一致的问题，才会需要上帝的预设来给道德律的现实效果做最终的保证。因此，偶然的问题实际上仍然存在。

最后，康德会思考人类的历史和未来。阿伦特指出："历史中至为关键的不是故事/情节（stories），不是历史个体，也不是人的善行恶迹，而是那隐秘的自然狡计，那导致［人类这一］物种在代代相继中不断进步并将其全部潜能充分发展出来的自然狡计，当然，历史的偶然与无序中所蕴藏的忧伤也一直让康德耿耿于怀。"[2] 康德理解的历史是一个目的论的系统。尽管历史之中充满了各种偶然事件，有着各种进步或倒退的曲折反复，似乎就是一个由各种零散和偶然构成的集合。但康德试图用不断进步的历史观来消化历史的偶然性，即"人类一直是在朝着改善前进的并且将继续向前"[3]，用人类的持续进步来审视人类的历史和未来。这样，人类历史中那种种偶然事件就获得了自身存在的意义，就成为人类持续进步过程中的一个个中间环节。因此，即使"它向后并且以加速度的堕落陷于败坏，我们也无须沮丧，以为就不会遇到一个转折点，到了那里凭借着我们人类的道德秉赋，它那行程就会再度转而向善的"[4]。但是，这种历史的总体方向并不能取消历史之中的局部和偶然事件，"说我是要以这种在一定程度上具有一条先天线索的世界历史观念来代替对于具体的、纯粹由经验而构

---

1 康德《判断力批判》，邓晓芒译，人民出版社，2002年版，第256页。
2 阿伦特《康德政治哲学讲稿》，曹明、苏婉儿译，上海人民出版社，2013年版，第17页。
3 康德《历史理性批判文集》，何兆武译，商务印书馆，1990年版，第156页。
4 康德《历史理性批判文集》，何兆武译，商务印书馆，1990年版，第150页。

成的历史的编撰工作，那就误解我的观点了"[1]。因此，目的论的历史观念实际上并不能完全克服和消化偶然问题。

可以说，康德以自己的方式分别处理了自然的偶然、人的行动的偶然和历史的偶然，并分别建立起自己的认识系统、实践系统和历史系统，在这些不同的系统中都贯穿着理性原则。纯粹理性、实践理性、历史理性就是用理性来处理认识问题、实践问题和历史问题，将认识、实践和历史纳入理性化的系统之中。但在人的认识、实践和历史之中总是存在着理性无法把握和解释的偶然性现象，这就需要以理性的方式来消化偶然性现象，即将偶然性现象纳入理性化的系统之中，使之得到理解和把握。但同时，偶然性存在对人来说具有某种根本性的意义，实际上是无法彻底消除的，因此在康德的系统之中暗含着某些裂隙。自然之中的那些经验性规律、实践活动中的不符合道德律的行为、历史之中的偶然事件，都在提示我们理性的有限性以及康德思想中偶然的普遍存在。

二、偶然性存在作为康德美学的存在论基础

现在我们可以回到康德美学，研究一下康德美学中的偶然性存在及偶然性时间模式。

康德美学隶属于康德的整个哲学体系，偶然问题在康德美学中同样存在。不同的是，由于审美活动自身的个体性、感性化特征，偶然性存在对于康德美学显然具有更为重要的意义，体现为独特的时间模式。下面我们可以尝试从偶然的角度对康德美学展开分析。

---

[1] 康德《历史理性批判文集》，何兆武译，商务印书馆，1990年版，第20—21页。

第五章 康德美学中的时间模式

康德对自然中的偶然现象有一段详细界说："所以我们必须在自然中，就其单纯经验性的规律而言，思考无限多样的经验性规律的某种可能性，这些规律在我们的见识看来却仍是偶然的［zufällig］（不能先天地认识到的）；考虑到这些规律，我们就把按照经验性规律的自然统一性及经验统一性（作为按照经验性规律的系统）的可能性评判为偶然的［zufällig］。但由于这样一个统一性毕竟不能不被必然地预设和假定下来，否则经验性知识就不会发生任何导致一个经验整体的彻底关联了，又由于普遍的自然律虽然在诸物之间按照其作为一般自然物的类而提供出这样一种关联，但并不是特别地按照其作为这样一些特殊自然存在物的类而提供的：所以判断力为了自己独特的运用必须假定这一点为先天原则，即在那些特殊的（经验性的）自然律中对于人的见地来说是偶然的东西［zufällige］，却在联结它们的多样性为一个本身可能的经验时仍包含有一种我们虽然不能探究、但毕竟可思维的合规律的统一性。这样一来，由于这个合规律的统一性是在一个我们虽然按照某种必然的意图（某种知性需要）、但同时却是作为本身偶然的［zufällig］来认识的联结中，被设想为诸客体（在这里就是自然界）的合目的性的：所以，对服从可能的（还必须去发现的）经验性规律的那些事物而言只是反思性的判断力就必须考虑到这些规律，而按照我们认识能力方面的某种合目的性原则去思维自然界，而这一原则也就在判断力的上述准则中被表达出来了。"[1]

这一段表述对于我们理解康德美学中的偶然问题具有重要意义。

首先，偶然描述的是自然中的经验性存在。[2] 康德注意到自然界之

---

[1] 康德《判断力批判》，邓晓芒译，人民出版社，2002年版，第18—19页。
[2] 需要注意，康德在这里所谈的偶然具有十分确定的对象和内涵，对审美与认识具有基础性的作用（见下文论述），不同于第一批判范畴表里与必然性相对的"偶然性"（zufälligkeit）。

中包含着许多无法被纳入知性规律的东西，这些构成了自然形态的多样性。它们的产生和出现当然也有其规律，即所谓经验性规律，但"它们虽然合法地被产生出来，但并不是立法者，而是在它们之上所建立的规则都是经验性的，因而是偶然的"[1]。人类理性永远无法充分探究这些作为偶然的经验性存在产生的原因，它们只是可能性的存在，即完全可能不发生、不出现。这里，偶然显然是指那些无法被纳入先天性系统之中的经验性存在，我们无法理解和解释其存在的原因，无法保证其普遍必然性，因而对我们来说这些经验性的存在只能是偶然的。

其次，偶然指称的是自然的统一性，在审美判断中会具体显现为合目的性。这些自然中的经验存在尽管无法被纳入知性规律，但我们仍然需要对其进行把握，也就是说，人们必须尝试思考这些自然中的经验性存在，其方法是预设某种主观的统一性，即自然的合目的性。这种合目的性并不是来自知性概念，因而在康德看来就是偶然的。只有有了这种预设的、偶然的统一性，人们才能从整体的角度理解和把握自然。由于合目的性概念本身就具有时间性内涵，因而偶然性存在也就具有了时间性。

偶然所提供的统一性具有重要意义。作为一种特殊规则，这种统一性甚至构成了知性认识自然的前提和基础。因为"没有这些规则，就不会有从一个一般的可能经验的普遍类比向一个特殊类比的进展，知性必须把这些规则作为规律（即作为必然的）来思考：因为否则它们就不会构成任何自然秩序了，虽然知性没有认识到它们的必然性或

---

[1] 康德《判断力批判》，邓晓芒译，人民出版社，2002年版，第8页。

者在任何时候也不可能看出这种必然性"[1]。即使知性最终无法认识这种统一性，但仍然需要这种统一性作为认识的前提，提供某种自然秩序。因而对于知性来说，这种统一性即合目的性就是不可或缺的。从合目的性的角度来看，"《判断力批判》达到了《纯粹理性批判》未能揭示的理论前提，然而并没有破坏其任何认识的要求"[2]。由此也可以理解，偶然性存在及其统一性是比知性更为源初的存在。或许，对偶然的感知恰恰是人对世界的源初感受，并由此展现出某种本源性的自然秩序，作为之后人类认识的基础。尽管康德是在认识论的框架下来讨论问题，但其思想已经显现出某些存在论的意味。偶然性存在虽然不可认识，但却可以思考和感受。因此，对偶然问题的把握就无法借助知性概念，而需要采取不同的方法。康德由此提出了反思判断力。

在第一批判之中康德就提到了判断力，但并未对判断力做出进一步的区分。只是到了第三批判，才进一步将判断力划分为规定性的判断力和反思性的判断力。所谓反思判断力即在没有既定概念的情况下，从特殊回溯到普遍的能力。因而反思判断力所面对的就是作为特殊存在的经验现象。可以说，反思判断力的提出，就是为了将那些经验性的存在纳入某种统一性之中，以此处理作为经验存在的偶然问题。而由反思判断力所呈现出的统一性，就是自然的形式上的合目的性，在此基础上才能形成审美判断。

具体来说，自然中存在着大量奇特的现象，体现出某种经验性规律，似乎是来自某个目的的有意安排，但我们对此却一无所知，无法提供合理解释。这些就是自然中的偶然性存在。对于这些偶然人们力

---

[1] 康德《判断力批判》，邓晓芒译，人民出版社，2002年版，第19页。
[2] Rudolf A. Makkreel, *Imagination and Interpretation in Kant*, The University of Chicago Press, 1994, p. 3.

图将其纳入判断活动之中提供某种解释。这就必须给予其某种主观的统一性，即合目的性。在合目的性的形式之下，自然就对我们呈现为美。因此，对美的理解就不能仅仅停留在合目的性上面，而必须深入其存在的基础，即自然中那些无法言说、无法理解和掌控的偶然。审美就是以感性的方式消化偶然的尝试和努力。在这个意义上，偶然实际上构成了审美判断的前提和基础。

最后，偶然的存在表征着人的有限性。康德始终强调自然中的这些偶然现象是"在我们的见识看来"，是对人来说的。因此，康德将合目的性严格限定在主观的领域之中。偶然现象表征着经验世界的丰富性和多样性，其中所包含的统一性只是人的一种预设，实际上无法真正探究和解释，因而偶然性也是无法真正消除的。偶然性的根底实际上是人的有限性，即人无法完全理解和掌握经验世界的存在规律。

人的有限性是康德思想的基础。康德的批判哲学作为对理性能力自身的考察和探究，本身就预设了人的存在的有限性。海德格尔在《康德与形而上学疑难》中对此进行了明确阐释，认为人的有限性是康德思想体系的主线，康德的三个基本问题（"我能够知道什么？""我应当做什么？""我可以期待什么？"）背后就是人的存在的有限性。"人类理性在这些问题中不仅泄露了其有限性，而且其最内在的关切是指向有限性本身的。对人类理性来说关键在于，不要去排除能够、应当和可以，因而不要去扼杀有限性，相反，恰好要意识到这种有限性，以便在有限性中坚持自身。"[1] 审美判断中，与人的有限性相对的，就是自然中那些不可理解、无法把握的偶然。

---

1 海德格尔《海德格尔选集（上）》，孙周兴选编，上海三联书店，1996年版，第107页。

人的有限性也意味着，"一个人不得不内在的是偶然的"[1]。因而对于作为有限性存在的人来讲，偶然性永远是不可能消除的。我们总是会在自然中遭遇到某些经验性存在，它们确乎是不可理解的，又似乎是可以把握的。我们无法用知性规律为它们的存在提供充分解释，但又确乎可以通过反思判断力在它们之上察觉到某种统一性。它们就处于可理解和不可理解之间，正是这种临界状态，构成了偶然性存在的独特的存在方式，也由此引发了人的持久兴趣与关注。

偶然的这种临界状态深具意味。它既是感性的、经验的，又能在感性和经验之中体现出超越性的内涵，指向某种我们无法理解的存在。这样看来，偶然似乎没有属于自己的确切位置，它总是在确定与不确定、经验与超越、可能与不可能两端游移。无独有偶的是，康德对判断力的定位同样处于某种"之间"的位置。审美判断力没有属于自己的领地，只是在自然和自由两大领地"之间"提供某种"过渡"，美既是感性的存在，又是"道德的象征"。这样，美和偶然似乎在存在方式上就有了某种相通之处。

对于有限性的人来说，自然总是包含着那些偶然性存在，其中似乎透出着某种无法探究的统一性。审美判断借助反思判断力将其纳入整体性的系统之中。可以说，美用自己的光辉掩盖了偶然那不可理解的神秘，但其根底上仍包含着这种神秘。在审美活动中，人就以这种主观性的方式面对和把握自然之中的偶然性存在，并在这种把握之中获得无功利的愉悦感。这样，审美就成为人把握世界的一种方式，也是偶然的显现方式。

---

[1] 阿格妮丝·赫勒《碎片化的历史哲学》，赵海峰、高来源、范为译，黑龙江大学出版社，2015年版，第9页。

由此我们可以尝试概括出康德美学对偶然的基本理解：偶然性存在既不被"人为自然立法"所约束，也并非完全外在于人。它植根于人的存在的有限性，以合目的性的形式展现出经验存在与人的亲和关系。这种关系无法以知性的方式来把握，而是呈现在感性直观之中。因此，偶然性就是感性直观之中呈现出来的、作为经验存在的自然与人的亲和关系，这种关系在审美判断中具体展现为自然的合目的性。康德美学中审美判断所面对和源出的就是这种自然中的偶然性。这样，偶然对于审美判断就具有了基础性作用。[1]

可以看到，康德美学中的一些核心概念均与偶然相关，并从偶然获得其理论上的有效性，换句话说，在作为偶然性存在的自然的基础上才能够形成审美判断。这样偶然实际上就成为审美判断的存在论基础。

从时间性的角度来看，偶然性存在也就具有了独特的时间模式。偶然是经验时间的断裂与绽出，体现在感性直观之中，因而具有鲜活的当下性，呈现出当下的时间维度。同时，偶然性植根于人的存在的有限性，体现出人无法摆脱的既定状态，具有曾在的时间维度。最后，偶然以"合目的性"的方式体现出对某种统一性的敏感与追求，这体现出未来的时间维度。因而，偶然性存在体现出不同于经验时间的完整的时间性。由于在审美活动中偶然总是会以当下即是的方式呈现在人们的感官之中，因而一般来说，偶然性时间模式中当下的时间维度会更具突出的意义（随着现代思想的发展，偶然性时间模式也会显现出新的变化，这一点在后文会有所论及）。这构成了偶然性时间

---

[1] 需要说明的是，作为哲学问题的偶然所涉及的范围是十分广泛的，但并非所有的偶然都能进入审美判断之中。在自然之中体现出与人的亲和性关系的偶然才能作为审美判断的基础，或者说，审美判断所面对的是一种特定对象、特定类型的偶然。

模式区别于其他时间模式的独特性。这样以偶然性存在为基础，康德美学就体现出独特的偶然性时间模式。这种时间模式会具体体现在康德美学的审美形态之中。

三、偶然性时间模式与康德美学中的审美形态

偶然性存在构成了康德美学的存在论基础，偶然性时间模式也内在地规定着康德美学中美的不同的形态及其时间性内涵。上文指出，偶然性在审美判断中被理解为合目的性，而根据合目的性的不同可以进一步区分出自然中两种基本的审美形态——美与崇高。具体来说，从自然概念和自由概念出发可以分别形成各自的合目的性，"但对由反思事物的（自然的和艺术的）形式而来的愉快的感受性不仅表明了主体身上按照自然概念在与反思判断力的关系中的诸客体的合目的性，而且反过来也表明了就诸对象而言根据其形式甚至无形式按照自由概念的主体的合目的性"[1]。与两种合目的性相对应，也就有了两种美的形态，前者为美，后者为崇高。

需要看到，这种区分固然有其美学史上的思想积累，特别是伯克关于美和崇高的分析，对康德有着直接的影响。但同时，康德将这两种美的形态纳入严密的理论体系之中，从合目的性的角度给予阐释，这就使得这种区分更具有了学理上的依据。但是，无论是美或是崇高，其背后都潜藏着那无法探究的存在。两种合目的性背后实际上是两种偶然性存在，即那些符合形式规则的偶然和不符合形式规则的偶然。因此，审美判断本身就是对偶然的消化和遮蔽。这样，康德

---

[1] 康德《判断力批判》，邓晓芒译，人民出版社，2002年版，第27页。

对审美形态的分析就为我们所讨论的偶然问题提供了一个可能的分析视角。

1. 偶然与美

之前已经指出，自然的合目的性本身有其基础，即自然之中作为偶然的那些经验性规律。只是由于反思判断力的运作，这些偶然以合目的性的形式进入审美活动之中，从而成为审美判断的对象。在"美的分析"部分，康德特别强调了合目的性的无目的的特性，即合目的性并不需要一个实在的目的为前提。

在审美活动中，按照康德四个契机的描述，审美主体面对对象无目的而合目的性的形式，想象力和知性被调动起来，二者自由活动、相互谐和，从而将对象判断为美，并产生审美愉悦。但是，并不是任意的自然现象都能被作为审美对象来把握，只有自然中的那些特殊现象，即具有无目的而合目的性的形式的自然才能被判断为美。因而无目的而合目的性的形式对审美判断来说就具有了重要意义。

无目的而合目的性的形式实际上提供了自然现象的某种统一性，这种统一性不是来自知性概念，因而只能是偶然的。面对这种统一性，想象力和知性彼此谐和、相互游戏，从而产生审美判断。对此康德有着明确解释："但一个客体，或是一种内心状态，或是一个行动，甚至哪怕它们的可能性并不是必然地以一个目的表象为前提，它们之所以被称为合目的的，只是因为我们只有把一个按照目的的原因性，即一个按照某种规则的表象来这样安排它们的意志假定为它们的根据，才能解释和理解它们的可能性。"[1] 对象作为偶然本质上是无法

---

[1] 康德《判断力批判》，邓晓芒译，人民出版社，2002年版，第55—56页。

解释和理解的,但我们可以假定一个目的来理解它们,尽管它们并不实际或必然地具有一个目的。因而目的在这里只是一个位置,而不是一个实存,这就是所谓"无目的的合目的性"。我们需要这样一个位置提供理解的可能性,但不需要一个实际的目的来规约和限制我们的直观。在康德美学中,这种合目的性的统一性就构成了审美判断的基础,也构成了偶然中作为未来的时间维度。

可以说,人类对自然在形式方面合规则的偶然性一直保持着浓厚的兴趣,如毕达哥拉斯、柏拉图就从"和谐"概念出发思考这一问题,认为无论是天体还是自然事物都体现出某种合规则的秩序,这就是所谓本体论意义上的"和谐",并以此来消化合规则的秩序对人来说的偶然性。如果说,自然的统一性构成了审美判断的基础,那么进一步的问题就是,为什么我们会在面对自然的统一性时产生审美愉悦。对此我们可以尝试从偶然的角度来进行思考。偶然内在于人的存在之中,形式方面的偶然是人的有限性存在的表征。当人在自然之中发现形式恰恰"偶然地"契合了某些形式规则的时候,自然中的偶然对人来说就不再是完全外在于人、不可把握的。这似乎是在某种程度上对偶然的化解,就会产生愉悦感。这种愉悦感的基础就是"惊奇"。

康德对此展开进一步的分析,"发现两个或多个异质的经验性自然规律在一个将它们两者都包括起来的原则之下的一致性,这就是一种十分明显的愉悦的根据,常常甚至是一种惊奇的根据,这种惊奇乃至当我们对它的对象已经充分熟悉了时也不会停止"[1]。康德之前明确将这种经验性的自然规律定义为偶然,正是这种偶然性存在能够引发

---

[1] 康德《判断力批判》,邓晓芒译,人民出版社,2002年版,第22页。

惊奇的感受。自然不再是神秘的、外在于人的，它似乎在不经意间契合了人的理性的要求，这也构成了审美愉悦的基础。正因为是无目的的，因而这种合目的性总是能够引发惊奇的感受。即使当我们对对象已经充分了解，但每次面对它的时候仍能体验到惊奇的感受，这也从一个侧面说明审美愉悦与对对象的认识无关，而是一种存在论意义上的感受。

正是在存在论思想的基础上，九鬼周造明确指出，惊奇以偶然性为基础。"构成惊讶的原因的客体因为某种必然性而没有与主体直接或者间接地连接起来，因此对于主体的内涵功能所未包括的意外的东西，会产生惊讶的情绪。因此，可以说惊讶是针对偶然事物产生的情绪。"[1]因此，审美判断中的惊奇感其背后的存在基础恰恰是偶然。

康德一再强调，在对美的鉴赏中，一定是判断在先，而不是愉悦在先，以此确保审美判断的先天性。因此，当自然对人显出某种偶然的、合乎规律的形式时，人们会对这一形式产生惊奇，并由此获得审美愉悦。美就是以直接性的方式体现出自然的无目的而合目的性的形式。这样看来，审美愉悦恰恰以自然的偶然性存在为基础。

因此，在美的分析中，偶然就是经验自然以"无目的而合目的性"的形式展现在人的感性直观之中，由此引发人的审美愉悦。康德特别分析了这种感性（审美）判断的非概念的普遍必然性及感性（审美）愉悦的特殊性。从另一个角度来说，偶然恰恰是自然与人的亲和性的表征（即自然呈现为人可把握的形式），美就是自然以人可以把握的方式——即偶然——呈现在人的感性直观之中，由此审美愉悦的发生也就不难理解了。对美的直观尽管是当下的，但其前提却在于自

---

[1] 九鬼周造《九鬼周造著作精粹》，彭曦译，南京大学出版社，2017年版，第307页。

然作为偶然的存在，也就是说，审美直观的当下之中隐含着人的存在以及人与自然的关系。因而，当下并不是一个点，而是一种创生和聚集，是人的已在、当下与应在的融合，体现出完整的时间模式。

2. 偶然与崇高

崇高的对象是自然的巨大或强力，如险峻的山崖、狂暴的风雨、喷发的火山、汹涌的海洋等等。这些现象看起来完全不合形式规则，甚至是无形式的存在，因而无法被纳入既定规则之中。从其经验的多样性来说，同样属于偶然性存在。那么，这些完全不合规则的偶然为什么能够唤起审美愉悦呢？正如康德所说："谁会愿意把那些不成形的、乱七八糟堆积在一起的山峦和它们那些冰峰，或是那阴森汹涌的大海等等称之为崇高的呢？但人心感到在他自己的评判中被提高了，如果他这时在对它们的观赏中不考虑它们的形式而委身于想像力，并委身于一种哪怕处于完全没有确定的目的而与它们的联结中、只是扩展着那个想像力的理性，却又发现想像力的全部威力都还不适合于理性的理念的话。"[1] 在崇高的感受中，面对那些似乎毫无规则的自然对象，反思判断力的回溯就不能止于对象的形式，而必须延伸到理性的层面，由理性提供更高层次的统一性。因此，想象力不会局限在知性，而是会扩展到理性，体现出合乎理性目的的特性。这样看来，崇高的审美判断同样是合目的的，即合乎理性目的。同时理性的理念仍然是想象力无法真正呈现的，因而理念所提供的统一性在崇高之中仍然是无目的的合目的性。

具体来说，崇高之中自然对人呈现为瞬间显现出的某种巨大或强

---

[1] 康德《判断力批判》，邓晓芒译，人民出版社，2002年版，第95页。

力，它们似乎超越了人的感性把握能力。但崇高的特性在于，自然的巨大或强力恰恰达到了感官能力的极限，但又不是"大而无当"，完全超越了人的感官能力，而是能通过想象力的作用唤起理念的参与，使得"想像力和理性在这里通过它们的冲突也产生出了内心诸能力的主观合目的性"[1]。这样，自然在崇高之中的主观合目的性就同样以偶然为根基。可以说，崇高是以理性的方式对自然中那些作为巨大或强力的偶然性存在的把握和克服，消除了偶然中那令人恐惧和压抑的效果。崇高之中，自然的偶然似乎只是刺激起理性能力的中介和工具，因而崇高的对象实际上不是自然，而是理性。

简单来说，在崇高之中，偶然首先以感性不可把握的方式呈现出来，但恰恰以此唤起了人的理性能力，最终被证明是可把握的。这里的偶然就是自然以不合形式或无形式的方式呈现在人的感性直观之中，与感性的不适应最终由于理性能力的参与会转化为另一种合目的性，也就是说，当人们借助知性的力量无法把握这种自然之中的偶然时，就会唤起理性的力量。因而崇高中的合目的性与美之中的合目的性有着完全不同的内涵。由此也会带来一种与对美的感受完全不同的审美愉悦。可以说，崇高是以感性的方式对自然中那些特殊对象的把握，这些对象作为偶然更多地体现出与理性的亲和性，即对理性的刺激与召唤，由此也会产生一种更具理性内涵的审美愉悦。

3. 偶然与艺术

艺术作为人的创造的产物，无疑具有直接的目的性。但康德在谈到美的艺术时，恰恰强调的是其无目的的合目的性，即在艺术中并不显现出直接的目的。"在一个美的艺术作品上我们必须意识到，它是

---

[1] 康德《判断力批判》，邓晓芒译，人民出版社，2002年版，第97页。

艺术而不是自然；但在它的形式中的合目的性却必须看起来像是摆脱了有意规则的一切强制，以至于它好像只是自然的一个产物。在我们诸认识能力的、毕竟同时又必须是合目的性的游戏中的这种自由情感的基础上，就产生那种愉快，它是惟一可以普遍传达却并不建立在概念之上的。自然是美的，如果它看上去同时像是艺术；而艺术只有当我们意识到它是艺术而在我们看来它却又像是自然时，才能被称为美的。"[1]也就是说，艺术尽管来自一个明确的意图，但在其呈现方式上应该体现出类似自然的无目的的合目的性，即植根于偶然的特性。在康德对艺术的分析中，最能体现其偶然性特质的就是天才这一观念。

康德认为，天才就是"一种产生出不能为之提供任何确定规则的那种东西的才能"[2]，美的艺术只有作为天才的作品才得以可能，或者说，只有通过天才，才能创造出真正的艺术。从康德对天才的界说来看，天才具有明确的偶然性内涵。具体来看，天才的偶然性首先体现在我们永远无法预期和解释天才的产生。它作为天赋的才能对我们来说是纯粹的偶然。其次天才的偶然性还体现在天才的特性、即独创性之中。"天才自己不能描述或科学地指明它是如何创作出自己的作品来的，相反，它是作为自然提供这规则的。"[3]我们无法将天才的创作过程纳入理性的框架之中予以解释，这一创作过程看起来只是作为自然运作的纯粹偶然。总之，天才本质上属于自然，其看似不合规则的活动却最终能创造出优秀的艺术作品，在这一点上又体现为合目的的，尽管我们无法指出究竟是怎样的目的。因此，天才是自然中具有审美意味的偶然现象。我们之前专门论述过天才中的时间性问题，现

---

1 康德《判断力批判》，邓晓芒译，人民出版社，2002年版，第149页。
2 康德《判断力批判》，邓晓芒译，人民出版社，2002年版，第151页。
3 康德《判断力批判》，邓晓芒译，人民出版社，2002年版，第151页。

在看来，这种时间性显然与天才作为偶然现象的特性是分不开的。

　　总的来看，康德对艺术的申说时时牵涉到自然，强调出艺术与自然的密切关联。可以说，偶然既是艺术的呈现方式，也是艺术得以产生的方式。两种方式均与自然相关。如果注意到康德在《判断力批判》"导言"中明确将分析的对象对准了自然中那些特殊的偶然，那么关于康德美学中艺术的偶然问题也就不难理解了。

　　通过以上关于美、崇高、艺术的分析可以看到，偶然以不同的方式呈现在康德美学的各个审美形态之中，并内在地规定和影响着这些审美形态的表现方式和审美特质。在美之中，偶然以形式性的方式呈现出来，并带来直接的审美愉悦。在崇高之中，偶然以不合形式规律或无形式的方式呈现出来，并产生间接的、更具理性化内涵的审美愉悦。艺术源于人的创造，艺术中的偶然就体现在天才的艺术创造过程和看似无目的的艺术形式之中。尽管形态各异，但三者都从不同角度体现出偶然性的时间模式，即以审美活动的当下性，确证着人一向置于其中的有限性存在，并包含着对某种统一性的瞻望和追求。当然，作为一种时间模式，偶然性时间模式在完整时间性的基础上，更突出了当下的时间维度，具体体现为审美活动对经验时间的突破。这一点在三种审美形态中均有不同方式的体现。

　　上一章我们仔细分析过这些审美形态的时间展开形式。可以看到，这些审美形态都是偶然性时间模式的不同呈现方式，因而其时间展开形式与偶然存在密切关系，以不同的方式展现出偶然的时间特性。

四、康德美学中偶然性时间模式的理论意义

　　以上我们从不同方面概述了康德美学中的偶然性时间模式，这一

问题对于重新理解康德美学时间性问题、理解审美与偶然的关系具有重要意义。

前文指出，康德的整个思想体系均与偶然有着密切关联，康德美学就处于这一关联之中。尽管康德在其美学中致力于寻求审美的先天性原则，但其背后恰恰是对审美活动中的偶然的深切体认，并力图从先天性的角度消化偶然问题。这一思想对于审美具有重要影响。康德对无目的性的强调显然使得审美具有了意义的开放性和多元性，康德对自然作为偶然性存在的理解也在20世纪存在论思想中获得理论回应，对偶然的经验性的强调与审美的感性特质具有内在的契合，同时也使得审美的多样性形态成为可能。因此，从偶然的角度，可以尝试重新理解康德美学的精神气质和理论命题。

总体来看，康德美学并未尝试去消除偶然，它对偶然的处理方式是从主观角度着眼的。实际上，偶然的统一性只具有主观上的有效性，但这种主观上的有效性足以说明审美的先天性，因为康德将这种先天性还原到了使得审美判断得以可能的先天条件之中。但是，一方面由于审美并不能涵盖所有的偶然，康德美学所处理的只是特殊形态的偶然，具体是指自然之中那些似乎合乎规律的存在。另一方面美学对偶然的主观性处理方式实际上也并未触及偶然性存在本身。偶然的问题实际上仍然存在，偶然仍然是神秘的、不可知的。从这一角度来说，康德美学中的偶然性时间模式由于从总的方面仍受制于认识论的理论框架，因而这一时间模式的存在论意义并未得到充分展示。这也成为康德之后的西方美学思想仍然需要面对和处理的问题。如果说，审美活动是把握偶然的一种方式，那么当对偶然的理解发生变化时，美学思想及其所包含的时间模式一定会发生相应的变化。这也为我们从偶然的角度追索审美思想的嬗变提供了一条线索。

首先是康德之后的德国古典美学提供了处理偶然问题的不同方式。谢林在同一哲学之中区分了艺术直观与理智直观。艺术是自我意识发展的最高阶段,艺术直观也是把握绝对同一的最高方式。但与理智直观不同,艺术直观是属于天才的神秘禀赋,具有偶然性的特征。这是从主观的方面延续了偶然问题,更多地强调了偶然性时间模式中的未来向度,我们不难发现这一思想与康德天才论的内在联系。黑格尔思想中已经没有偶然的位置,"凡是合乎理性的东西都是现实的;凡是现实的东西都是合乎理性的"[1],辩证法的宏大体系将一切都纳入必然性的框架之中。因此,黑格尔在其《美学》中描述的艺术的发展也是绝对精神的辩证成长过程。从象征型艺术到古典型艺术、浪漫型艺术,从建筑、雕刻到绘画、音乐、诗,均有其内在理路,都是理念感性显现的不同方式,也都是可以理解和把握的,具有内在的必然性。但是,偶然植根于人的有限性之中,完全消除偶然的体系必然是虚假的体系。费尔巴哈、马克思对黑格尔的批判均从感性入手,就已经具有了偶然性的时间意味。马克思设想了共产主义社会中的自由劳动:"在共产主义社会里,任何人都没有特定的活动范围,而是都可以在任何部门内发展,社会调节着整个生产,因而使我有可能随自己的兴趣今天干这事,明天干那事,上午打猎,下午捕鱼,傍晚从事畜牧,晚饭后从事批判,这样就不会使我老是一个猎人、渔夫、牧人或批判者。"[2] 人不会被束缚在某一个确定的职业之中,而是能够"随自己的心愿"来从事劳动,这种劳动无疑具有偶然性的特征,更多地体现出偶然性时间模式中的当下维度。这种自由的状态也体现出明显的

---

1 黑格尔《法哲学原理》,范扬、张企泰译,商务印书馆,1961年版,第11页。
2 马克思、恩格斯《马克思恩格斯选集(第一卷)》,人民出版社,1995年版,第85页。

审美意味，偶然与审美在这里体现出某种共通性。

之前提到，康德美学中美是把握世界的一种方式，也是偶然的显现方式。关于这一问题，马克思在《〈政治经济学批判〉导言》中曾经提到掌握世界的四种方式："整体，当它在头脑中作为思想整体而出现时，是思维着的头脑的产物，这个头脑用它所专有的方式掌握世界，而这种方式是不同于对世界的艺术精神的，宗教精神的，实践精神的掌握的。"[1]理论、艺术、宗教、实践构成了马克思理解的人掌握世界的四种方式，这四种方式显然植根于从古希腊以来的西方思想传统，有其理论上的渊源。[2]而将艺术理解为掌握世界的一种方式，就意味着它需要以感性和直观的方式将世界上那些纷繁复杂的现象把握为一个"整体"，使得偶然以整体性的方式显现出来。如果说，对人来说世界本身就具有偶然性，那么艺术对世界的掌握就一定包含着如何处理偶然的问题。因此，从偶然的问题着眼，在美是把握世界的方式这一点上康德与马克思实际上存在着彼此对话的可能。

尼采从强力意志的角度来理解整个世界，以此反对所谓必然性。"'自然符合于规律'不是事实问题，不是'原文'，而只不过是对原文意思所作的天真而富于人性的调节和歪曲。"[3]这样来看，世界就是没有目的的，"表面的'目的性'（'无限超越一切人的艺术的目的性'）仅仅是活跃于一切现象中的权力意志的结果"[4]。强力意志的世界就是一个充满偶然性的世界。这时，偶然不再是潜藏在背后需要去克服的存在，而成为世界得以存在的基本原则，也构成了人始终置身于

---

[1] 马克思、恩格斯《马克思恩格斯选集（第二卷上）》，人民出版社，1995年版，第19页。
[2] 亚里士多德关于"理论""实践""创制"的划分就已包含这一区分的雏形。
[3] 尼采《善恶的彼岸》，朱泱译，团结出版社，2001年版，第23页。
[4] 尼采《权力意志：重估一切价值的尝试》，张念东、凌素心译，中央编译出版社，2000年版，第133页。

其中的生存境况。与之前不同的是，这一思想更突出了偶然性时间模式中的"曾在"维度，体现出现代思想在对偶然理解上的新变。尼采的这一思想释放出了偶然之中的潜力，对20世纪的西方思想产生了深刻影响。

存在主义哲学特别注重偶然，萨特在小说《恶心》中对存在的偶然性进行了明确阐述："关键是偶然性。我的意思是，从定义上说，存在并非必然性。存在就是在那里，很简单，存在物出现，被遇见，但是绝不能对它们进行推断。我想有些人是明白这一点的，但他们极力克服这种偶然性，臆想一个必然的、自成动机的存在，其实任何必然的存在都无法解释存在。偶然性不是伪装，不是可以排除的表象，它是绝对，因此就是完美的无动机。一切都无动机，这个公园，这座城市，我自己。"[1] 存在主义哲学的产生当然有其特殊的历史背景，但其对偶然问题的思考实际上已经触及了存在本身的某些特征，具有明确的时间意味，并深刻影响了存在主义美学，开辟出一条独特的艺术和审美之路。

在20世纪解构主义思想中，偶然问题的理论潜力得到了充分释放，德里达的许多重要概念，如游戏、延异、播撒等都具有偶然性的时间意味。在《人文科学话语中的结构、符号与游戏》的著名讲演中，德里达对西方的逻各斯中心主义传统进行了强烈批判，并对"游戏"概念做出了独特的阐释。"存在着一种有把握的游戏：即限制在对给定的、实在的、在场的部分进行替换的那种游戏。在那种绝对的偶然中，这种肯定也将自己交付给印迹的那种遗传不确定性，即其播种的历险。"[2] 游戏作为"绝对的偶然"开启了意义的多元性和不确定

---

[1] 萨特《萨特文集（第一卷）》，施康强等译，人民文学出版社，2000年版，第157页。
[2] 德里达《书写与差异》，张宁译，生活·读书·新知三联书店，2001年版，第524页。

性，解构主义思想就在偶然中开始了语言的历险和意义的狂欢。这一思想更多地强调了人置身于其中的某种既定状态，凸显出偶然性时间模式中的曾在维度，可以看作是对尼采思想的拓展与延伸。

可以看到，偶然问题在康德之后以各种方式显现出来，特别是在20世纪更释放出了巨大的理论潜力，对当代美学思想产生了重要影响。审美所面对的终究是那些特殊的、偶然性的存在，康德美学为我们思考审美中的偶然问题提供了一个颇具潜力的理论范式和时间模式。从某种意义上来说，后来的美学史就是这一时间模式的进一步深化和发展，因此康德美学关于偶然性时间模式的思考仍然具有当下性和现实性，仍然是我们必须去清理和面对的理论资源。

第二节 循环性时间模式

上一章我们分析康德美学中的审美形态时，实际上已经触及康德美学中的循环性时间模式，在康德对美和艺术的分析中均体现出这一时间模式的某些特征。事实上，这一时间模式有着悠久的历史，并与审美活动存在深层次联系。本节我们将在康德美学基础上进一步拓展开来，从西方早期文化出发探索循环性时间模式的基本结构，并分析其与审美活动的深层次关联以及理论意义，以凸显出康德美学中循环性时间模式的思想传统与当代价值。

循环性时间模式是在人类文化早期就出现的一种时间模式，代表了早期人类对世界存在方式的独特理解与把握。循环性时间模式包含着对作为世界的真实存在的整体把握、周期性的循环往复运动、作为时间节点的节日等构成要素，由此形成了相对完整的时间结构，在人类文化发展过程中具有特殊意义,并对审美活动产生了重要影响。因此,从循环性时间模式来透视审美活动也就成为美学研究的一条可能路径,在这方面,康德美学已经进行了有益的尝试。根据这一思路,本节尝试从人类早期文化入手,辨析循环性时间模式的内在结构,在此基础上探究其对当代美学的内在影响,并在现代性的思想背景之下思考循环性时间模式对当代美学的现实意义。

一、循环性时间模式的基本结构

作为人类文化发展过程中最早的一种时间模式,循环性时间模式来自人类早期对自然周期性变化的感知和思考,在古希腊神话中就已经包含着这一时间模式的萌芽。

根据古希腊神话,丰收女神德墨忒尔的女儿,春神珀尔塞福涅被冥王哈得斯掳走。德墨忒尔失去女儿后伤心欲绝,于是大地变得贫瘠荒芜、寸草不生,成为冰冷的荒原。经过宙斯的调解,冥王最终答应,每一年珀尔塞福涅只需在冥界停留六个月的时间,其余时间则可以回到母亲德墨忒尔身边。这样德墨忒尔才能走出悲伤,大地也重新恢复了生机。因此,当一年中珀尔塞福涅回到母亲身边的时候,就是大地上的春季和夏季,而当她停留在冥界的时候,则对应着秋季和冬季。从这个故事中我们可以看到,古希腊人已经对自然周期性的循环变化有了切身的感受,并尝试以神话的方式对此做出解释。

另外,从公元前6世纪起,古希腊还流行着一些神秘宗教,它们构成了希腊古典遗产的另一重要部分。其中奥菲斯教对于我们探讨的问题显然具有重要意义。这一教派尊奉酒神狄俄尼索斯,其教义强调灵魂轮回,即酒神每年都会在冬季去世,到春天复活,以此象征生命对死亡的胜利。因此在每年的收获季节奥菲斯教都会举行特定的仪式，庆祝酒神狄俄尼索斯的再生。在这一过程中，时间显然受到特别重视："奥菲斯教认为，时间是产生一切可知事物的第一因素，因为有时间就有运动变化，就能将原来混沌一片的东西区分开来。"[1]不难发现，这一早期宗教传统已经注意到了时间的重要性：时间的循环变化是形成世界、产生一切事物的根本原因。

可以看到，在古希腊早期的神话与宗教中，已经包含着对时间的深切体认，并尝试从时间来解释整个世界的发展变化。正如叶秀山所指出："早期希腊人以神话方式，将'时间'看做原始混沌在运动中化生一切事物的根本要素，表现了他们对于'时间'的本原性作用的朴素认识。这对后来希腊哲学的时间观也是有影响的。"[2]这种神话式的思维突出了时间的创生作用，将时间理解为促使世界产生、发展和变化的本源性要素。在此基础上，形成了古希腊人从循环性时间的角度理解世界的基本方式。

这种对时间的重视以及关于世界周期性变化的理解之后进入了古希腊哲学之中。前苏格拉底哲学家开始对这种自然的周期性变化从理性角度加以思考，进一步发挥了循环性时间的思想。与之前的神话不同，古希腊哲学思想更多地关注这种周期性的内在规律并力图从理性上加以解释。其中，赫拉克利特对时间的思考值得特别重视。

赫拉克利特首先注意到宇宙演化的必然性与周期性的特点。在赫拉克利特看来，火是万物的本源和世界演化的基础："当世界年自然而然结束其历程时，世界将通过一场大火而复归于火，并在一段固定

---

[1] 叶秀山、王树人总主编，姚介厚著《西方哲学史・学术版（第二卷）》，凤凰出版社、江苏人民出版社，2005年版，第48页。
[2] 叶秀山、王树人总主编，姚介厚著《西方哲学史・学术版（第二卷）》，凤凰出版社、江苏人民出版社，2005年版，第48页。

时间之后，再重新形成，所以，世界是处在一种分化存在的状态与一切事物在原始之火中熔合这二者之间的无穷尽的周期性变化之中。"[1] 这里，赫拉克利特明确指出宇宙的本源是火，正是火的循环变动带来了世界的周期性变化，即从结束（复归于火）到重新形成。因而世界的演化具有一定的秩序和确定的周期，并且遵循着不可避免的必然性。对这一点，尼采在论到赫拉克利特的时候有着更为简明的阐释："他像阿那克西曼德一样相信，世界是周期性重复衰亡的，并且从毁灭一切的世界大火中，不断有另一个世界重新产生。"[2] 而正是在世界的这种周期性变动之中，包含着循环性的时间意识。

因此，当赫拉克利特说"时间是个玩跳棋的儿童，王权执掌在儿童手中"[3]时，他实际上是以一种形象化的方式表现出对时间的深刻思考——时间就像一个玩跳棋的儿童，既可以推倒棋盘上的一切，也可以使棋局重新开始。在这里时间显然具有了掌控一切、决定一切的力量。

更值得注意的是，赫拉克利特明确提到了时间的三个维度，即过去、现在与未来。按赫拉克利特的表述，宇宙"过去是、现在是、将来也是一团永恒的活生生的火，按照一定的分寸燃烧，按照一定的分寸熄灭"[4]。这一广为流传的箴言告诉我们，宇宙不仅仅是某种本原的、动态的存在（火），而且这种存在会具体显现为时间性的"过去""现在"和"将来"。因此，时间与存在在本源上就是一致的。时间就是存在的显现，存在本身就是时间性的。同时，时间的延展与

---

[1] 策勒尔《古希腊哲学史纲》，翁绍军译，上海人民出版社，2007年版，第49页。
[2] 尼采《希腊悲剧时代的哲学》，周国平译，北京联合出版公司，2014年版，第78页。
[3] 苗力田编《古希腊哲学》，中国人民大学出版社，1989年版，第51—52页。
[4] 苗力田编《古希腊哲学》，中国人民大学出版社，1989年版，第38页。

存在的演化也包含着某种内在的规律（"一定的分寸"），这种规律和秩序同样既是存在性的，也是时间性的。

事实上，不仅赫拉克利特，这种循环性的时间模式在古希腊思想和哲学中具有普遍性，正如有学者指出："我们在希腊思想中发现了把时间说成是循环的或重复的许多不同观念。"[1] 这些观念具体包括荷马的年的复归的思想、毕达哥拉斯的灵魂转世学说、索福克勒斯的悲剧、恩培多克勒的宇宙循环论以及柏拉图关于天体运行周期的思想等等，由此也反映出循环性时间模式在古希腊世界中的深刻影响。

对于古希腊思想中循环性时间模式普遍存在这一现象，洛维特将其归结为古希腊人的世界观："根据希腊人世界观，一切事物的运动都是向同一种东西的永恒复归；此时，产生程序返回到它的起点。这种观点包含着一种关于宇宙的素朴理解，它把关于时间中的变化的认识和关于有周期的合规律性、持存性和不变性的认识统一起来。"[2] 这样看来，对古希腊人来说，循环性的时间模式就不仅存在于某个人的思想之中，而是具有普遍性的主流思想观念。古希腊人由此将时间理解为一种合规律的周期性循环运动，并以此来理解和把握整个宇宙和世界。在这种时间观念的影响下，世界之中的任何事物、事件、行动，甚至宇宙本身都被纳入了一个循环性的运动体系之中，并由此得以理解。

另一点值得注意的是，循环性时间模式中总是包含着一个特殊的存在现象，即节日，其基础则是两种时间的区分。

---

[1] 路易·加迪等《文化与时间》，郑乐平、胡建平译，浙江人民出版社，1988年版，第166页。

[2] 洛维特《世界历史与救赎历史：历史哲学的神学前提》，李秋零、田薇译，生活·读书·新知三联书店，2002年版，第8页。

按照伊利亚德的分析，循环性时间模式中存在着两种时间，即世俗时间和神圣时间。相对于世俗时间所面对的日常生活，神圣时间作为源初的时间则展现出面对存在本身的源初经验，它"可以无限制地重新获得，也可以对它无限制地重复"[1]。具体来说，在时间的循环运动之中，总是存在着某个特殊的节点，即节日。正是通过节日的周期性出现，人们才能在这一特殊时刻摆脱世俗时间所呈现的日常生活，展示出完全不同的存在样态和可能。因而节日就成为两种存在方式和时间模式彼此区分的节点，其中所展现的恰是面对存在本身的源初经验。也就是说，定期出现的节日，能够使人们"从自己的历史中走出来——即他们从由世俗的个体和个体内部中的事件总体所构成的时间中超脱出来，重新回归到原初的时间"[2]。正是在这个作为节日的时间节点之中，神圣时间才能够突破日常经验的连续性，实现复返与回归。因此节日就是神圣时间的表征和现实化。

对于古希腊人来说，节日同样表征着两种时间的区分。据有学者考证："公元前5世纪时，雅典人已有尊敬诸神或庆祝一年中各种重大事件的复杂而又详尽的节期。不同的节日以不同的方式表明了在'渎神的'或'世俗的'时间与'神圣的'时间（'节日'或'假日'）之间的区别。"[3] 当时的各种节日固然在内涵和意义上有所不同，但均明确体现出两种时间的区分，即世俗的时间和神圣的时间。而且，正是节日年复一年的重复出现认可并强化了神圣时间的存在和显现。

可以看到，节日代表的是日常世俗时间中的非连续性，是"神圣

---

[1] 伊利亚德《神圣与世俗》，王建光译，华夏出版社，2002年版，第33页。
[2] 伊利亚德《神圣与世俗》，王建光译，华夏出版社，2002年版，第45页。
[3] 路易·加迪等《文化与时间》，郑乐平、胡建平译，浙江人民出版社，1988年版，第152页。

的"时间或"真正的"时间的显露和回归。正是通过节日，时间的循环才得以实现。这样，节日庆祝活动就具有了特殊的时间性内涵，是对"神圣的"时间或"真正的"时间的欢呼与庆贺。因而这种节日庆祝的时间体验其实也是一种存在体验，是对本源性的、真正的存在的体验。

根据以上研究，我们可以大致描画出循环性时间模式的基本结构。

首先，时间作为宇宙和世界的存在方式。整个宇宙和世界是动态的、无限的、整体性的存在，体现出周期性的运动。在运动之中，重要的不是某种不变的本质，而是循环运动的方式。循环性时间体现的就是这种动态的存在，是对处于周期性运动中的世界的整体性把握。

其次，循环性时间包含着循环往复的周期性。在这种循环往复的运动之中，没有确定的终点，过去、现在、未来之间也没有明确的区分，或者说并不强调这种区分。因此当下并不具有孤立的意义，其中总是隐含着过去与将来。

最后，节日作为节点，体现着神圣与世俗两种时间的"延续性的中断"，由此实现了时间的复归，并展现出存在本身或真正的存在。

总体来看，循环性时间模式具有时间性上的完整性，但其对于宇宙周期性运动的强调显然突出了曾在的时间维度，这也构成了循环性时间模式的独特性。这种时间模式我们在康德美学中同样可以看到。

二、循环性时间模式与审美活动

以上我们描画出了循环性时间模式的产生、表现及其基本结构。从当代存在论的视野来看，时间性问题与审美问题密切相关。事实上，作为人类最早的时间模式，循环性时间模式对于审美活动的发生和发展等问题都具有深刻影响，并在深层次上影响和规定着康德美学以来西方现代美学的表现形态及其理论结构。因此，从循环性时间模式来探讨审美问题就具有了理论上的必要性与可行性。具体来说，循环性时间模式对于审美活动的发生、审美活动的内在机制以及审美活动的最终指向等问题均有基础性的影响，下面我们将结合康德美学从这三个方面展开具体分析。

首先，上文已经指出，循环性时间模式包含着一个重要的时间节点，即节日。正是在节日之中，体现出某种不同于世俗时间的时间状态，实现了时间的回返和存在的显现。在审美活动中，恰恰也创造出一种不同于日常经验时间的审美时间，因而审美活动相对于日常经验活动，就类似于作为时间节点的节日。同时，作为节日的审美，也同样凸显出审美活动不同于日常生活的独特存在。

康德在对崇高的分析中，特别强调了审美判断的瞬间性，即崇高的情感"是通过对生命力的瞬间阻碍、及紧跟而来的生命力的更为强烈的涌流之感而产生的，所以它作为激动并不显得像是游戏，而是想像力的工作中的严肃态度"[1]。这种瞬间显然不同于日常经验状态，在这个意义上，康德美学中的崇高无疑具有节日的属性。

事实上，节日与审美的内在关联本身就是现代美学的一个重要论题，尼采在对酒神节日的论述中对此进行了明确说明。

在《悲剧的诞生》中，尼采通过对悲剧和酒神节日狂欢的分析追溯了希腊悲剧的起源，并从中引出对审美问题的思考。悲剧在尼采那里具有形而上学的意义，与整个宇宙相关联："尼采把宇宙看作是一

---

1 康德《判断力批判》，邓晓芒译，人民出版社，2002年版，第83页。

出悲剧。从这一视角出发，他认为悲剧作品就是理解宇宙本质的钥匙。古典悲剧的美学理论正是以这种方式揭示了整体存在的本质。"[1] 悲剧源于古希腊的酒神祭祀，而酒神节日总是发生于一年中的特定时刻，在节日祭祀活动中也会开启出一种完全不同的存在状态（时间状态）。具体来说，酒神祭祀活动中，"在酒神的魔力之下，不但人与人重新团结了，而且疏远、敌对、被奴役的大自然也重新庆祝她同她的浪子人类和解的节日。……人不再是艺术家，而成了艺术品：整个大自然的艺术能力，以太一的极乐满足为鹄的，在这里透过醉的战栗显示出来了"[2]。按尼采的理解，酒神节日包含着某种神秘的"魔力"，它弥合了人与人、人与自然之间的距离和裂隙，这既是一种完全不同的存在状态，又是一种具有艺术内涵的独特的审美状态。很显然，尼采在这里特别突出了节日作为时间节点与审美的内在关联，或者说，审美恰恰从这一特殊的时间节点才获得了自身的内在规定性。尼采也正是在此基础上展开他对悲剧问题的一系列思考。这一思想对我们思考审美的时间性问题无疑具有重要启发。

同样聚焦于节日的审美问题，巴赫金诗学中关于中世纪狂欢节的思考无疑也具有类似的意义。在巴赫金看来，中世纪狂欢节本身就有古希腊罗马农神祭祀的渊源。在狂欢节之中，人们打破了日常生活中严格的等级、地位限制，所有人都平等相待、相互戏谑，进入某种狂欢化的特定情境之中。狂欢节中显现出不同于日常经验时间的循环性时间模式，"节庆活动永远与时间有着本质性的关系。……死亡和再生、交替和更新的因素永远是节庆世界感受的主导因素"[3]。同时也具

---

[1] Eugen Fink, *Nietzsche's Philosophy*, Translated by Goetz Richter, London: Continuum, 2003, p. 13.
[2] 尼采《悲剧的诞生：尼采美学文选》，周国平译，上海人民出版社，2009年版，第92页。
[3] 巴赫金《巴赫金全集（第六卷）》，钱中文译，河北教育出版社，2009年版，第10—11页。

有独特的审美意味，或者说，在这一时刻，存在本身就是审美性的。用巴赫金的话来说："在狂欢节上是生活本身在表演，而表演又暂时变成了生活本身。"[1] 由此凸显出狂欢节与循环性时间的内在关联，正是在此基础上巴赫金形成了狂欢化诗学的美学思想。

从节日作为特殊的时间节点这一思想出发，海德格尔进一步用存在论的语言描述了艺术跳脱连续性经验时间的特殊性，以此阐释艺术的发生。在他看来，"艺术是使存在者之真理在作品中一跃而出的源泉"[2]。这种"一跃而出"，海德格尔称之为"绽出"（Ekstase），其本身就具有时间性的意味。在对荷尔德林的诗的阐释中，海德格尔更明确提到了节日。在他看来，节日是欢庆的日子，在其中"异乎寻常的东西开启自身，而且惟在作诗中（或者与之鸿沟相隔，在它那个时代的'思想'中）开启敞开者"。"这种日子不同于日常生活的无光彩的灰暗，乃是光亮的日子。"[3] 这里，"光亮的日子"描述的就是不同于经验时间的本源时间，就是循环性时间模式中的"神圣时间"，就是那"异乎寻常的"存在本身的"绽出"与开启，而这种开启就具体体现为作为节日的艺术的发生。

伽达默尔延续了这一思路。在《美的现实性——作为游戏、节日、象征的艺术》的著名讲演中他进一步强调了节日与审美活动的内在关联。在那里伽达默尔同样区分了两种时间，即"正常的实用的时间"和"实现了的"或"属己的时间"[4]，前者对应的是日常的经验时间，后者则是属于人的生命本身的时间，并在此基础上分析了艺术的

---

1 巴赫金《巴赫金全集（第六卷）》，钱中文译，河北教育出版社，2009年版，第9页。
2 海德格尔《海德格尔选集（上）》，孙周兴选编，上海三联书店，1996年版，第298页。
3 海德格尔《荷尔德林诗的本质》，孙周兴译，商务印书馆，2000年版，第122页。
4 伽达默尔《美的现实性——作为游戏、象征、节日的艺术》，张志扬译，生活·读书·新知三联书店，1991年版，第69—70页。

时间与节日的属己时间之间的内在关联，或者说，是从节日的属己时间来阐释艺术的时间。而在《真理与方法》中，伽达默尔明确指出，节日的时间就是一种独特的现在，其中所呈现的就是"某个向我们呈现的单一事物，即使它的起源是如此遥远，但在其表现中却赢得了完全的现在性"[1]。节日的现在就是当下呈现的真实，就是打破经验时间连续性的属己时间的显现。也正是在作为节日的现在之中，艺术赢获了其超越经验时间连续性的真实存在。

总体来看，作为节日的审美，突出了审美活动与日常经验的区别，即审美活动不是现成的，而是当下生成或"绽出"的。同时，这种当下生成或"绽出"体现出时间上的源初性，以一种独特的现在呈现出审美的真实存在。

其次，作为循环性时间模式的重要体现，在作为节日的审美的当下或现在之中总是包含着循环往复的内在运动，这一运动既体现在审美活动独特的存在方式之中，也会体现在审美经验之中，从而展现出循环往复的时间模式。这种时间模式也构成了审美活动的内在机制。

在上一章对康德"美的分析"的研究中已经指出，在康德对美的分析中包含着循环往复的时间特性，因而"愉快本身毕竟有其原因性，即保持这表象本身的状态和诸认识能力的活动而没有进一步的意图。我们留连于对美的观赏，因为这种观赏在自我加强和自我再生：这和逗留在一个对象表象的刺激反复地唤醒着注意力、而内心却是被动的那种情况中是类似的"[2]。这种"保持""留连""反复唤醒"凸显出审美活动循环往复的时间特性。

---

[1] 加达默尔《真理与方法（上卷）》，洪汉鼎译，上海译文出版社，1999年版，第165页。
[2] 康德《判断力批判》，邓晓芒译，人民出版社，2002年版，第58页。

伽达默尔对此有进一步分析。在他看来，艺术有着自己特有的时间结构，并尝试从节日和游戏的角度理解艺术。并非偶然的是，这二者恰都具有不断重复的特性，由此体现出伽达默尔美学思想中的时间性特质。

从节日的角度来看，节日当然会不断重复，但节日的不断重复既不是某个之前节日的同等复现，也不是要产生出一种与之前节日完全不同的东西，也就是说，"重返的节日庆典活动既不是另外一种庆典活动，也不是对原来的庆典东西的单纯回顾"[1]。从这一角度出发，对艺术作品的阐释和理解也就具有了独特的意义：与节日活动类似，对艺术作品的理解既不是之前已有意义的简单重复，也不是与之前理解毫无关系的体验和思考。这样来看，作为艺术经验的重复显然具有类似于节日的独特的时间结构。

游戏是伽达默尔阐释艺术时所使用的另一重要概念，在其关于游戏的论述中也具有明确的时间意识。按照伽达默尔的解释，游戏"总是指一种不断往返重复的运动"，并在不断往返重复中更新自身，这构成了游戏的"本质规定"。[2]而审美行为"本质上属于作为游戏的游戏"[3]。这样，我们就可以从游戏的角度审视审美活动，揭示出审美活动所包含的不断往返重复的内在运动。很显然，节日、游戏都强调了审美活动所具有的不断往返重复的特性，并由此展现出审美活动中的循环性时间模式。

当然，正如伽达默尔所说，无论节日还是游戏的重复绝非同一事物的简单复现，而是在一次次的重复中不断生发出新的内涵。从这一

---

1 加达默尔《真理与方法（上卷）》，洪汉鼎译，上海译文出版社，1999年版，第159页。
2 加达默尔《真理与方法（上卷）》，洪汉鼎译，上海译文出版社，1999年版，第133页。
3 加达默尔《真理与方法（上卷）》，洪汉鼎译，上海译文出版社，1999年版，第151页。

角度来看，在审美活动中，艺术作品意义的产生也需要借助不断重复的审美经验，但这种审美经验的重复同样不是之前审美经验的简单复现，而是在循环运动之中不断呈现出新的内涵。这样的时间模式显然为传统的循环性时间观念增添了某些新的东西：循环不再是向着某个同一性存在的简单回返，而是在不断回返的过程中产生出某种新的东西，也就是说，这时的循环往复具有了自我更新的开放性机制。这对于我们重新理解审美活动及其意义的产生无疑具有重要启发。

另一方面，就审美经验来说，这种循环性时间同样体现为某种内在运动，即审美经验中的持续逗留与回味。

伽达默尔已经指出，每件艺术品都包含着自己内在的时间结构，从而在审美活动中展现出独特的审美经验。例如，在面对作为艺术的建筑物时，"人们必须走到那里去并且走进去，必须从那里走出来，必须在那里兜圈子，必须一步步地去游览，去获取这个构成物向那些为了自己的生命感及其升华而来的人所预示着的东西"[1]。在对建筑物的欣赏中，我们必须"兜圈子"，这是一个很有意味的表述。"兜圈子"即逗留在某个地方，但又不是静止地停留，而是围绕某个东西不断地往返运动，而且只有在"兜圈子"之中才能获得和领会艺术的真实存在。很显然，这种"兜圈子"的逗留对于审美活动来说具有关键性的作用。因为正是在这种逗留之中我们才可能摆脱日常经验时间的线性流逝，从而在不断回返运动之中体现出循环性的时间意味。因此，"与艺术感受相关的是要学会在艺术品上作一种特殊的逗留，这种逗留的特殊性显然在于它不会成为无聊。我们参与在艺术品上的逗

---

[1] 伽达默尔《美的现实性——作为游戏、象征、节日的艺术》，张志扬译，生活·读书·新知三联书店，1991年版，第76页。

留越多，这个艺术品就越显得富于表情、多种多样、丰富多彩。艺术的这种时间经验的本质就是学会逗留，这或许就是我们所期望的、与被称为永恒性的那种东西的有限的符合吧[1]。这里的"逗留"显然不是简单的停留，而是在"逗留"的过程之中不断经验到艺术的丰富性，或者，我们可以称之为"回味"。当然，"回味"也不是简单地"回返"到之前之"味"，而是在回返之中不断进行自我更新的生发性过程。正是在逗留和回味的过程之中，也即在循环性时间之中，艺术品才能呈现出其无限丰富的内涵与意义。

由此看来，循环性时间中包含着对审美活动和审美经验的独特理解，它既会体现为审美活动的不断重复，也会体现为审美活动中审美经验的持续逗留与回味。因此，审美活动从来就不是静止的、凝固的，它既是一个不同于日常生活的特殊节点，也是一个包含着内在循环往复运动的完整过程。在这一过程中，重要的不是某种确定的终点或意义，而是运动本身，并通过这一运动揭示出某种动态的、整体性的存在。

最后，循环性时间模式中也包含着对审美活动意义的独特理解。之前提到，节日的循环往复过程展现出来的是属己的、神圣的时间，这种神圣时间呈现出不同于日常经验生活的存在本身，这一存在无法用概念化、逻辑化的语言进行描述。顺着这一思路，审美活动通过自身的内在运动同样指向了真实的存在，也就是说，在审美活动的不断循环、回返之中，在审美经验的不断地逗留、回味之中，最终展现出那无法言说的真实存在。这就是海德格尔所说的"艺术作品以自

---

1 伽达默尔《美的现实性——作为游戏、象征、节日的艺术》，张志扬译，生活·读书·新知三联书店，1991年版，第76页。

己的方式开启存在者之存在"[1]，因而审美经验"就是一种关于存在的经验，它体现在一种确定的、但却非概念化的方式之中"[2]。这样来看，审美过程对于存在的显现就显得尤为重要。

康德显然注意到了审美活动中的过程性。他指出："想像力可以自得地合目的地与之游戏的东西对于我们是永久长新的，人们对它的观看不会感到厌倦。"[3]这种对审美过程本身的重视，在当代美学中多有体现。俄国形式主义美学在这方面的思想值得特别关注。俄国形式主义美学的代表人物什克洛夫斯基认为："艺术的手法就是使事物奇特化的手法，是使形式变得模糊、增加感觉的困难和时间的手法，因为艺术中的感觉行为本身就是目的，应该延长；艺术是一种体验事物的制作的方法，而'制作'成功的东西对艺术来说是无关重要的。"[4]这种关于艺术手法中"奇特化"或者说"陌生化"的思想，突出了文学语言与日常语言的不同，强调了文学语言不应一下子就导向某种确定的概念或意义，而应当让人们更多地停留在审美过程与审美情境之中。由此，俄国形式主义对审美过程的重视，最终所要达到的目标就是"让石头石头起来"，即展现出事物的真实存在。

对审美过程的重视实际上还隐含着对审美活动的意义的独特理解。正因为审美过程是循环往复的内在运动，因而这一运动并不指向某个确定的终点，而是始终停留在运动本身。根据上文分析，这种循环往复的运动不是简单的重复，而是包含着自我更新的内在机制。这

1　海德格尔《海德格尔选集（上）》，孙周兴选编，上海三联书店，1996年版，第259页。
2　Kristin Gjesdal, *Gadamer and the Legacy of German Idealism*, New York: Cambridge University Press, 2009, p. 42.
3　康德《判断力批判》，邓晓芒译，人民出版社，2002年版，第80页。
4　托多罗夫编选《俄苏形式主义文论选》，蔡鸿滨译，中国社会科学出版社，1989年版，第65页。

也就意味着,审美活动将会体现出不断生发的无限意味:因为循环是没有终点的,因而永远不会达到一个确定的意义;因为专注的是过程本身,因而审美活动总是徘徊于审美过程,持续逗留,反复回味;因为是循环性的、自我更新的过程,因而审美活动能够不断深化,不断创造出、涌现出新的意义。

在当代美学中,接受美学特别思考了审美活动中意义的无限性。姚斯对文学作品的存在方式及其意义有着恰切说明:"一部文学作品并不是一个独立存在的并为每一时代的每一读者都提供同一视域的客体。它不是一座自言自语地揭示它的永恒本质的纪念碑。它倒非常象一部管弦乐,总是在它的读者中间引出新的反响,并且把本文从文字材料中解放出来,使之成为当代的存在。"[1]很显然,正是由于停留在审美活动之中,驻足于与读者的对话之中,文学作品才能以开放性的姿态不断呈现出其当下性的存在、显现出无限的意义。

以上我们结合康德美学简要分析了循环性时间模式对于现代美学的影响及意义。可以看到,这一影响实际上涉及审美活动的显现方式、内在机制及其意义等问题,由此也反映出循环性时间模式在现代美学发展过程中的基础性作用以及康德美学的方法论意义。

首先,作为节日的时间节点构成了审美活动的显现方式。也就是说,审美活动总是以一种不同于日常经验生活的方式,以一种作为特殊时间节点的当下和具体的方式显现出来。这一时间节点打破了日常经验生活的连续性,形成了自身独特的时间性内涵和存在方式。

其次,循环往复的内在运动构成了审美活动的内在机制。这一内在运动既体现为审美活动的不断循环与自我更新,也体现为具体审美

---

[1] 胡经之、张首映主编《西方二十世纪文论选(第三卷 读者系统)》,中国社会科学出版社,1989年版,第154页。

经验中的逗留与回味。由此展现出审美活动的整体性存在。

最后，审美过程及其无限意味构成了审美活动意义的存在状态和最终指向。如上所述，审美活动的整个过程包含着循环往复的内在运动，这一运动具有自我更新的内在机制。由此看来，审美过程本身就成为审美活动所指向的目标，同时在这一过程中也体现出审美活动所展现出的无限意味。而且，正是这种审美的无限意味呈现出了那无法用概念化的语言进行言说的真实存在。

三、循环性时间模式的审美意义

可以看到，康德美学中包含着循环性时间模式，这一时间模式在西方文化中有着悠久的渊源，对审美活动也具有基础性的影响。当然，循环性时间模式并不是唯一的一种时间模式，甚至在现代也不是一种主流的时间模式。线性时间观念在现代已经占据了主流地位。那么，在这一背景下，以循环性时间模式为基础的审美在现代世界中究竟具有怎样的意义，就成为值得我们进一步思考的问题。

之前已经指出，循环性时间模式产生于人类文化早期。但是随着基督教的兴起，末日审判的观念开始将时间的走向引向了一个确定的终点，时间遂呈现为一个朝向一个特定终点不断演进的过程，由此产生了末日论的时间观。17世纪以来，启蒙和现代科学的发展虽然摆脱了中世纪宗教思想的束缚，但现代思想实际上却继承了基督教的线性时间观念，形成了所谓现代性的时间观念。因此，"现代性的时间性的独特结构可以看作源自基督教的不可逆转的时间概念和对与之相应的永恒概念所做的批评的组合"[1]。随着时间观念的变化，人们对

---

[1] 奥斯本《时间的政治：现代性与先锋》，王志宏译，商务印书馆，2014年版，第26页。

世界的理解也发生了变化。历史地看，这种线性时间观念不仅催生出了当代巨大的文化成就，同时也给现代人带来了一系列令人困扰的问题。在面对这些问题的时候，以循环性时间观为基础的审美也许能够为我们提供某些借鉴与启示。

首先，现代线性时间观念的一个重要特征就是不断求新，追求不断进步，"新"似乎成了现代的标志性特征，"越是新的，就越是现代的。它为一种进步主义和发展主义欲望所主宰"[1]。这种线性时间观念一方面强调了不断向前的时间指向，另一方面强调永远不会停留在任何既定状态之中。歌德的"浮士德"身上所展现的那种不断追求、不愿停留、永不满足的状态恰恰是现代人的典型特征。这种永不止步的前进状态构成了现代世界不断进步的思想基础。但是，由此带来的问题是，它使人总是处于不断消逝的一个又一个瞬间之中，而这种不断消逝的瞬间恰恰是当下即逝、无法把握的。在这一过程之中，对进步的追求使人需要不断地告别过去、摆脱过去、超越过去，但同时与未来又存在着根底上的隔膜，因为未来恰恰只有是不可达到的才能作为未来而存在。从时间性的角度来看，这种不断求新的状态带来的恰恰是各个时间维度彼此之间的疏离与时间性本身的分裂，人的生存由此也呈现为片段化、零散化的状态。与之相比，审美活动中循环往复的时间模式恰恰保存了时间与人的生存的完整性。作为现在的时间节点不再是不断消逝的瞬间，而是融汇了过去与未来的完整存在。在这个意义上，审美活动在现代性的思想背景中就具有重建和恢复人的完整存在的特殊意义。但还需要看到，现代美学不仅仅是对现代性问题的反思，它的兴起恰恰又具有现代性本身的内涵，即力图在感性或审美

---

[1] 汪民安《现代性》，南京大学出版社，2012年版，第6页。

的基础上重构人的生存。因此,在现代性的思想背景中,循环往复的时间模式既作为人类早期的文化成果对当下具有借鉴意义,但同时,这一时间模式的复兴与出现本身又具有现代文化的特性。这一点对于我们理解审美及循环性时间模式在现代的复杂性具有重要意义。

其次,当宗教所提供的终极价值消解之后,"上帝之死"带来了价值缺位的状态。同时,现代科学技术作为工具理性也无法承担起终极价值的思考。毋宁说,技术恰恰使得思想成为不可能。正如海德格尔所指出,现代技术世界总是会遮蔽自身的意义,因而,"与计算性的规划和发明的最高的、最富有成效的敏感和对深思的冷漠状态结伴而来的,将会是总体的无思想状态"[1]。这样,在一切不断变动、消逝之中,带来的就是现代虚无主义。特别是在20世纪后期的思想氛围中,虚无主义似乎已经成为时代的宿命,由此对虚无主义的反思也从多个方面展开并不断深入。在这一过程中,现代审美活动实际上已经从不同的方面包含了对虚无主义的诊断、分析与对治。

上文提到,从循环性时间模式来看,审美活动是一种完整、自足的活动,其自身就包含着其存在的理由与根据,或者说,其自身的存在就包含着其存在的意义。在这一点上,审美活动无疑为我们审视现代虚无主义提供了一个适当的理论切口。因此,在现代的背景之下,"审美性乃是为了个体生命在失去彼岸支撑后得到此岸的支撑"[2]。具体来看,现代美学思想对虚无主义问题的回应以及对个体生命的"此岸支撑"典型地体现在现代审美乌托邦思想之中。

在现代美学中,康德对上帝的暧昧态度也许已经预示了现代虚无

---

[1] 海德格尔《海德格尔选集(下)》,孙周兴选编,上海三联书店,1996年版,第1241页。
[2] 刘小枫《现代性社会理论绪论》,上海三联书店,1998年版,第301页。

主义的发端[1]，而他在第三批判中力图以审美沟通自然与自由两大领域以实现理论体系的完整，也已经体现出审美乌托邦思想的端倪，特别是其中对审美活动的分析更透露出循环性时间模式的隐秘消息。之后，席勒则在《审美教育书简》中详细分析了现代人所面临的核心问题，即社会的分裂及人性的扭曲，并力图以审美化的"游戏"进行对治。这一思想成为审美乌托邦思想的现代起源。值得注意的是，席勒的游戏概念之中同样包含着循环性时间的内涵。另外，《悲剧的诞生》中尼采细致解读了古希腊悲剧精神及其衰亡，并由此展开对现代文化的分析，如认为歌剧这种典型的现代艺术形式是音乐理性化之后的结果，是悲剧精神衰亡的表征等等。针对这一状况，尼采期望音乐的再生即重新回返到酒神的状态之中，这种状态"不断向我们显示个体世界建成而又毁掉的万古常新的游戏"[2]，这种游戏的状态实际上也具有循环性时间的意味。

不难发现，这种以审美的方式试图解决现代虚无主义问题的思路，使得审美具有了理想化的品格，从而形成了现代审美乌托邦思想，而这一思想的根底处则体现出循环性的时间模式。

最后，上文提到线性时间基础上的现代虚无主义与生存的零散化、片段化，落实到主观心境上，其典型表现则是现代人生存中的漂浮感与无力感。

如上所述，"现在"的不可把握、最高价值的缺失构成了现代的

---

[1] 例如，在《实践理性批判》的三大理念中，自由才是根本性的，上帝和灵魂不朽只是由此导出的理论预设。在《单纯理性限度内的宗教》中，也将上帝规定为保证"至善"得以可能的条件。这些思想实际上悬置了上帝存在的问题，体现出康德关于上帝的思想与传统宗教观念的不同。

[2] 尼采《悲剧的诞生：尼采美学文选》，周国平译，上海人民出版社，2009年版，第182页。

典型表征，而这些都或多或少使现代人在生存之中体验到某种漂浮感与无力感。具体来说，这种漂浮感与无力感存在于叔本华所描述的痛苦和无聊之中，存在于波德莱尔所勾画的城市"浪荡子"形象之中，存在于本雅明在《发达资本主义时代的抒情诗人》中所描述的"游手好闲"与"震惊"之中，存在于萨特、加缪所聚焦的荒谬感之中，也存在于詹姆逊在蒙克的画作《呼喊》中所体验到的"焦虑"之中——正如詹姆逊所说，"《呼喊》可说是当年所谓'焦虑的岁月'的典型，它标志了现代人的时代情绪"[1]。所有这些都是漂浮感与无力感的具体表征。进一步来看，这种情绪在其根底上均源于现代的线性时间观念。在线性时间观念之下，我们总是处于不断向前、唯恐稍许迟缓的压力之下，总是处于唯恐滞留于当下的惶恐与焦虑之中。因此，现代生活根底上包含着一种缺乏根基的漂浮与无力，对未来的无力，意味着我们唯恐不能实现对未来的期望；对当下的无力，意味着总是害怕滞留于无法把握的当下之中；对过去的无力，表征着对过去无法改变的无奈与遗憾。

上文提到，审美经验中包含着反思与回味，这种反思与回味不再指向一个无法达到的未来，不再恐惧当下的消逝，不再怀有对过去失落的遗憾。相反，它的自足的存在、无限丰富的意味恰恰能够给我们提供一个稳妥的、值得依赖的精神依托。在这个意义上，审美活动中循环性的反思与回味恰可以缓冲和消解现代性的漂浮感与无力感，能够使人们摆脱日常的匆忙与沉沦，发现和体悟生活中那真实的存在和存在的真实。

---

[1] 詹明信《晚期资本主义的文化逻辑》，张旭东编，生活·读书·新知三联书店，1997年版，第442页。

可以说，现代世界之中，与主流时间观念的差异使得审美始终处于边缘化的地位。但是，面对现代性的问题，审美或许能够使我们有机会重新寻获存在的基础与本源，并为反思现代文化提供某些参照和借鉴。在这一过程中，审美能够承担这一功能绝非偶然，循环性的时间模式显然在其中发挥着基础性的作用。由此看来，循环性的时间模式不唯在人类早期文化中具有重要意义，在现代语境中更以美学的方式表征着审美与时间问题的内在关联，显现出其当下性和现实性。在这一意义上，康德美学中的循环性时间模式显然就为我们从时间的角度反思现代美学问题与现代思想提供了重要的理论资源。

第三节　目的性时间模式

目的论思想在西方有着漫长的历史，从古希腊开始就深刻影响着人们对宇宙及自身行动的认识。这一思想在康德美学中同样有所体现。《判断力批判》中"审美判断力批判"之后就是"目的论判断力批判"，由此不难发现二者的内在联系。目的论思想本身就具有其内在的时间结构，由于康德美学中的目的并不是一个实际的存在，而是在"无目的的合目的性"中作为"不在场的在场"，因而其中的时间模式就不是目的论意义上的，而是目的性的时间模式。

一、目的论的时间结构

目的论思想本身在西方思想传统之中也经历了一系列发展和变化。有学者指出，目的论思想从古希腊到康德时代大致经历过三种形态转变，即古希腊的自然目的论、中世纪的神学目的论以及康德哲学中的目的论。[1]

古希腊时期，柏拉图的思想中已经包含着目的论思想的萌芽，到亚里士多德则建立起一个系统的目的论体系。亚里士多德的telos即"目的""终点"，包含着完美性、完整性等含义。目的就是事物发展的终点和结束，事物追求目的就是这种完整性和完美性。但并非所有的终结和结束都是目的，对亚里士多德来说，"须知并不是所有的终结都是目的，只有最善的终结才是目的"[2]。因此，世间万物的发展有着一个确定的目的，即善。

目的虽然是事物发展的终点，但并非在最后才出现和发挥作用。正是有了目的的引导和推动，事物才会向着某个确定的方向发展。这就构成了亚里士多德所说的"目的因"。因此，目的因是"一切事物所企向的终极与本善；为有此故，世间万物都有了目的而各各努力以自致于至善"[3]。"善"是事物运动和人的行为所要达到的目的。因为它不仅是事物所为了的目的，也是某种行为所为了的目的。从这一意义上来说，目的其实又是先于事物的，是事物获得其存在的原因和条件。

亚里士多德的自然目的论提供了一种理解自然和人的行动的方式，即认为自然始终是向着一个特定终点在不断运动，在这一运动之中，所有事物都处在不断完善的过程之中。亚里士多德认为时间就是前后运动的数，而宇宙又是向着一个确定目的不断运动的。很显然，目的之中就包含着一个有确定指向的时间过程。在这种观念之下，万物井然有序地向着最终的目的（善）不断前进和发展。因而其中体现

---

1 王平《目的论的谱系及其历史意义：从古希腊到康德》，《兰州学刊》，2011年第12期。
2 亚里士多德《物理学》，张竹明译，商务印书馆，1982年版，第48页。
3 亚里士多德《形而上学》，吴寿彭译，商务印书馆，1959年版，第87页。

出目的论的时间观念。

另外，在古希腊的语境之中，"自然"本身具有"生长""涌现"等意义，因此自然本身就是时间性的存在。从存在论的角度来看，正是这种存在的时间性使得自然能够呈现为一个过程，也才能够对这种运动进行前后计量。

实际上，亚里士多德的思想之中已经包含着存在论的因素。在亚里士多德看来，任何事物都是处于由潜能到实现的过程之中，因此，"运动是潜能事物作为能运动者的实现"。而在这一过程之中，"运动进行的时间正是潜能事物作为潜能者实现的时间"[1]。运动是事物实现、作为该事物存在的过程。这一实现的过程就是时间性过程。因此，时间与存在在这里是密切相关的。存在是时间性的存在，时间也是存在性的时间。存在的涌现就是时间。

可以说，亚里士多德关于自然是对善的目的的追求，对事物作为运动的存在的理解，对目的论作为整体思想体系的认知，对时间在事物存在过程中的重要地位的思考，都对康德思想产生了重要影响，也为我们理解康德美学中目的性时间模式提供了重要参照。

基督教兴起对西方思想传统产生了深刻影响，一度成为西方主流的思想形式。在基督教的思想中同样包含着目的论的思想，目的即最终的救赎，一切都是为了最终天国的降临。天国的观念为世界规定了一个最终的目的，由此来理解事物的生成、发展及彼此之间的关系。

奥古斯丁是基督教思想的重要代表人物。在对《圣经》的解释中，奥古斯丁发展出了一套宇宙目的论的思想，认为宇宙的秩序根源

---

[1] 亚里士多德《物理学》，张竹明译，商务印书馆，1982年版，第71页。

于上帝对质料的赋形，因而宇宙具有合乎理性的内在秩序。[1] 在此基础上，他建立起了以基督教神学思想为基础的线性发展、并有终极目标的历史观，将人类的历史定性为从上帝创世、人类堕落、道成肉身到末日审判的有始有终的过程，并且是有意义、有目的和直线发展的。这样，人类历史所呈现的就是实现上帝最终计划的进程，它所指向的是上帝最终计划的目标。因此，整个宇宙与人类历史都是一个最终目的实现的过程。

不难发现，目的论中包含着对过去、当下、未来彼此关系的独特思考，正是这种关系使得目的论作为一种思想成为可能。因此，目的论恰恰以时间为前提，其内部包含着特定的时间结构，即，未来作为确定的终点，现在作为特定方向的运动，过去则成为对作为终点的未来的确证。

二、目的论与康德思想体系

康德思想体系本身包含着内在的目的论线索。之前提到，康德思想体系的核心问题是"人是什么？"，而对此的回答则是第二批判的著名论断："人是目的。"当然，这里的人不是抽象的人，而是道德的人，即第二批判中反复提到的"有理性的存在者"。在三大批判中，第一批判对认识界限的清理实际上是为第二批判做准备。第三批判努力使自然与道德成为一个整体，或者说，使自然中也能体现出道德的痕迹。而后期对历史、宗教问题的反思，仍然是在理性和道德的基础上审视人类历史和未来。可以说，整个康德的思想体系就是围绕

---

[1] 吴功青《内在与超越：奥古斯丁的宇宙目的论》，《哲学研究》，2020年第11期。

着理性和道德展开的，对个体来说就是对道德法则的遵从，对人类整体来说就是理性基础上的宗教和历史。道德的人恰恰就是人类自身的目的。

从目的论的角度来看，《实践理性批判》实际上建构起了一个道德目的论，即将道德的人作为最终的目的，并以此来理解和规范人的行为。在《实践理性批判》中，为了确保至善的实现，康德提出了三个著名"悬设"，即上帝、自由、灵魂不朽。自由代表了人之为人的最终确证，也是人作为目的的体现。而灵魂不朽保证了人向着自由的不断进展。上帝则保证了德福一致，即确保最终的道德能够让人获得幸福。

因此，这就不难理解康德会从理性的角度来理解宗教。"如果应该把最严格地遵循道德法则设想为造成至善（作为目的）的原因，那么，由于人的能力并不足以造成幸福与配享幸福的一致，因而必须假定一个全能的道德存在者来作为世界的统治者，使上述状况在他的关怀下发生。这也就是说，道德必然导致宗教。"[1]宗教实际上是道德和自由的必然结果，是有限的人为了实现至善必须假定的前提条件。因此，宗教的内在根基和最终目的恰恰是自由，因此"《圣经》故事在任何时候都必须被讲授和解释为以道德的东西为目的。……不能把真正的宗教设定在对上帝为我们获得永福正在做或者已经做了的事情的认识和信奉之中，而是应该把它设定在我们为了配享那些东西必须做的事情中"[2]。可以看出，康德对宗教的理解是植根于他的道德目的论思想的。

---

1 康德《单纯理性限度内的宗教》，李秋零译，中国人民大学出版社，2003年版，第6页。
2 康德《单纯理性限度内的宗教》，李秋零译，中国人民大学出版社，2003年版，第136页。

在后来关于历史的反思中，同样贯穿了目的论的思想。康德认为历史有一个确定的终点，人类的行为是向着那个终点不断前进。在康德看来，人类历史的统一性在于，一方面，历史在整体上是一个合乎规律的发展过程，另一方面，这一合乎规律的发展过程是朝向一定的目的的。这个目的不是来自人的主观设定，而是大自然的一项隐秘计划。

在写于1784年的《世界公民观点之下的普遍历史观念》一文中，康德就已经开始运用目的论的思想来反思人类历史，试图把看起来十分纷乱的、充斥着各种各样的罪恶的人类历史纳入大自然的目的论体系，并努力把这种目的与人类的自由协调起来，这样，"人类的历史大体上可以看作是大自然的一项隐蔽计划的实现，为的是要奠定一种对内的、并且为此目的同时也就是对外的完美的国家宪法，作为大自然得以在人类的身上充分发展其全部秉赋的唯一状态"[1]。

在康德看来，之所以以这样的一种观点来对世界历史进行反思，"绝不是什么无关紧要的动机"[2]，因为如果人类是置身于一个没有理性的自然界之中，如果"一切归根到底都是由愚蠢、幼稚的虚荣、甚至还往往是由幼稚的罪恶和毁灭欲所交织成的"[3]，那么人类的生存还会有什么意义呢？而当我们从理性的目的这条线索来反思人类历史时，就"不仅能够对于如此纷繁混乱的人间事物的演出提供解释，或者对于未来的种种国家变化提供政治预言的艺术"，而且还会"展示出一幅令人欣慰的未来的远景：人类物种从长远看来，就在其中表现为他们怎样努力使自己终于上升到这样一种状态，那时候大自然所布置在

---

[1] 康德《历史理性批判文集》，何兆武译，商务印书馆，1990年版，第15页。
[2] 康德《历史理性批判文集》，何兆武译，商务印书馆，1990年版，第20页。
[3] 康德《历史理性批判文集》，何兆武译，商务印书馆，1990年版，第2页。

他们身上的全部萌芽都可以充分地发展出来，而他们的使命也就可以在大地之上得到实现"[1]。因此，在康德看来，这种合乎理性的目的论的思想与整个人类历史，与人类的生存和发展都是息息相关的，它在深层次上决定着我们对世界的看法及对自身的认识，决定着人类生存的价值与意义。这样，通过反思，康德就把合目的性的思想与人类自身的生存联系起来，这对我们理解后来的《判断力批判》无疑都具有重要的意义。

在晚年的《实用人类学》中，康德明确指出："人们可以把这假定为作为原理的自然目的：大自然要每个造物都通过其本性的一切禀赋合目的地为了它而得到发展，来达到它的规定性，以便即使不是每个个体，也是物种来实现大自然的意图。"[2]这一思想是对亚里士多德目的论思想的接续，强调每一物种都走向自身的完整与完满，康德也是这样来理解自然和人类历史的。

不难发现，道德目的论显然是康德目的论思想的核心和基础，而这一思想有着自身独特的时间结构。自由作为人之为人的本性，代表着人的曾在状态；灵魂不朽确保了人在当下的持续自律与进步，体现的是现实的维度；而上帝则确保了最终的德福一致，即至善，体现出未来的指向。这样，在康德那里，道德目的论就体现出完整的时间结构。这一时间结构以曾在为核心，即人的自由是悬设灵魂和上帝的前提，也是人之为人的确证。也就是说，人始终置身在自由之中，自由构成了人的存在的意义。有了这个作为已然状态的曾在，才会有当下

---

1 康德《历史理性批判文集》，何兆武译，商务印书馆，1990年版，第20页。
2 康德《康德著作全集（第7卷：学科之争、实用人类学）》，李秋零译，中国人民大学出版社，2008年版，第324页。

的努力和未来。缺少了这个基础，当下和未来就都没有意义。这构成了道德目的论思想独特的时间结构。

这一时间结构与基督教的目的论时间结构在形式上有其相似之处，但二者存在着根本差异。看起来基督教思想同样强调人的现世努力，同样强调上帝的最终救赎，但在关于人的已在的理解上有所不同，即基督教更强调人的罪责状态。而在基督教的时间结构之中，未来上帝的救赎显然占据了核心位置，因为正是上帝的救赎才使得人的现世努力有其意义，才使得罪责不是永久的沉沦。而对康德来说，自由并不依赖于上帝的存在，反倒是上帝要依赖于自由。

三、目的性时间模式与康德美学

上文提到，目的论在康德的整个思想体系中具有重要意义，康德的整个思想体系以道德目的论为核心。如果说康德美学是其哲学体系的有机组成部分，那么我们就需要从目的论的视野来重新审视康德美学。实际上，在康德美学中，同样有着目的论的内在影响，其间也显露出独特的时间性内涵。从总体上看，康德美学以反思判断力与合目的性概念为基础。在对审美活动的具体理解上，目的也会显现为审美理想、理性理念等具体存在方式。最终，"美是道德的象征"可以看作是康德对美的总括性看法。这三个方面都体现出目的论思想的潜在影响，并具有内在的时间性。不过，康德美学中并没有直接提出目的论的思想，也就是说，不是从一个确定目的的角度来思考审美问题，而是从合目的性的角度反思自然，因而其中的时间模式也不是目的论的，我们可以以称为目的性的时间模式。

1. 目的性时间模式

在康德美学中，审美判断隶属于反思判断力。早在第一批判中，康德就具体研究了判断力的问题。但在第三批判中，康德进一步区分了规定性的判断力和反思性的判断力。反思判断力具有回溯性，即要寻找使得现象得以可能的概念（目的），尽管这一概念也许并未出现。也就是说，反思判断力要求我们从现象上溯到某种统一性，"从自然中的特殊上升到普遍"[1]。因此，反思判断力最终指向的是某种统一性和普遍性。审美判断就隶属于反思性的判断力。

康德认为，自然界之中，除了知性规律，还包含大量的经验性规律。我们无法为这些规律提供先天必然的根据，无法将其纳入知性规律或者目的性的框架进行解释。但同时，这些经验性的丰富性仍然需要进行理解，于是我们假设这些偶然的东西具有某种内在的统一性，"即在那些特殊的（经验性的）自然律中对于人的见地来说是偶然的东西，却在联结它们的多样性为一个本身可能的经验时仍包含有一种我们虽然不可探究、但毕竟可思维的合规律的统一性"[2]。也就是说，经验得以可能需要反思判断力设想的某种统一性，即合目的性。这样，自然的合目的性就成为反思判断力运作的基本原则。"判断力的原则就自然界从属于一般经验性规律的那些物的形式而言，就叫作在自然界的多样性中的自然的合目的性。这就是说，自然界通过这个概念被设想成好像一个知性含有它那些经验性规律的多样统一性的根据似的。"[3]由此把握到的自然之中的统一性，就是美。当然，由于这一假设对人来说有其必然性，因而审美也就具有了主观性的先天根

---

1 康德《判断力批判》，邓晓芒译，人民出版社，2002年版，第14页。
2 康德《判断力批判》，邓晓芒译，人民出版社，2002年版，第18页。
3 康德《判断力批判》，邓晓芒译，人民出版社，2002年版，第15页。

据。因此，合目的性对于理解康德美学显然具有基础性的意义。

合目的性当然以目的为前提，康德在第三批判中对目的有明确的规定："目的就是一个概念的对象，只要这概念被看作那对象的原因（即它的可能性的实在的根据）……所以凡是在不仅例如一个对象的知识、而且作为结果的对象本身（它的形式或实存）都仅仅被设想为通过这结果的一个概念而可能的地方，我们所想到的就是一个目的。"[1]目的是对象存在的根据。康德美学认为，在审美活动中存在着某种目的，它引导着审美活动的进展。但这时目的只是隐在的，只在反思中呈现出来的。这体现出康德美学中目的的独特存在方式。

在"美的分析"的第三契机之中，康德对"合目的性"做了进一步规定，即"无目的的合目的性"。之前，无论是在亚里士多德的思想之中，还是在基督教的神学目的论体系中，目的都被认为是一个确定的存在。但在康德美学之中，反思判断力给出的"合目的性"最终呈现出的只是一个作为"好像"的目的的存在，目的在这里只是一个空虚的位置而不是一个实际的存在，或者说，目的体现的是非存在的存在方式。

因此，在无目的的合目的性中，目的并不是确定的存在，这构成了目的的独特的存在方式，由此也体现出独特的目的性的时间模式。目的的虚位状态使得审美能够停留在自身之中，寻找自身存在的价值，而不必诉诸某种外在条件。因此无目的中包含着对当下性的强调，而合目的性中又包含着对作为隐在的目的的追求，体现出未来的时间维度，而无目的的合目的性形式的普遍必然性对人来说具有先天性，是人始终存在于其中的某种既定状态，因而包含着曾在的时间维

---

[1] 康德《判断力批判》，邓晓芒译，人民出版社，2002年版，第55页。

度。因此，无目的的合目的性就在深层次上决定了康德美学中的目的性时间模式，这一时间模式一方面具有时间性上的完整性，另一方面对于隐在目的的追求也使其更加突出了未来的时间维度，这构成了这一时间模式在时间性上的独特性。

康德美学中目的性时间模式对美学基本问题的理解具有启示性的意义。首先，康德美学中的目的有着明确的内涵和指向，即自由。无论是美的理想，还是崇高中的理性理念，都有其自由内涵，这也是对人作为自由的存在的确证。其次，康德美学中的目的并不是实体性的存在，而是"无目的的合目的性"。目的的空缺使得审美不会凝固为某种确定的意义，而是在坚持其基本指向的基础上始终保持着时间上的开放性与多义性。最后，康德美学隶属于其整个思想体系，自然、历史实际上都隶属于康德的道德目的论。由此，美学与人类活动的其他领域、人类知识的其他学科始终具有密切关联。这也为20世纪美学中的文化研究转向提供了理论基础。

2. 康德美学中目的性时间模式的显现

无目的性的合目的性是康德美学中目的性时间模式的基本原则。在康德美学对具体审美活动的分析中，目的性时间模式会以多种不同的方式表现出来。

在美的分析中，尽管康德通过对美、快适与善的区分，强调了审美判断的独立性与纯粹性。但在第三契机中康德区分了纯粹美与依存美，并提出了审美理想的概念。由于康德美学旨在完成自然向自由的过渡，由此决定了康德实际上会更加重视依存美，即能够给我们提供智性愉悦的美。在康德看来，在审美活动中，存在着示范性的理念，即美的理想，它"是由一个有关客观合目的性的概念固定了的美，因而必定不属于一个完全纯粹的鉴赏判断的客体，而属于一个部分智性化了的鉴赏判断的客体。这就是说，一个理想应当在评判的何种根据中发生，就必须以何种按照确定概念的理性理念为基础，这理念先天地规定着对象的内在可能性建立于其上的那个目的"[1]。很显然，理想具有目的性的意味，可以看作是审美活动中的隐在目的的显现，作为理想性的存在当然具有未来的时间维度。但审美理想总是会呈现在当下的审美活动之中，需要在每一次确定的审美活动之中由每一个人产生出来。"每个人必须在自己心里把它产生出来，他必须据此来评判一切作为鉴赏的客体、作为用鉴赏来评判的实例的东西，甚至据此来评判每个人的鉴赏本身。"[2]因此，美的理想总是具有当下性的存在，体现出当下的时间维度。

康德特别区分了美的理想和美的规格理念。美的规格理念只是构成美的不可忽视的条件的形式，是表现某一类对象时的正确性。但美的理想只能体现在人的形象之中。只有人能够在自身中规定和拥有自己存在的目的，即自由，因而只有道德的人才能够成为美的理想。因此，"美的理想只可以期望于人的形象。在这个形象这里，理想就在于表达道德性，舍此，该对象就不会普遍地而又是为此积极地（而不只是在合规矩的描绘中消极地）使人喜欢"[3]。这一思想实际上是第二批判中"人是目的"思想的自然延伸。自由和道德是人之为人的依据，作为先天条件又成为美的理想的曾在的时间维度。因而在美的理想这一概念之中包含着完整的时间性，而这一时间性以某个隐在的目的为基础，体现出目的性的时间模式。

---

1 康德《判断力批判》，邓晓芒译，人民出版社，2002年版，第69页。
2 康德《判断力批判》，邓晓芒译，人民出版社，2002年版，第68页。
3 康德《判断力批判》，邓晓芒译，人民出版社，2002年版，第71—72页。

在对崇高的分析中，同样具有目的性的意味。在对数学的崇高的分析中，康德指出："审美判断本身对于作为理念的来源的理性，也就是作为所有感性的［审美的］东西在它面前都是小的这样一种智性统摄的来源的理性来说，便成了主观合目的性的了。"[1]当我们面对自然的强力时，我们会感受到感性存在的局限性，但同时也会激发我们唤起人的理性能力，展示出理性对于自然的优越性。因此，能够欣赏崇高恰恰是人的理性能力的确证。康德特别指出，"没有道德理念的发展，我们经过文化教养的准备而称之为崇高的东西，对于野人来说只会显得吓人"[2]，因为他还没有发展出足以和自然力量相抗衡的理性能力。

在力学的崇高中，我们首先感到自然界的强力，以及与之相应的作为自然存在的人的渺小。但这也恰恰唤起了人身上的理性能力，揭示出人胜过自然的优越性。因此，"自然界在这里叫作崇高，只是因为它把想像力提高到去表现那些场合，在其中内心能够使自己超越自然之上的使命本身的固有的崇高性成为它自己可感到的"[3]。这里同样体现出理性的合目的性。而且，不管是在美还是在崇高中，审美理想和崇高的理念都是作为某种隐在的目的直接体现在审美活动之中的，与当下具体的审美活动联系在一起，成为当下"可感到的"存在，引导着审美活动的基本方向。这时作为未来的目的现身为当下的存在，体现出目的性的时间模式。

艺术中也体现出合目的性原则，即"在一个美的艺术作品上我们必须意识到，它是艺术而不是自然；但在它的形式中的合目的性却

1　康德《判断力批判》，邓晓芒译，人民出版社，2002年版，第99页。
2　康德《判断力批判》，邓晓芒译，人民出版社，2002年版，第104页。
3　康德《判断力批判》，邓晓芒译，人民出版社，2002年版，第101页。

必须看起来像是摆脱了有意规则的一切强制，以至于它好像只是自然的一个产物"[1]。这一点是和美的分析里的思想是一致的。但对于艺术来说比较特别的是，艺术作品来自天才的创作。天才之中康德特别强调了审美理念。审美理念是想象力自由创造出的表象，没有任何一个确定的概念能够完全囊括这些表象的多样性和丰富性。"我们可以把想象力的这样一类表象称之为理念：这部分是由于它们至少在努力追求某种超出经验界限之外而存在的东西，因而试图接近于对理性概念（智性的理念）的某种体现，这就给它们带来了某种客观实在性的外表；部分也是、并且更重要的是由于没有任何概念能够与这些作为内在直观的表象完全相适合。"[2] 审美理念的"审美"（感性）体现为表象，但作为"理念"则指向了某种理性的存在，而且正是这种理性的存在构成了审美活动的最终指向。作为未来的审美理念就显现在当下的感性表象之中，并规范着当下的审美活动，在这个意义上，艺术也是目的性时间模式的表现形式。

因此，美、崇高、艺术都体现出合目的性的原则，都是康德美学中目的性时间模式的表现形式。康德美学中目的性时间模式的最终表现就是"美是道德的善的象征"这一命题。

在审美判断力批判最后，康德指出，美是道德的善的象征。象征即是感性直观以类似规定性的方式与理性概念相联系。康德认为我们在鉴赏活动中会以类比的方式瞻望某种理智的东西："这时内心同时意识到自己的某种高贵化和对感官印象的愉快的单纯感受性的超升，并对别人也按照他们判断力的类似准则来估量其价值。"[3] 但康德同时

---

1 康德《判断力批判》，邓晓芒译，人民出版社，2002年版，第149页。
2 康德《判断力批判》，邓晓芒译，人民出版社，2002年版，第158页。
3 康德《判断力批判》，邓晓芒译，人民出版社，2002年版，第200页。

明确指出了二者的不同。康德在《判断力批判》"导言"中明确区分了美与善,但在审美判断力批判的末尾又提出了美是道德的善的象征,实际上将善作为美的目的和指向。这样,"鉴赏仿佛使从感性魅力到习惯性的道德兴趣的过渡无须一个太猛烈的飞跃而成为可能,因为它把想像力即使在其自由中也表现为可以为了知性而作合目的性的规定的,甚至教人在感官对象上也无须感官魅力而感到自由的愉悦"[1]。在康德美学中,善实际上是作为审美活动的隐在的目的,既引导、规范着审美活动的基本价值指向,同时也会体现在当下具体的审美活动之中。在这一意义上,"美是道德的善的象征"这一命题就体现出目的性时间模式的内涵。

以上我们研究了康德美学中目的性时间模式的具体表现。从康德美学自身来看,反思判断力及其合目的性原则构成了审美判断的基础,这一原则以其回溯性的特征具有了曾在的时间维度。在审美活动中,审美理念、美的理想作为目的指向,以其在审美活动中的直接呈现显现出当下的时间维度。最后,美作为道德的善的象征,道德作为审美的目的性指向体现出未来的时间维度。由此可以看出,康德美学整体受到目的性的潜在影响,目的性的时间模式也影响了康德美学的基本面貌。

通过对于康德美学时间性问题的系统研究,我们揭示了康德美学的时间性特质、展开形式、时间模式等内容,可以看到,康德美学具有明确的时间性特质,包含着丰富的时间展开形式和多种时间模式。时间展开形式构成了康德美学中不同的审美形态,时间模式呈现出康德美学中审美活动的多重特性。康德美学中偶然性时间模式、循环性

---

[1] 康德《判断力批判》,邓晓芒译,人民出版社,2002年版,第202页。

时间模式、目的性时间模式虽然均有体现，但只是从不同方面展现出审美活动的特性，至于这些不同的时间模式彼此之间具有怎样的内在逻辑联系，如何能够构成一个完整的系统，却仍然是一个问题。因此，在审美活动中如何呈现出时间性的丰富性、完整性和系统性，就成为康德之后西方美学发展需要进一步解决的问题。

第六章 康德美学时间性问题的延伸与拓展

以上我们对康德美学中的时间性问题进行了专题性研究,可以看到,康德美学中包含着确定的时间性特质、丰富的时间展开形式和多种时间模式,这些共同构成了康德美学时间性问题的整体面貌。事实上,康德美学时间性问题具有深刻的理论影响,并在康德之后西方美学的发展过程中得到了进一步延伸与拓展。本章将通过对席勒、黑格尔、马克思三人美学思想中时间性思想的概略考察,呈现出时间问题在西方美学,尤其是德国古典美学中的理论延展,并由此凸显出康德美学时间性问题所蕴含的巨大的理论潜力及其现代意义。

第一节 席勒美学思想的时间性内涵

席勒美学思想受到康德美学的直接影响,是德国古典美学发展中的重要一环。之前提到,康德思想的总问题是"人是什么?",康德美学的时间性也建基于这一问题之上。席勒美学同样致力于对人性的理解,并在对人性的分析中发展出审美时间性的思想。因此,席勒美学在研究方法、理论架构、审美范畴等方面都具有鲜明的时间性特质,体现出内在的时间意识。本节将主要结合《审美教育书简》、席勒关于"素朴的诗"与"感伤的诗"的区分等思想,简要探讨席勒美学思想中的时间性内涵。对席勒美学思想中时间性问题的考察，将从一个侧面凸显出康德美学时间性问题的理论影响及意义。

一、《审美教育书简》中的时间性思想

人性是席勒美学中的重要概念，也是理解席勒《审美教育书简》（以下简称《书简》）的重要线索（张玉能就将席勒的美学体系概括为"人性美学体系"[1]）。在《书简》中，席勒立足于启蒙时代的思想背景，通过现实分析、先验分析和历史分析对人性进行了深入研究，具有十分重要的理论价值和方法论意义。可以说，这三种分析都植根于席勒美学独特的时间意识。现实分析体现出对当下的敏感，历史分析体现出对人类未来的思考，先验分析指出了人性的既成状态，三者构成了完整的时间结构。与康德美学对时间性问题的思考相比，席勒美学对时间性的把握更加自觉，更加突出了时间性问题对美学研究的方法论意义。整体来看，《书简》对审美与人性问题的思考就在时间性的理论视野之中展开，体现出明确而自觉的时间意识。

1. 现实分析与当下的时间维度

席勒美学的时间意识首先体现在对于时代的敏感之中。在《书简》中，席勒对美学的思考始终是和现实与时代联系在一起的，并且自觉地将时代与现实作为美学思考的出发点和最终归宿体现出鲜明的时间意识以及对当下的时间维度的关注。

西方从文艺复兴开始，逐渐摆脱了中世纪的宗教束缚。这时，现

---

[1] 张玉能《席勒的人性美学体系》，《青岛科技大学学报（社会科学版）》，2013年第4期。

实世界不再是通向天国的过渡，而具有了自身独立的价值。由此人们开始关注经验现实，肯定人的现世存在，并将现实状况与人性状况联系在一起，从人性出发审视现实。人文主义作为当时的主流思想，充分体现出这一时代要求。它们着力肯定人性，特别是人性中感性、欲望的合理性；提倡个性解放，反对禁欲主义，强调人的现世幸福高于一切；提倡自由、平等、博爱。这些思想中无疑包含着对现实的肯定和重视，体现出思想解放的先声。

启蒙运动时期，得益于理性和批判的视野，人们不再仅仅肯定人的现世存在，而是开始更为深入地思考现实中的问题，尤其是立足人性来思考现实问题。早期的启蒙思想家如卢梭、伏尔泰、孟德斯鸠等均有着明确而自觉的现实意识，力图通过对现实的批判性分析揭示人的自然权利，建构起理想的社会制度。如伏尔泰立足于人的自然权利对君主专制的批判，孟德斯鸠在人的自由的基础上对三权分立政治制度的大力倡导，卢梭将自然状态与文明状态相对立，对文明状态的社会现实的强烈批判等等，均具有明确的现实指向。特别是对席勒产生重要影响的康德思想，通过实践理性对现实中德福关系问题的思考，在道德的基础上对当时宗教问题的回应等等，也包含着强烈的现实关怀，这些都构成了席勒思考现实问题的理论基础。

置身于启蒙时代，席勒对于现实同样有着强烈的关注。其著名剧作《阴谋与爱情》就直接展示出18世纪德国的社会现状，具有强烈的现实指向。《书简》虽然核心是关注审美问题，但这一问题在文本中的正式提出却相对靠后。席勒在前面几封信中花了很大篇幅分析时代的状况，看似有点偏离主线，但实际上，席勒正是通过分析现时代人的境况来提出审美问题。这体现出席勒的时间性思想方法和问题意识，即立足现实问题来分析和理解人性。

席勒对时代的基本判断是"实用"。在第二封信中,席勒明确指出:"实用是这个时代的巨大偶像,一切力量都要侍奉它,一切才能也都要尊崇它。在这架粗俗的天平上,艺术的精神功绩没有分量,而且艺术得不到任何鼓励,她便正在从本世纪的喧嚣的市场上消失。"[1]这时,对实用的追求不是单个人的心理习惯,而成为整个时代的思维方式。这样,艺术及其精神价值作为某种无用的东西,当然就会被边缘化。因此,实用主义的盛行带来的是精神价值的疏离,生活中超越维度的丧失,以及生活本身的虚无化。实用主义看似关注现实生活,实则抽去了生活的内在根基。

另一方面,实用主义的盛行也给人性带来内在的创伤。在席勒看来,人性之中本来包含着直觉和思辨两种力量,二者在完整的人性中应该彼此协调。但是现在,"直觉的知性和思辨的知性就敌对地分布在各自不同的领域,并开始怀着猜疑和嫉妒守卫着各自领域的界限"[2]。人性丧失了源初的统一和完整,而陷于分裂的状态。更值得注意的是,这种人性的创伤会具体体现在经验层面上,形成社会的分裂状况,即整个社会分裂为上层阶级和下层阶级,二者彼此对立。一方面,"在人数众多的下层阶级中,展示在我们面前的是粗野的、无法无天的本能"[3],这些本能力图摆脱任何既定规则的约束,急于寻求动物性的满足。另一方面,有文化的阶级则尊奉着精致的利己主义原则,呈现出一幅文弱和性格腐化的状况。于是,"这里是粗野,那里是文弱,这是人类堕落的两个极端,而这两者却在同一个时期里结合

---

1 席勒《席勒散文选》,张玉能译,百花文艺出版社,1997年版,第155页。
2 席勒《席勒散文选》,张玉能译,百花文艺出版社,1997年版,第169页。
3 席勒《席勒散文选》,张玉能译,百花文艺出版社,1997年版,第165页。

起来"[1]！这构成了席勒对时代中人性状况及社会现实的基本判断。

　　更进一步来看，现代社会中人性的创伤并不是偶然造成的。席勒注意到，一方面是现代科学的学科化、门类化的思维方式，另一方面是现代社会职业化、等级化的组织形式，二者共同作用造成了人性的分裂。值得注意的是，无论是现代科学还是科层化的社会组织形式，都是17世纪以来人类存在方式转变的具体表征，即所谓"现代性"现象。而席勒对这一问题的思考本身就隶属于这一思想传统，正如特洛尔奇所说，德国唯心论作为现代性思想的一个类型，"是一个文化历史现象，一个包括知识学—思想层面、社会文化层面和政治层面的事件"[2]，这在《书简》中有着明确体现。如果说，科学代表的是精神层面的转变，社会组织形式则代表的是经验层面的变化，二者共同指向了某种逻辑性、区分性的特征，从而影响着人类的存在方式，造成了人性的内在分裂，那么，从现代性的角度来看，这一分裂无疑有其必然性。这样来看，席勒对时代的分析实际上远不止于他那个时代，而是具有现代性的内涵。席勒对审美的重视既是现代性问题的表征，即将审美作为与科学、道德不同的独立领域提出，同时在某种程度上也构成了对启蒙理性和现代性本身的反思，即试图通过审美反思理性过度发展给人性带来的创伤。正是在此意义上，哈贝马斯将《书简》定位为"现代性的审美批判的第一部纲领性文献"[3]。也就是说，席勒第一个从审美的角度反思了现代性问题，并提出了批判性的思想。我们后面会看到，这一思想对西方现代美学产生了深远的影响，并凸显出《书简》在美学史上的独特意义。

1　席勒《席勒散文选》，张玉能译，百花文艺出版社，1997年版，第164页。
2　刘小枫《现代性社会理论绪论》，上海三联书店，1998年版，第181页。
3　哈贝马斯《现代性的哲学话语》，曹卫东译，译林出版社，2005年版，第52页。

实际上，席勒明确意识到了人性中这种创伤的必然性，即只有经过这种创伤，人类才能获得更高程度的发展。可以说，人性中的分裂和创伤是人类发展的必由之路，也就是说，"要发展人身上的各种天赋才能，除了使这些才能相互对立之外，没有任何别的办法。各种能力的这种对抗是文化的伟大工具"[1]。我们不难发现这一思想之中所包含的对进步的信仰，这也折射出席勒美学作为启蒙思想的时代特征，这种对进步的信仰在后来黑格尔思想中得到系统阐发。如果说，这种创伤是人类发展必须付出的代价，这也代表着，当代人性中的对立、现实的分裂实际上有其合理性，是人类发展必然要经历的一个阶段。那么问题是，在这一阶段，我们除了承认其必然性，还能有所作为吗？席勒进一步指出，人性中的这种对立和分裂固然有其合理性和必然性，但只是文化发展的一个工具，我们切不可将工具本身当作目的。也就是说，我们不能停留在这一对立阶段，而应当寻求超越这一对立、走向更高阶段的可能路径，其核心就在于恢复人性的完整性。因此，席勒对现实的透视和分析既看到了现实中的必然性，又试图寻求现实之中蕴含的可能性，并以这种可能性试图超越、摆脱这一必然性。这也为后文审美的出场埋下了伏笔。另外，在现实分析之中已经隐含了后文历史分析的内在思路，这也从一个侧面证明了席勒时间意识的统一性。

可以看到，席勒在《书简》中始终关注现实问题，并将政治、现实问题的解决落实到人性问题之中，试图从人性的层面上寻求现实问题的解决之道。也就是说，政治的、现实的转变要以人性的转变为前提。因此，人性并不是一个抽象的存在，而是体现在现实之中，现

---

[1] 席勒《席勒散文选》，张玉能译，百花文艺出版社，1997年版，第173页。

实问题最终是人性问题的反映。这样，从现实的角度透视人性，将现实问题还原为人性问题，并从人性角度寻求解决现实问题的方法和路径，就成为席勒考虑现实问题的主要思路，这实际上也是德国古典美学的一个普遍思路。正如蒋孔阳所说："德国古典美学都是把美学当成解决矛盾的工具，都是希望通过审美的活动来解决内心的矛盾，从而达到解决现实的矛盾的目的。"[1]

总体来看，席勒始终从现实的角度思考人性的问题，人性构成了现实得以可能的内在依据。这构成了席勒人性分析的经验起点。因此，席勒的分析就从现实的角度给我们提供了一个审视和分析人性问题的可能途径。后面我们会看到，现实同样构成了《书简》的问题指向和最后归宿，即席勒最终是要通过审美解决现实的问题。现实表征着席勒时间意识中的当下维度，而这种当下性又与人性的先验构成有关，即与"曾在"有关，因此，从时代和现实分析必然会引向对人性本身的思考。

2. 先验分析与曾在的时间维度

先验分析方法在德国古典美学的理论研究之中占有重要地位，席勒在第十封信中明确指出了这一分析方法对自己整个研究的意义：它使得关于人性的分析能够超越个体的、偶然的状态，把握和思考人性存在的必要条件，从而揭示出人性中绝对的和普遍的东西。[2] 如果说，现实分析让我们意识到了当前人性存在的问题，那么，先验分析则要给我们展示出这些问题如何产生以及可能的解决途径。从时间性的角

---

[1] 蒋孔阳《德国古典美学》，商务印书馆，2014年版，第27页。
[2] 席勒《席勒散文选》，张玉能译，百花文艺出版社，1997年版，第192页。

度来看,先验分析方法更多地凸显出的是人性的内在构成,即人性始终处于其中的某种状态,凸显出曾在的时间维度。

席勒的这种先验分析方法显然来自康德,同时也是贯穿整个德国古典美学的基本方法。

"先验"(Transcendental)一词康德取自经院哲学,并给予了自己的解释,即"我把一切与其说是关注于对象,不如说是一般地关注于我们有关对象的、就其应当为先天可能的而言的认识方式的知识,称之为先验的"[1]。或者说,先验"并不意味着超过一切经验的什么东西,而是指虽然是先于经验的(先天的),然而却仅仅是为了使经验知识成为可能的东西说的"[2]。可以看到,康德的先验分析探讨的是使认识得以可能的先天条件。因此,先验强调的是先于经验、但使得认识得以可能这一含义,由此先验分析也就具有了知识学—存在论的双重含义。因此,"先验"本身就具有超越经验时间、并使得经验时间得以可能的时间性内涵。[3]在《书简》中,席勒的人性分析力图寻找那使得人的现实存在得以可能的内在要素和必要条件。因此,这一分析也就带有先验的意味。

在《书简》中,席勒关于人性的先验分析由一系列二元区分构成,以此抽象出人性的内在要素。如人格与状态、自由与时间、感性本性与理性本性等等,看似烦琐,实际上有着自身内在的体系性。概而言之,对人性的抽象区分,可以展示出人性中固定不变的和不断变动的东西,即人格与状态。人格以自由为基础,状态则以时间为基础。因此,"完美地表现出来的人,应该是在如潮似涌的变化之中本

---

[1] 康德《纯粹理性批判》,邓晓芒译,人民出版社,2004年版,第19页。
[2] 康德《未来形而上学导论》,庞景仁译,商务印书馆,1997年版,第172页注。
[3] 孙周兴《后哲学的哲学问题》,商务印书馆,2009年版,第38页。

身永远固定不变，保持恒定的统一体"[1]，体现出人格与状态的彼此融合、完美统一。

由此也在人身上展示出两种本性：感性本性与理性本性。两种本性的显现与运动则体现为两种冲动：感性本性会努力将人置于时间之中，从而形成感性冲动，其对象是生活；理性本性力图凸显出人格的统一性，指向了自由，从而形成形式冲动，其对象是形象。

在席勒看来，感性冲动与形式冲动分属感性和理性两个不同的领域，遵循两种不同的原则。能够把感性冲动与形式冲动结合起来并使二者相互协调的是一种新的冲动——游戏冲动。游戏冲动内在于人的本性之中，构成了完整的人性。而且正是在这种完整人性之中，感性和理性都能获得充分发挥，即"在人的一切状态中，正是游戏而且只有游戏才使人成为完整的人，使人的双重本性一下子发挥出来"[2]。而游戏冲动所指向的对象，就是活的形象，就是美。因此，美作为游戏冲动的对象，代表着人性的完整和统一，也自然发挥着弥合人性分裂的功能。很显然，游戏、美都从人性获得了说明，都从完整的人性获得自身的规定性，并在人性分裂的现实状况下发挥着弥合人性的功能。正是在这一意义上，席勒才会说："只有当人是完整意义上的人时，他才游戏；而只有当人在游戏时，他才是完整的人。……这个原理将支撑起审美艺术和更为艰难的生活艺术的整个大厦。"[3]"完整意义上的人"与"游戏"互为前提，二者实际上是同一的。因此，真正的人是审美的人，真正的生活是审美的生活。根据时间与存在的源初联系，这种审美的生活无疑也就具有了本源的时间性。在席勒思想中，

---

[1] 席勒《席勒散文选》，张玉能译，百花文艺出版社，1997年版，第195页。
[2] 席勒《席勒散文选》，张玉能译，百花文艺出版社，1997年版，第213页。
[3] 席勒《席勒散文选》，张玉能译，百花文艺出版社，1997年版，第214页。

美实现了人性中的统一和和解,这一思想突出了美在现代人、现代生活中的意义,无疑具有重要的理论价值。正如黑格尔所说:"席勒的大功劳就在于克服了康德所了解的思想的主观性与抽象性,敢于设法超越这些局限,在思想上把统一与和解作为真实来了解,并且在艺术里实现这种统一与和解。"[1]通过艺术和美实现人性的完整,这是席勒理论上的贡献,也直接开启了现代西方审美乌托邦的思想传统。

更进一步来看,这种先验的分析也解释了为什么现实中存在两种不同的美的形态,即理想状态的美与经验中的美。在席勒看来,统一的美或理想状态的美源于人性中感性与理性两种力量的平衡。但经验中的美往往会偏离这种理想状态,偏向于人性中的某一种力量,即或者偏向于感性方面,或者偏向于理性方面,从而形成经验中二重性的美,"观念中的美永远只是一种不可分割的、独一无二的美,因为只可能有唯一的一种平衡;相反,经验中的美却永远是一种双重性的美,因为在摇摆时可以以双重方式,即从这一边和从那一边,打破平衡"[2]。当然,经验中美的二重性实际上来自人的不完善。正是人性的内在分裂导致了美的二重性。"恰恰是人把他的个体的不完善转嫁给了美,是人通过他主体的限制不断给美的完成设置障碍,并把美的绝对理想降低为两种受到限制的现象表现形式。"[3]如果说只有在游戏之中才能弥合人性以及审美的内在分裂,完整的人才能体现出来,那么,解决人性的问题就需要借助审美的途径。因此审美教育的任务就是"使美的两个对立的种消融在理想美的统一体之中,同样人性的那

---

[1] 黑格尔《美学(第一卷)》,朱光潜译,商务印书馆,1979年版,第76页。
[2] 席勒《席勒散文选》,张玉能译,百花文艺出版社,1997年版,第216页。
[3] 席勒《席勒散文选》,张玉能译,百花文艺出版社,1997年版,第221页。

两种对立的形式也消融在理想人的统一体之中"[1]。但问题是，如果美本身就是分裂的，如果我们在经验中遇到的总是二重性的美，如何能够借助这种美来解决人性的问题？这里席勒提到了"观念中的美"，在他看来，尽管现实中的美是有限的，但观念中的美是统一的、理想性的。我们可以借助理想的、观念中的美来进行审美教育。当然，在这里，观念中的美是一种先验存在，正如完整的人性对于席勒也是一种先验存在。这种先验性构成了经验中的美、现实的人性得以可能的前提，凸显出曾在的时间维度。

总的来看，席勒关于人性的先验分析包含着几个关键之点。第一，人性之中包含着感性和理性两种本性、两种冲动，二者遵循不同的原则，存在着某种内在的紧张。第二，人性中同时包含着自我调节机制，即游戏冲动。它能够消除两种冲动的内在紧张，使人性达到和谐统一状态。第三，游戏冲动的对象是美，因此，美实际上是实现人性和谐的基本条件和内在需要。第四，游戏、美代表完整的人性，二者互为因果。因此，审美状态即为属人的状态、完整人性的状态。第五，人性不是一个既定状态，不能一劳永逸地拥有，而是一种理想状态，需要通过审美不断确立和获取。因此，在审美之中，人们"能每一次都通过审美生活重新得到这种人性"[2]。事实上，通过将美与人性相关联，席勒关于人性的先验分析也解决了审美存在的必要性的问题，即审美不是一种闲暇时的娱乐和消遣，而是植根于人性之中的、完整人性的内在需要。从时间性的角度来看，席勒展示出人性的内在结构，这一结构是人在任何时候都必然面对和置身于其中的特定状

---

[1] 席勒《席勒散文选》，张玉能译，百花文艺出版社，1997年版，第219页。
[2] 席勒《席勒散文选》，张玉能译，百花文艺出版社，1997年版，第237页。

态,因而作为既定状态显现出"曾在"的时间维度。

之前指出,席勒始终力图在人性中两种冲动之间维持某种平衡。这里我们比较感兴趣的是席勒将审美状态定位为人性之中的某种"中间心境"。具体来说,"心灵从感觉过渡到思维要经过一个中间心境,在这种心境中感性与理性同时活动……心灵既不受自然的强制,也不受道德的强制,却以这两种方式活动,因而这种中间心境理应特别地称为自由的心境。如果我们把感性规定的状态称为自然状态,把理性规定的状态称为逻辑的状态和道德的状态,那么,我们就必须把这种实在的和主动的可规定性的状态称为审美状态"[1]。上文指出,在游戏状态之中人性中两种冲动都会得到充分发挥,而不会彼此强制。在这一意义上,游戏状态指向的是所谓自由的心境,就其处于两种冲动之间而言,则是所谓中间心境,其呈现出来的状态就是审美状态。因此,在这种作为"中间心境"的审美状态中,人的两种冲动能够同时发挥作用,但并不会造成相互抵牾和彼此限制,而是会达到彼此的平衡。这时人的内心也不会受到两种冲动的规定和限制,从而进入自由的状态之中。之前我们在康德美学中同样注意到康德对审美中间性的定位,这种定位与康德美学的时间性有着密切联系。因此,席勒对审美"中间心境"的强调与康德美学有着直接联系,更为重要的是,这也体现出席勒美学思想的时间性特质,由此展现出不同于经验时间的独特的审美时间。但要实现这种作为"中间心境"的自由状态,席勒强调了需要心灵之中的某种"过渡"。这种过渡不仅仅是心灵之中两种力量之间的过渡,更是人性发展和人类历史之中的过渡。这一思想实际上已经透露出席勒人性分析的历史性消息。

---

1 席勒《席勒散文选》,张玉能译,百花文艺出版社,1997年版,第233—234页。

3. 历史分析与未来的时间维度

席勒对人性的分析包含着内在的历史意识，这显示出席勒对时间性问题的理解不仅仅包含着对当下时代和现实的关注，对人性先验构成的理解，还体现在对人类历史发展及未来的思考之中。这构成了席勒美学思想时间性问题的又一侧面。

文艺复兴时期的人文主义思想已经体现出对人自身的关注，而当时"地理大发现"对人类多样性的认知，也极大地开拓了人类的视野，由此也促使了现代历史哲学的兴起[1]，历史问题遂成为时代的普遍问题。而之后启蒙思想中也包含着自身的历史意识。卡西尔在《启蒙哲学》里概括道："启蒙哲学提出了关于宗教现象的历史的问题，正是在这一领域，人们最先迫切地感到必须解决这个问题。然而，启蒙思想不可能停留在这个开端上，它不得不得出新的结论，提出新的要求，而这反过来又开辟了历史领域的整个视野。"[2] 从对宗教现象的历史性考察开始，人们发现，这一研究方法可以拓展到人的整个经验世界，乃至人自身。这时，对人性的分析尽管还带有很强的思辨色彩，但已体现出与中世纪时期不同的思考方向。在关于人性的思考中，一个根本问题就是人性的生成，即将人性放在人类发展的历史背景之下加以考察，从人类发展的历程思考人性如何可能的问题。这构成了理解和思考人性问题的一条重要线索。

近代思想中，维柯率先系统思考了人类的历史发展，着力探索人类历史发展的道路与内在规律，建立了现代意义上的历史哲学。具体来看，维柯的历史哲学从人类历史发展的角度将人性的生成和演进分

---

[1] 邱建群《文艺复兴与历史哲学的兴起——兼论维柯革命性的开拓》，《辽宁大学学报（哲学社会科学版）》，2004年第6期。

[2] 卡西勒《启蒙哲学》，顾伟铭等译，山东人民出版社，1988年版，第191页。

为三个历史阶段，即神的时代、英雄时代和凡人时代。[1]

最初是神的时代，这一时期人们在想象力方面最强，但是在推理方面最弱。原始人对大自然心怀敬畏。他们在惊奇中通过想象认识世界，并在想象中创造和形成历史。这是诗性的，也是神性的时代。接着发展到了英雄时代。英雄们相信自己来自天神，并建立起英雄的社会体制。这是自然状态的鼎盛时期，也可以说是人类社会从史前史阶段过渡到真正历史的黎明。最后是"人"的时代，即人通过对于自己理性的支配来认识自身以及世界。这时，人的理性得到了充分发展，各种自然科学也相继发展起来。

维柯对历史的看法植根于人性的发展，即想象力与理性的相互关系，三个阶段的区分具有十分重要的方法论意义，其对于诗性和想象力的重视对于现代感性和审美问题的凸显也具有重要启发。后文我们会看到，席勒在描述人性历史生成和演进的过程时同样强调了想象力的重要作用。

维柯这一审视历史的思路在启蒙哲学中得以延续。

卢梭关于"自然状态"和"文明状态"的对比就体现出某种历史性的思路。卢梭的《论人类不平等的起源和基础》就是从思辨的角度考察人性的历史确立和人的历史生成。尽管这不一定是历史事实的分析，但却体现出某种明确的历史意识。这一点在康德的《人类历史起源臆测》一文中得以继承。在那里，康德以"臆测"的方式将人类历史描述为"一部出自人性中原始秉赋的自由的最初发展史"[2]，即人类的历史就是自由的发展史，并明确区分出人类理性进展的几个重要步

---

[1] 维柯《新科学》，朱光潜译，人民文学出版社，1986年版，第429页。
[2] 康德《历史理性批判文集》，何兆武译，商务印书馆，1990年版，第59页。

骤：从本能冲动，到对本能冲动的驾驭，再到对未来的期待，最终达到真正理解人是大自然的目的。这一以理性为基础对人类历史的考察并不是来自严密的文献分析，但和卢梭一样具有明确的历史意识，并直接影响到席勒对人性问题的思考。

作为维柯的主要继承者之一，赫尔德的历史哲学思想无疑值得重视。赫尔德把人类历史大致分为三个阶段，即诗歌阶段、散文阶段和哲学阶段。按照赫尔德的观点，人的本质目的是人道，历史进化的目的就是人道的实现，即理性和正义的实现，而人道的完成正是历史发展的终极结果。可以看到，这些关于人类历史的思想既包含着对人类过往历史的思考，更为重要的是，也包含着对人类未来发展的关注，具有明确的时间意识。尤其是关于历史的三分法、在人性基础上的历史意识等思想也体现在席勒关于人性的分析之中，使得这一分析具有了明确的历史性和时间性。

在《书简》一开始，席勒关于人性发展的思考就已经暗示出这种历史性的线索。在第3封信中，席勒就明确区分了两种国家，"自然国家"和"道德国家"，并在此基础上提出了在人的自然性格和道德性格之外的第三种性格："这第三种性格与那两种性格都有亲缘关系，它开辟了从纯粹力量的统治过渡到法则的统治的道路，它不会阻碍道德性格的发展，反而会充当不可见的道德性的感性保证。"[1] 三种性格的演进体现为一个历史过程，其中已经暗含了时间性的思想。在第6封信谈到人的发展时，席勒指出，只有通过人的不同才能的相互对立才能使人获得更高程度的发展，这一观点同样包含着内在的时间意识。这种时间意识在《书简》后来的分析中得到了进一步地明确和完善。

1　席勒《席勒散文选》，张玉能译，百花文艺出版社，1997年版，第159页。

与之前的先验分析着眼于人性的内在构成不同，在《书简》最后一部分中席勒进而从外部考察人性的生成与发展，区分出了人性发展的三个阶段和三种状态，即自然状态、审美状态和道德状态。三种状态并不是并列的，而是包含着时间演进的内在线索，即上文所说的"过渡"。席勒关于三个状态对于人的意义做出了一个简明的表述，即"人在他的自然状态中仅仅承受自然的力量，在审美状态中他摆脱了这种力量，而在道德状态中他支配着这种力量"[1]。而且，无论是对于个人还是对于整个人类，三个阶段都是必须经历的，即"可以区分出发展的三个不同时期或阶段，不论是个人还是整个族类，如果要实现他们的全部规定，都不得不必然地和以一定的秩序经历这三个阶段"[2]。也就是说，三个阶段的顺序演进包含着一种历史的必然性，是一个时间性的展开过程。

　　当然，三个阶段并不是彼此割裂的。关于三者之间的关系，席勒指出："从感觉的受动状态过渡到思维和意志的主动状态，只能通过审美自由的中间状态来实现。……总而言之，要使感性的人成为理性的人，除了首先使他成为审美的人以外，没有其他途径。"[3] 这样，我们可以看到席勒给我们描绘的人性演进的历史线索，即从感性的到审美的再到理性的，其间存在着两种具有确定指向的过渡。

　　首先是自然状态向审美状态的过渡，代表着人性的生成，其标志就在于对外观的喜爱、对装饰和游戏的爱好。可以说，自然状态中的人还不能算是真正的人，因为这个时候人性还没有生成，人和动物还没有本质的区别。那么，"是什么现象宣告野蛮人进入人性的呢？不论

---

[1] 席勒《席勒散文选》，张玉能译，百花文艺出版社，1997年版，第250页。
[2] 席勒《席勒散文选》，张玉能译，百花文艺出版社，1997年版，第250页。
[3] 席勒《席勒散文选》，张玉能译，百花文艺出版社，1997年版，第244页。

我们对历史探究到多么遥远，在摆脱了动物状态奴役生活的一切民族中，这种现象都是一样的：对外观的喜爱，对装饰和游戏的爱好"[1]。

外观竟有如此大的效力？因为在席勒看来，对外观的喜爱标志着人能够超越实际的功利目的，寻求更具精神性的满足和愉悦，这恰恰代表着人性的生成。换句话说，人性也就在于人能够超越动物性的感官刺激和欲望的直接满足。但需要注意的是，这并不意味着人能够脱离动物性的感官，而是在感官之中体现出理性的内涵。这一理性内涵就潜藏在对外观、装饰，或者说形式的关注之中。

事实上，康德《判断力批判》中已经体现出对美的形式性的关注，在对美的契机的分析中突出了"无目的的合目的性"的形式。但席勒在这里将其纳入了人性发展的历史框架之中进行考察，即文化的发展。

在席勒看来："文化的最重要的任务就在于，使人就是在他纯粹的自然生命中也一定受形式的支配，使人在美的王国能够达到的范围内成为审美的人，因为道德状态只能从审美状态中发展而来，却不能从自然状态中发展而来。"[2]人在任何时候都不能脱离自然的生命，但却可以改变自然生命对于他的意义，在自然生命中"受形式的支配"，体现出审美的或理性的内涵。同时，这里实际上也体现出席勒的文化历史观，即文化的演进体现为从自然的人到审美的人再到道德的人的历史发展。这是一个必然的和合目的的过程，审美就处在这一演进中的枢纽性位置。

因而接下来就是审美状态向道德状态的过渡。这需要借助观赏或

---

1 席勒《席勒散文选》，张玉能译，百花文艺出版社，1997年版，第263页。
2 席勒《席勒散文选》，张玉能译，百花文艺出版社，1997年版，第246页。

者反思。正是观赏或反思，使人们不再停留在质料世界之中，而能够通过想象力进入精神世界，也就是说，"美是自由观赏的作品，我们同美一起进入观念世界"[1]。在席勒看来，观念世界恰恰体现出人之为人的道德与自由，由此审美状态与道德状态就具有了相通性，在审美状态之中就体现出向道德状态的过渡。

康德认为"美是道德的善的象征"，这一观点强调了美与道德、自由之间的内在关联。席勒美学同样强调了美与道德之间的关联，或者说，道德或者自由成为审美的历史性指向。由此席勒提出了三个王国：力量的王国、游戏和外观的王国、法则的王国。正如他所说："在力量的可怕王国的中间以及在法则的神圣王国的中间，审美的创造冲动不知不觉地建立起第三个王国，即游戏和外观的快乐的王国。在这个王国里，审美的创造冲动给人卸去了一切关系的枷锁，使人摆脱了一切称为强制的东西，不论这些强制是身体的，还是道德的。"[2]力量的王国与法则的王国均包含着强制性的力量，而只有作为游戏和外观的审美王国是摆脱了任何强制的。对于席勒来说，或许审美才是真正属于人的。"力量的可怕王国"有着过多的动物性的驱动，"法则的神圣王国"包含着高于人的神圣法则，而只有"审美的王国"才融合二者，给人提供了人性的完满状态。

三个阶段、三种状态、三个王国，实际上言说的都是人性的历史发展，或者说，人性的生成。而且在席勒看来，个体的发展与整个人类的发展都需要经历相似的阶段。因此，历史不仅仅是宏观的、总体性的，同时也是微观的、个体性的。这样看来，人本身，不管是个体

---

[1] 席勒《席勒散文选》，张玉能译，百花文艺出版社，1997年版，第259页。
[2] 席勒《席勒散文选》，张玉能译，百花文艺出版社，1997年版，第276页。

的人还是人类整体，都是时间性的存在，而审美在人的发展过程中显然具有特殊的意义，因而也就具有了特殊的时间性内涵。

更具体一点来看，这种时间性的分析方法不仅仅体现在对人性的审视之中，也体现在对具体概念的把握之中。如席勒对于"游戏"概念的分析，最初，动物的生活受到自然需要的强制，因而面对的是严肃的自然。当它有了剩余精力的时候，就能够摆脱动物式需要的直接强制展开游戏，这时的游戏就是自然的游戏。进一步，当人的想象力获得了更高层次的发展的时候，人借助想象力就会把不同的形象按照自然法则连缀起来，并从形象本身的连续出现获得愉悦，这就是幻想的游戏。最后，当想象力能够摆脱自然法则，以一种自由的形式体现出来的时候，就会经历一个飞跃，形成审美的游戏。这样，从严肃的自然到自然的游戏，再到幻想的游戏，最后到审美的游戏，也就是完整人性的体现，整个过程包含着内在的时间线索，体现出对人性历史生成的思考。这一思想实际上也提示我们注意这一时间性分析方法在对更为具体问题研究中的方法论意义。

从总体上来看，将历史性的维度纳入人性的考察之中，具有重要的理论意义。人性不再是既成的状态，而是需要去培育和争取的。它在某种程度上改变了启蒙时代"天赋人权"的观念。在后来的黑格尔、马克思那里，这种历史性所蕴含的理论潜力获得了更为充分的发挥。20世纪，"历史"在詹姆逊那里更被视为一切解释的终极视域，"永远历史化"[1]作为一个理论命题甚至成为讨论任何问题的前提和基础。值得注意的是，无论是在席勒、黑格尔还是马克思那里，对历史的考察不仅仅包含着对过往的追溯，还包含着对人类未来的思考，体

---

[1] 詹姆逊《政治无意识》，王逢振、陈永国译，中国社会科学出版社，1999年版，第9页。

现出完整的时间意识，因而历史问题实际上植根于时间性问题。席勒美学中审美在人类以及人性发展过程中的历史性作用，也反映出席勒美学内在的时间性视野。

综上所述，席勒在《书简》中从三个方面对人性进行了分析，即通过现实分析、先验分析和历史分析，展示出人性本身的多面性和复杂性。三个方面的分析恰好构成了完整的时间结构。现实分析构成了当下的时间维度；先验分析展示出人性既成的状态和内在构成，代表了曾在的时间维度；历史分析则呈现出人性发展的未来走向，展示出未来的时间维度。由此体现出席勒对人性的系统性理解和把握。这一时间结构既是对康德及启蒙思想的继承，同时对西方美学后来的发展也具有重要的理论意义。

另一方面，在《书简》之中，审美实际上包含着偶然性、循环性、目的性三种时间模式。游戏状态是对经验时间的突破，显现出审美的偶然性时间模式；审美作为游戏状态表征着人的感性冲动和游戏冲动彼此融合的理想状态，体现出循环性的时间模式；而三个王国的划分（自然王国、审美王国、道德王国）则呈现出目的性的时间模式。但在席勒美学中，审美活动的定位还不够清晰，审美究竟是理想化的状态还是所谓中间状态，还没有得到很好解决，体现出三种时间模式结合得还不够圆融，这在之后黑格尔美学中会得到进一步思考和完善。

二、素朴的诗和感伤的诗中的时间性思想

对素朴的诗与感伤的诗的区分是席勒美学思想的一个重要部分。

总体来看，素朴的诗和感伤的诗的时间性内涵主要体现在两个方面：一方面，席勒对这两类诗的分类，是站在人类社会历史发展的角度以及艺术史的发展框架之中进行的，其出发点就体现出自觉的时间意识；另一方面，素朴的诗与感伤的诗本身的特性和情感状态就展现了不同的时间性内涵。素朴的诗中所展现的素朴状态是一种源初时间意义上的完满，展示的是人与自然融为一体的存在状态。随着现代文明的发展，人与自然的和谐统一被现代文明所瓦解，素朴的诗充满了对过去那种完满状态的追忆，是过去那种理想的、融合的状态的展现，所体现的时间性是充实而统一的。而感伤的诗则是在对于过去那种完满的存在状态求而不得的感伤情绪下的艺术创作，所面对和展现的是一种人的存在在时间性上的破碎和分裂。它不断地追求过去理想的东西，尝试用过去那种与自然合一的方式来指引我们的未来，但那种过去是无法回复的。感伤情绪就是对已经逝去的过去的留恋，对不可寻获之物的感伤，其中蕴含着的是一种破碎和分裂的时间意识，即过去时间的不可回返，理想未来的无法通达，因而只能被限制到当下的时间状态中挣扎求索。

1. 素朴的诗和感伤的诗的区分

在《论素朴的诗和感伤的诗》一文中，席勒清晰地刻画了一条社会和文学的历史发展线索，即从素朴到感伤、从古典到现代、从自然到理性的发展历程。在这一过程中，人与自然的关系发生了变化，人对自然的感受方式也发生了变化，由此有了素朴的诗和感伤的诗的区分。这一思想为我们展现了现代文明进程是如何从自然的素朴走向人性的分裂和异化的。席勒对这一历史进程的考察以及对诗歌的分类都蕴含着明确的时间意识。

诗人只要实际存在着，就处在由特定时代决定的状态中，是属于时代的诗人。无论是素朴的诗还是感伤的诗都具有其特定的时代历史特征，是时间的产物。从素朴的自然到感伤的自由，从天真到欲求，都是人类文明历史发展必须要经历的。席勒从人与自然的关系来审视西方文学的演进，揭示了西方文学艺术的发展轨迹就是从古代素朴的诗到近代感伤的诗的历程。素朴的诗所描绘的是真正的自然，这时人与自然是统一的整体。素朴的诗所表现的就是人与自然的统一状态，这时人还没有受到现代文明的侵扰、理性的压迫和职业化分工的束缚，还没有出现感性的缺失和能力的片面发展。在这种素朴的状态下，诗人就是自然，处于一种时间性的完满状态，因而诗人也不需要在现实之外去重新构建一个新的世界。这种人与自然的完满状态也使得素朴的诗无须再进行分类。与之不同，感伤的诗却可以分为讽刺诗和哀歌。因为感伤诗人内心有两种冲突的表现和感觉：一个是作为无限的理想，一个是有限的现实世界。现实和理想成为感伤诗人情感的双重源泉，感伤诗人就是在对这二者的不同理解上展开诗歌创作。如果诗人沉迷于他的理想世界，把理想作为喜爱的对象，他就会创造出哀歌；如果诗人把现实作为厌恶的对象加以处理，就会创作出讽刺诗。更进一步，席勒依据诗人不同的处理方式把讽刺诗分为激情的讽刺诗和嬉戏的讽刺诗。诗人如果用严肃而热情的方式来处理现实与理想的矛盾，就会产生"激情的讽刺"，如果用戏谑而愉快的方式描写，则会产生"嬉戏的讽刺"。同样哀歌也可以分为两类：狭义的哀歌和广义的牧歌。当古代自然被现代文明的发展所取代，自然消失，理想和自然成为不可企及的对象时，就会促使诗人创作出哀歌；当理想和自然表现为现实和快乐的自然时，则会产生牧歌。在席勒看来，感伤的诗的产生及其分类是与当时社会历史的现实状况相联系的，面对现代文明中人性的分裂，感伤的诗作为对现实的思考和回应有其产生的特定的时代历史渊源，体现出明确的时间意识。

2. 素朴的诗的时间性内涵

素朴状态中的自然是自由自在的存在，人与自然和谐统一，遵循着自然本身的恒常法则，体现出完整、真实的存在。因为素朴状态是原始自然的和谐与完满，是人与自然的统一，相应的在素朴的诗中所表现的就是完整的时间性，只不过它所指向的是过去古代的时间。一旦对素朴的外观进行模仿，对自然的和谐感情就会消失，所以素朴是不能在时间意义上被变形的。席勒认为，从根本上来说，对素朴的自然的愉悦和满足，不是审美的而是道德的。因为它不是直接由观察引起，不取决于形式外观的美，而是由一个观念促成的。我们对这些自然对象的喜爱，是由于它们所表现的观念。"在它们身上，我们喜爱默默创造的生命，自发的平静创造，遵循自己法则的存在，内在的必然性，自身的永恒统一。"[1] 自然在时间性中有自己必然的内在现实和规律，是时间性永恒的统一，体现出素朴的和谐天真的风格。因而素朴的真正价值在于，使自然自由地追随它的道德性状，遵循协调一致法则。在素朴的世界中，自然只是遵照其最终目的显现出来，自然在时间中存在，时间就是自然的存在状态。这时所达到的是内心的平静而不是活动的静止。这时人与自然和谐一体，所体现的就是自然的、源初的时间性。诗人不需要在现实世界之外去重新构筑所谓的理想世界。人自如地处在时间性的完满中，没有受到任何压制或束缚。正是

---

[1] 席勒《秀美与尊严》，张玉能译，文化艺术出版社，1996年版，第263页。

由于这种完满，素朴的诗所展现的就是人与自然的和谐整体，是不能在时间意义上进行拆分的。

3. 感伤的诗的时间性内涵

席勒认为感伤这种情绪是来自我们曾是的东西，即我们在时间中丢失且无法寻回的东西。童年永远是最珍贵的东西，是对过去的留恋，是圆满的理想和典范。我们之所以产生这种对美好过去的感伤情绪，就在于我们所处的时代中，人与自然处于分裂状态，人陷入了片面发展，导致了人性的缺失，表现在时间性上就是完满时间的分裂和破碎。

感伤状态的出现是源于现代文明的发展所导致的自然从人性中消失，因此我们会怀着对逝去的自然的怀念和悲叹在现代社会中苦苦找寻。席勒认为，人与自然关系的变化就是"古代人自然地感受，而我们感受自然"[1]，所对应的诗人的角色就是"他们或者是自然，或者寻求失去的自然"[2]。感伤诗人在现代社会中寻求已逝的自然童年，试图用过去来重构我们理想的未来，这只是对未来的一种理想状态的追寻，当然是永远不可能达到的。席勒指出，"我们离不开我们状态的局限，这种局限来自我们某一时候所得到的规定，所以我们景仰儿童身上无限的可规定性和他的纯洁无邪"[3]。人类童年的自然和谐是永远无法重现的，现代人的一切都已经被束缚，人的局限性决定了那种理想自然只能成为逝去时间的理想。素朴中包含着一种对自然服从的本

---

[1] 席勒《秀美与尊严》，张玉能译，文化艺术出版社，1996年版，第278页。
[2] 席勒《秀美与尊严》，张玉能译，文化艺术出版社，1996年版，第279—280页。
[3] 席勒《秀美与尊严》，张玉能译，文化艺术出版社，1996年版，第265页。

质,但随着人自身的发展,我们失去了自然所包含的那种幸福和完美。人成为自由的,但却丧失了幸福和完满,进入了感伤状态。

感伤的诗表征着人随着想象力和理解力的发展离开了自然的单纯,逐步从素朴的必然性中进入一种自由的状态。人类进入了现代文明,失去了人性的和谐,就只能力求去达到道德的统一。素朴中的统一是在现实中发生过的,而感伤所力求达到的统一只是观念性的存在,具有未来的时间指向。所以感伤诗人所能做的不是模仿现实,而是表现理想。在这个意义上文化人和自然人之间的区别是显著的,现代人凭借文化去改善人性的分裂,比起自然的必然性是更自由、更主动和更值得肯定的。正如席勒说的"自然人通过绝对地达到一种有限来获得他的价值,文化人则通过接近无限的伟大来获得他的价值"[1]。现代人创作的诗实际上是要通过文化达到最终目的,是摆脱了素朴的必然性而指向无限的、超越现实的未来,体现出未来的时间维度。

在这个意义上感伤的诗的内容是无限的,它通过观念的崇高达到诗的自由。因此感伤的诗是通过观念来感动我们,通过理性进入我们的内心之中,而这种心灵中的伟大观念会把我们提高到经验限制之上,获得对现实的超越,人由此就能凭借意志的力量使自己摆脱任何被限制的状态。他所悲叹的内容不是一个外在的对象,而是内在的理想的对象。这是把有限的东西转换为无限的东西的一种感受和处理方式,更是一种对自由的追求和对自然状态和经验时间的超越。毕竟感伤诗人所寻求的是作为理想的自然,尽管他把这种完美的自然当作曾经存在过而现在已经消失的东西来悲叹,但过去的东西早已成为理想。席勒明确指出,"诗的艺术只有两个领域,它必须要么在感性世

---

[1] 席勒《秀美与尊严》,张玉能译,文化艺术出版社,1996年版,第286页。

界里，要么在观念世界里"[1]。所以在感性的自然世界里，必须遵循经验时间的必然，而在理想的观念世界中，是超越经验时间束缚的想象力的无限领域。感伤的诗区别于素朴的诗就在于，它把素朴的诗所始终依靠的现实状态与观念联系起来，并把观念运用到现实之中，获得了超越现实、指向未来的无限意义。所以，感伤情绪的由来，就是现代人性的分裂、人与自然的背离所体现出的完整时间性的破碎。一方面是过去那种完满时间状态的不可寻回，另一方面是对超越现实时间的未来理想时间的渴求，但这二者并不能在当下实现。既无法重温过去的美好旧梦，也无法通达理想的未来，只能在当下试图弥合这种人性、自然和时间性的分裂。但即便如此，这种指向未来、求索理想的感伤的诗仍旧具有指向无限的意义。

　　素朴诗人本身是一个完整的统一体，而感伤诗人则需要恢复被破坏的统一性，使人性不断朝着理想的、无限的状态行进。如果从时间性意义上去看这二者的差别，席勒说"一切现实都落后于理想"[2]。一切存在的东西都有它的界限，然而思想和心灵是没有界限的。思想是超越经验时间和空间的，从这个意义上讲素朴诗人是更加受到感性现实的时间限制的，而观念上的感伤诗人则会相对获得时间性上的自由。正因为如此，感伤诗人的心灵似乎是被观念的无限的东西扩大到超出自己的自然范围，在现实生活中没有任何东西可以将它填满，所以感伤诗人所表现出来的就是对现实的厌恶。对于素朴的诗来说，自然所实现的一切都是必然的，因而处于一种对经验的依赖之中。感伤的诗则是依靠自己的力量使自己从受限制的状态中走向自由。素朴诗

---

[1] 席勒《秀美与尊严》，张玉能译，文化艺术出版社，1996年版，第301页。
[2] 席勒《秀美与尊严》，张玉能译，文化艺术出版社，1996年版，第322页。

人需要外界的帮助,而感伤诗人依靠自己的内心。所以素朴诗人容易陷入的困境是,任凭自然无限制地支配着自己,表现为对存在之物和必然之物的顺从,而感伤诗人则可能会超越有限的现实,甚至超越诗的可能性而沉湎于幻想。素朴诗人受到自然的必然规定,感伤诗人受到理性的必然规定。素朴诗人依赖的是在时间中的连续性和必然性,一切都是必然,在时间中就具有了相对的普遍性,是一种相似事情的不断重复。而感伤诗人是在知识活动中由自身来规定的。他的目标是将一切知识追溯到无限的知识,他所要求的是一种无限的东西,而他所做成的一切都还是有限的,因而感伤的诗是在有限中指向无限,更多地体现出未来的指向。在席勒看来,无论是现实还是理想,素朴还是感伤,其实总是在时间中,是无法超越时间的。感伤的诗所具有的仅仅是超越经验时间的一种无限的、理想的指向。所以如果从根本的时间性意义上来说,素朴与感伤二者其实不是根本对立的。素朴的诗所表现的是受自然的必然性所约束的时间,更多地指向过去;感伤的诗所呈现的是所要超越自然束缚而走向自由的永恒的时间,更多地指向未来。

可以看到,席勒美学包含着明确的时间性思想。《书简》中的分析方法与时间模式具有自觉的时间意识,对素朴的诗与感伤的诗的分析贯穿着内在的时间线索,这些都体现出席勒美学对时间性问题的关注及其在康德美学基础上所做的理论推进与深化,具有十分重要的理论价值。

第二节 黑格尔美学思想的时间性内涵

黑格尔美学是德国古典美学的完成。从时间性的角度来看,黑格尔的思想体系有着更为自觉的时间意识，康德美学中偶然性时间模式、循环性时间模式、目的性时间模式在黑格尔美学中均有所体现并结合成一个完整的整体。对黑格尔来说，精神本身就是在时间之中成长和发展的，并在时间之中显现为各种不同的形式。艺术发展的螺旋式上升过程可以看作是康德目的性、循环性、偶然性时间模式的结合：精神在圆圈式的循环发展中指向最终的目的，最终目的的实现其实又是对自身的回返，而艺术的出现则体现出对经验时间的突破。同时，黑格尔美学关于不同艺术类型、艺术门类的区分则呈现出更为丰富、更为复杂的时间展开形式。最后，"艺术终结论"的思想也是黑格尔美学时间性的集中体现。因此，以精神的运动为基础，黑格尔美学体现出明确的时间意识，这些都显现出黑格尔美学对康德美学时间性问题的推进和拓展。

一、黑格尔哲学体系的时间性

黑格尔的哲学体系按照"绝对精神"的发展，可以大体划分为逻辑哲学、自然哲学和精神哲学三个部分，展现出"绝对精神"运动、变化和发展的整个过程。黑格尔认为，精神的发展从"逻辑学"开始，即从"绝对精神"的纯形式或纯概念阶段开始，之后才是"绝对精神"在自然、社会和人的精神领域的发展阶段，最后是"绝对精神"的自我运动和发展。绝对精神构成了黑格尔哲学体系的基础，绝对精神的发展本身就体现出明确的时间性内涵。这种时间性又不同于经验所感知到的时间，即并不是绝对精神按照线性时间经历的从无到有的简单的形式上的变化，而是一种不断回返至自身的循环时间。

绝对精神的运动遵循辩证法的原则。绝对精神以逻辑学开端到自然哲学再到精神哲学的发展，并不是简单地用后者否定前者，前者消融于后者，而是只有经过辩证法的否定之否定之后精神才能到达下一个发展阶段。在这一过程中，后者是对前者的扬弃。扬弃一词首先意味着否定，即对于过去的、已有的内容的否定，但扬弃同时还有"保留"的意思，即上一个阶段的内容是有所保留地延续到了下一个阶段。通过扬弃，绝对精神达到下一个阶段时，同时包含着过去、现在两种时间维度上的内容，同时，否定之否定为绝对精神的发展达到最终阶段提供了未来的发展方向。所以说，"绝对精神"的运动本身就体现着完整的时间性内涵。虽然外在仍体现为一种在线性时间中的运动，但"绝对精神"从逻辑学开端，经历否定之否定再返回到其自身的时候，在这一螺旋式上升的过程中，早已不再是最初的绝对精神了，而是有着更加丰富的内涵，体现了一种存在论时间意义上的循环和提升。

康德的"哥白尼式革命"为近代哲学确立了"主体性"原则，即人为自然立法。康德运用先验分析的方法，将人的心意能力划分为"感性""知性""理性"三大领域，知性统摄感性材料形成经验知识，理性则能对不可呈现在经验之中的存在进行思考，形成一种无法为知识所把握的"理念"。而黑格尔的哲学首先肯定了康德所做的划分，同时又在批判康德的基础上，运用否定之否定的方法构成了一种理性的"逻辑的历史"发展，具体而言就是肯定—否定—否定之否定的发展，每一个"肯定"阶段都作为过去阶段被扬弃，但同时下一个阶段"否定"又包含着过去阶段的内容，在否定之否定的环节中又昭示着事物发展的未来指向，在扬弃的螺旋式上升过程中达到更高阶段，然后重复这一过程。在这样一个螺旋式上升的动态过程中，体现出黑格尔哲学体系开阔的时间性视野。

在黑格尔哲学中精神是第一性的，人类全部历史就是绝对精神的发展历史，人类认识到的全部内容，就是绝对精神在时间中的变化所呈现出来的所有内容，是逻辑和历史统一。所以无论是辩证法本身，还是绝对精神通过辩证法的否定之否定的发展，都体现出宏大的时间性视野和丰富的时间性内涵。时间在这里就是一切内容生成的场域。

黑格尔所说的时间不是历史事件线性的无逻辑的堆砌，而是精神的自我运动和发展。黑格尔不是在历史中寻找规律，而是要证明历史就是按照某种内在的逻辑演进的，这种内在的逻辑就是精神的发展规律。人类能够认识的一切历史都是绝对精神在时间中运动和变化的结果，而精神的发展本身就奠基于时间。绝对精神要从逻辑阶段走向精神哲学，就必须使抽象的形式获得具体的内容，这就指向了自然界，这是绝对精神的自我否定。然而自然界或者客观世界只能在空间中延展自身，它们是不具备时间属性的，实质上只是绝对精神的派生。绝对精神出现之前是没有历史的，人的理性作为绝对精神的一个发展阶段使得人能够认识自然，认识客观世界，所以可以说，是绝对精神使人能够真正地开始认识时间。绝对精神不断地否定自己，发展自己，在这一过程中，人的理性也随之发展，不断在已有的知识中扬弃自身，达到更高的发展阶段，这就形成了历史。所以人类社会历史本质上就是黑格尔所说的绝对精神的发展。

黑格尔认为精神的发展需要经历三个阶段，分别为主观精神、客观精神以及最终的绝对精神。在精神的发展中，主观精神体现为人类学、精神现象学、心理学，客观精神体现为法哲学、历史哲学，绝对精神体现为艺术、宗教和哲学。这些是精神发展的不同阶段所呈现出的内容，而绝对精神在哲学中获得了最充分的显现，因而哲学就是绝对精神发展的最高阶段。人类所能认识的一切都是绝对精神在不同发展阶段上的具体体现，而不是人在经验时间中认识到的一个个的片段。恩格斯认为，"近代德国哲学在黑格尔的体系中完成了，在这个体系中，黑格尔第一次——这是他的伟大功绩——把整个自然的、历史的和精神的世界描写为一个过程，即把它描写为处在不断的运动、变化、转变和发展中，并企图揭示这种运动和发展的内在联系"[1]，也就是说，黑格尔将人类发展的全部历史都纳入了绝对精神的辩证发展过程中。所以精神的发展就与历史的发展统一在一个更宏大的时间性视野中。正如海德格尔在《存在与时间》中所说，在黑格尔的时间观中，"精神与时间都具有否定之否定的形式结构，黑格尔借回溯到这种形式结构的自一性来显示精神'在时间中'的历史实现的可能性"[2]。

按照黑格尔的哲学体系，绝对精神是有一个最高阶段的，也就是说，绝对精神的发展是有终点的。但是，在这之后的时间究竟是怎样的，黑格尔没有明确说明，也就是说，外在于时间的精神如何存在，黑格尔是未加考察的。在某种意义上，这源于黑格尔时间观念的封闭性。马克思也曾批判过黑格尔的这种理性时间的观念，重新强调了人的感性与时间的关系，从感性的维度重新给予了时间无限的可能性，这可以说是对黑格尔时间问题的理论回应，也构成了我们理解黑格尔哲学体系以及美学思想的时间性内涵的重要参照。

二、黑格尔美学思想的时间性

黑格尔对于美学的思考是基于他的整个哲学体系。上文提到，黑

---

[1] 马克思、恩格斯《马克思恩格斯选集（第三卷）》，人民出版社，1995年版，第362页。
[2] 海德格尔《存在与时间》，陈嘉映、王庆节译，生活·读书·新知三联书店，1999年版，第491页。

格尔的哲学思想中蕴含着逻辑与历史相统一的演进过程，这个历史过程的演进具有内在的时间意义。绝对精神的发展本身就是一个时间性过程，而艺术作为这种绝对精神特定的发展阶段，自然也处在这种精神发展的时间性中。可以说，黑格尔关于绝对精神发展的时间性作为一种理论结构上的奠基，为其美学思想的时间性铺平了道路。

1. 美是理念的感性显现

对黑格尔美学思想时间性的考察必须植根于他的整个哲学体系。黑格尔将"理念"也就是精神看作是本体性存在，一切都是精神的外化和表现方式，没有精神之外的存在。精神自身就是时间性的，体现为一个变化发展的过程。黑格尔的美学就是艺术哲学，艺术是精神的显现方式，其本质就是精神由低级到高级的不同发展阶段。

首先，要明确美与精神的关系。美的时间性源自绝对精神的时间性。黑格尔提出美是理念的感性显现，是绝对精神的外化。他的全部美学思想都由这一中心思想生发出来。"我们已经把美称为美的理念，意思是说，美本身应该理解为理念，而且应该理解为一种确定形式的理念，即理想。一般说来，理念不是别的，就是概念，概念所代表的实在，以及这二者的统一。"[1] 理念就是绝对精神，是美的艺术的内容。理念作为精神就体现为一个不断成长和发展的时间过程，本身就具有时间性内涵，艺术、宗教和哲学都是理念由低级到高级发展过程中不同阶段的呈现方式。艺术表现绝对精神的形式是直接的，它用感性事物的具体形象来表现理念，宗教是介于艺术和哲学之间，用一种象征性的思维来表现理念，而哲学的表现形式更加高级和间接，需要运用

---

[1] 黑格尔《美学（第一卷）》，朱光潜译，商务印书馆，1979年版，第135页。

抽象思维，从感性事物上升到普遍的概念。从艺术到宗教再到哲学就是理念不断发展的过程。可以说，理念本身就是时间性的，由此美也就具有了时间性。此外，在黑格尔看来，美是理念的感性显现，这里"显现"一词同样也带有时间性的意味。显现不仅指理念显现为某个具体的对象，更是指一个对象的显现过程，即一个时间进程。美需要在一个时间进程中才能得到显现。所以，黑格尔对美的定义中就包含着对时间性的理解，艺术的发展过程就是精神的时间性的显现过程。此外，黑格尔认为艺术有其内在目的，是用感性形象来显现真实，这种真实就是绝对精神，即理念。艺术只是绝对精神发展的一个阶段，仅仅作为一个时间性过程的中间阶段而存在。这样，艺术就具有了二重时间性内涵：首先是从属于精神的总体时间性过程，并作为这一过程中的一个特定阶段而存在。其次艺术本身的发展也体现出自身的时间性。不过，在黑格尔的体系中，这二重时间性本质上是一致的，都从属于精神的时间性，是精神的不同显现方式，只不过是不同层次上的时间性过程的体现。

黑格尔的理论体系中绝对精神的运动过程，就是一个时间性过程。绝对精神是无限的、绝对的、自由的。人类历史的发展以及任何存在物的运动演进，其实质都是绝对精神发展的外化。因此，黑格尔美学的时间性就体现在艺术发展史之中，体现在不同的艺术类型和艺术门类的不断发展和演进之中，这个过程也是绝对精神不断成长的过程。这样，黑格尔对于艺术发展历程的分析，就体现出时间性的演进线索和绝对精神的成长和发展，这是黑格尔美学时间性的根源所在。

艺术自身的发展是时间性的具体体现，艺术的发展史与绝对精神的成长史相契合。在黑格尔看来，理念的发展是一个历史过程，而这种理念的发展也会落实为具体的艺术类型及不同的艺术门类，艺术类型和艺术门类也是在时间中不断发展和演进，它们各自的发展和演进体现出精神成长的内在时间线索。

2. 艺术类型的时间性内涵

首先是艺术类型所体现的时间性内涵。艺术是理念与感性形象的结合，是内容与形式的结合。黑格尔根据艺术中理念和感性形象结合的不同方式，将艺术类型分为象征型、古典型和浪漫型，这三种艺术类型所代表的也是艺术发展的三个不同的历史时期。最初的艺术是象征型艺术。在这个阶段，人类的心灵力求把它所朦胧认识到的理念表达出来，但理念在开始阶段还是模糊、不确定的，艺术精神的力量还较为薄弱，还无法找到适合自己的感性形象，于是只能采用巨大、粗糙的形式和庞大的体积来表现朦胧模糊的精神，这时形式大于内容，其代表性的艺术形式是建筑。之后，随着精神的成长，象征型艺术让位于更高的艺术类型，即古典型艺术。古典型艺术代表的是精神的进一步发展，内在精神获得了提升，形式和内容达到了平衡，艺术作品能够充分显现出内在精神力量。黑格尔认为古典型艺术是最完美的艺术，精神的发展程度和艺术的形式相匹配，艺术的精神内容和物质形式达到了完美的契合，是理想的艺术类型。在古典型的艺术那里，内在精神和外在形式融为一体，不可分割，体现出艺术美的完满的存在状态。代表性的艺术形式是雕刻。但精神是会不断发展的，古典型艺术所借以表现的形式毕竟是有限的、不自由的。精神和形式的矛盾就导致古典艺术的解体，接着就是浪漫型艺术。在浪漫型艺术那里，心灵发现有限的物质形式不能完满地表现其内在精神，于是就从物质世界退回到心灵世界，致力于表现心灵和精神的无限。浪漫型艺术是艺术中精神发展的最高阶段，精神已经能够自由发展而不受外在物质形式的束缚，这时内容大于形式，其艺术形式也为精神的延展开拓了空间，代表性的艺术形式是绘画、音乐和诗。在黑格尔的艺术体系中，浪漫型艺术也是艺术发展的终点，外在的物质形式这时已经不再能够表现强大的精神，精神已经在艺术发展中走到了极限。从象征型艺术到浪漫型艺术的时间进程就是精神不断发展和成长的过程，所表现出来的外在形式的变化，是精神的演进和成长在艺术中的体现。很显然，精神的成长和艺术的实际发展历史是相契合的，体现出黑格尔思想中逻辑和历史相统一的原则。

3. 艺术门类的时间性内涵

黑格尔认为，不同的艺术门类也代表着精神成长的不同阶段，艺术门类的发展有其时间性的线索，因此各个艺术门类并不是平行的，而是与精神从低到高的发展相契合，体现在一个历时性过程之中。按照精神发展的内在演进，黑格尔将艺术门类由低到高分为五种：建筑、雕刻、绘画、音乐和诗。首先是属于象征型艺术的建筑，建筑艺术有着庞大的体积，表现的是一种还不清晰的精神，强调的是外在形式的庞大，此时的精神还是隐晦的，掩藏在庞大的形式结构中，强大的外在形式压过了精神。随着精神的成长，象征型艺术被古典型艺术所取代，古典型艺术的代表艺术门类是雕刻。"只有在雕刻里，内在的心灵性的东西才第一次显现出它的永恒的静穆和本质上的独立自足。"[1] 雕刻所表现的就是精神和形式的平衡与契合，二者完美地融为一体。精神在形式中得到完满的呈现，而形式则为精神提供了最恰当的物质基础。精神的更进一步发展就到了浪漫型的艺术类型，其内部

---

1 黑格尔《美学（第一卷）》，朱光潜译，商务印书馆，1979年版，第107页。

也可以按照精神的发展阶段分为三种由低级到高级的艺术门类，分别是绘画、音乐和诗。在绘画艺术中，内容获得一种清晰的表达，这时不需要建筑的那笨重庞大体积和雕塑的立体空间去表现精神，仅仅是在平面中就能表现观念和精神性的东西。它的呈现形式和实现方式较之于先前都更加具有内在性和观念性。此外，绘画艺术的内容也更加广泛，人们心中的情感、观念、目的等都可以用绘画来呈现。比绘画更进一步的是音乐。音乐的材料虽然是感性的，但它有着更强烈的观念性。作为一种表现观念的艺术，音乐所使用的媒介是声音，它所表现的观念性不再是空间的而是时间的。声音把这种观念性的内容从物质形式的束缚中解放出来，为精神的发展提供了更加广阔自由的条件。音乐是心灵的进一步发展，它的全部情感都能在声音中得到表现，所以音乐成为浪漫型艺术的中心。浪漫型艺术的进一步发展就是诗。诗是所有艺术中最富心灵的表现，也是艺术发展的最高层次。诗所显现的是心灵的自由，包括无限的空间和时间上的自由。正如黑格尔说的："诗艺术是心灵的普遍艺术，这种心灵是本身已得到自由的，不受为表现用的外在感性材料束缚的，只在思想和情感的内在空间与内在时间里逍遥游荡。"[1] 在诗中，精神超越之前所有的艺术门类，达到了前所未有的自由，这是艺术发展的最高阶段。但与此同时，诗也成为艺术与非艺术的临界点：既是艺术发展的顶点，也是艺术解体的开端。因为此时的艺术形式已经不能够满足精神发展的需要了，精神的发展已经超越了任何外在的形式，艺术已经不再能表现精神了，艺术在时间的发展上走到了尽头。可以看到，这些不同艺术门类之间的关系也是由低到高的，之后的门类是对前者的一种克服和提升，因此

---

[1] 黑格尔《美学（第一卷）》，朱光潜译，商务印书馆，1979年版，第113页。

这种发展顺序是确定的，体现出精神发展内在的时间性。

黑格尔关于艺术史的思想认为，艺术越向前发展，物质的因素就逐渐下降，精神的因素逐渐加强。而最终艺术发展到作为浪漫型艺术的诗，精神远远超越形式，二者的分裂就会导致艺术的解体和终结。在这一时期，精神已经不满足于在感性形象中显现自身，精神需要进一步脱离物质，以更纯粹、更适合自己的方式显现出来，这样艺术就过渡到了宗教和哲学。这就涉及黑格尔"艺术终结论"的思想。

三、艺术终结论的时间性内涵

在黑格尔看来，精神的发展有一个过程，在艺术之中，精神是借助感性形式来表现自己，但历史发展到现在，精神已不满足于通过艺术的感性形式来表现自己了，而要求回到精神自身，通过宗教、哲学等更高的精神发展形式来认识自己，由此导致艺术的终结。黑格尔说："我们现在已不再把艺术看作体现真实的最高方式……这样一个时期就是我们的现在。我们尽管可以希望艺术还会蒸蒸日上，日趋于完善，但是艺术的形式已不复是心灵的最高需要了。我们尽管觉得希腊神像还很优美，天父、基督和玛利亚在艺术里也表现得很庄严完善，但是这都是徒然的，我们不再屈膝膜拜了。"[1]

实际上，黑格尔艺术终结论的本质在于终结的不是艺术，黑格尔从未否认艺术仍会继续存在下去，而是艺术作为人类精神的最高旨趣与绝对需要的特殊地位，或者说，艺术的终结是艺术作为真理最高表现形式的终结。对于黑格尔来说，"艺术终结论"有其时间上的必然性。

---

1 黑格尔《美学（第一卷）》，朱光潜译，商务印书馆，1979年版，第131—132页。

首先，艺术终结论是黑格尔逻辑体系演进的必然。

在黑格尔看来，艺术、宗教、哲学都是认识绝对真理的方式，但艺术是通过直接的感性形象的方式来认识，宗教是通过表象的意识的方式来认识，哲学则通过绝对心灵自由思考的方式来认识。其中，艺术运用感性形象，精神性较弱。宗教运用表象的形式，仍未脱尽感性形态，但比艺术已经高了一层。哲学则直接运用概念思考来把握，不需要感性形象的参与，因而是认识绝对真理的最高形式。黑格尔是从精神必然要从低级向高级发展，因而艺术也必然要向宗教和哲学演化这样的意义上来谈"艺术终结论"的。"艺术终结论"的实质是把艺术放在绝对精神层次较低的发展阶段上，指出还有比艺术更高的认识绝对真理的方式，所谓艺术的"终结"，就意味着绝对精神必然要向更高的阶段发展，而不是说艺术会衰亡、消逝。这样，终结就是精神的时间性的必然结果。

其次，艺术终结论是对现代理性文化反思的结果。

在黑格尔看来，启蒙以来对理性的重视，固然取得了十分重要的成果，但无疑也造成了人与现代文化的片面发展。过于重视理性的普遍性，忽视存在的个别性，这样就导致"我们现代生活的偏重理智的文化迫使我们无论在意志方面还是在判断方面，都紧紧抓住一些普泛观点，来应付个别情境……因此，我们现时代的一般情况是不利于艺术的"[1]。人们更多地开始从普遍的、抽象的角度把握世界，而忽视了具体的、个别的存在，这也使人自身陷入了矛盾和对立之中。在这样的背景下产生的艺术，已经无法展现出感性与理性、心灵与形象的完美统一，因而"就它的最高的职能来说，艺术对于我们现代人已是过

---

[1] 黑格尔《美学（第一卷）》，朱光潜译，商务印书馆，1979年版，第14页。

去的事了。因此，它也已丧失了真正的真实和生命，已不复能维持它从前的在现实中的必需和崇高地位"[1]。

凭借这样的艺术，当然也无法把握和认识那最真实的存在，从而"（在现代世界中）艺术已不复是认识绝对理念的最高方式。艺术创作以及其作品所特有的方式已经不再能满足我们最高的要求；我们已经超越了奉艺术作品为神圣而对之崇拜的阶段"[2]。属于艺术的时代已经过去了。这样，艺术终结论就体现为对当下的反思与自觉，体现出明确的时间意识。

最后，艺术终结论也是艺术门类演进的必然。

黑格尔在《美学》中主要谈到了五种艺术门类，建筑、雕刻、绘画、音乐和诗。这五种艺术门类存在逻辑演进的关系，即精神性逐渐增强，形象性逐渐减弱。而"到了诗，艺术本身就开始解体。从哲学观点来看，这是艺术的转折点：一方面转到纯然宗教性的表象，另一方面转到科学思维的散文"[3]。因此，诗构成了艺术的临界点，既是艺术发展的最高阶段，也是艺术走向衰微甚至解体的开始。所以，诗是一种特殊的艺术门类，甚至可以说，是一种"反艺术的艺术"，因为"诗就拆散了精神内容和现实客观存在的统一，以至于开始违反艺术的本来原则，走到脱离感性事物的领域，而完全迷失在精神领域的这种危险境地"[4]。从这个意义上来讲，终结其实并不是结束，而是精神迈向更高阶段的开始，由此体现出时间性的开放性。

20世纪以来艺术的发展在一定程度上使黑格尔关于艺术终结论

---

[1] 黑格尔《美学（第一卷）》，朱光潜译，商务印书馆，1979年版，第15页。
[2] 黑格尔《美学（第一卷）》，朱光潜译，商务印书馆，1979年版，第13页。
[3] 黑格尔《美学（第三卷下）》，朱光潜译，商务印书馆，1979年版，第15页。
[4] 黑格尔《美学（第三卷下）》，朱光潜译，商务印书馆，1979年版，第16页。

的看法得到了印证。现代艺术的发展体现出艺术哲学化的历史走向，哲学在艺术中承担着越来越重要的角色，成为艺术创作和阐释的关键元素，艺术的哲学化（观念化）程度不断加深，哲学化的艺术发展倾向使现实世界中的艺术发展呈现出多样化的发展态势。当代艺术发展的另一个走向就是艺术面向生活娱乐的发展倾向，艺术开始走下神坛，面向大众，但在诸多外部因素的影响下也可能会失去它的真实和独立，成为潮流文化发展的附庸。这两种不同的艺术发展倾向其实已经体现出艺术终结之后的两种可能路径：一方面是现实世界中艺术依旧繁荣，各类新潮艺术流派的蜂拥，是艺术在现实时间的延续和壮大；另一方面是艺术时间的终结，艺术失去它独特的时间意义，艺术的精神价值消亡，也就是艺术内在时间性的消亡。

艺术在现实历史时间中可能依旧繁荣，日趋于完善，各种不同形式的艺术也会不断涌现，20世纪艺术的发展也印证了这一点。艺术的发展打破了传统的界限，它的表现领域和表现方式都得到了扩展。这一时期的艺术家都在尝试各种全新的形式和内容，众多艺术作品以超出人们想象的方式呈现出来，出现了众多的艺术流派，野兽派、立体主义、未来主义、达达主义、波普艺术、极简主义等等。艺术迎来了多元主义的时代，艺术的发展确乎展现出一种开放的发展态势。同时，随着20世纪商品经济的发展、消费主义的兴起，各式各样的艺术门类与日常生活相结合、与先进科技相结合，艺术也出现在日常生活的各个领域，呈现出日常生活审美化的新局面。艺术形式在现实时间中的发展不断创新，呈现出一片喧闹的景象。

但与之形成对比的是艺术内部属己的源初时间的终结。黑格尔认为艺术终结之后的艺术已经不再是真正的艺术，仅仅是借用艺术形式的外形，已经不能表现真正的存在。这时，艺术必须借助其他外在的东西来证明自身的价值,或是借助哲学化的阐释,或是借助先进的艺术表现手段,但这些仅仅是一种表象的多元化,艺术失去了其独有的精神内涵,成为某种附庸或工具意义上的存在。黑格尔对真正艺术的表述是:"适如每个人在每种活动中,无论在政治的,宗教、艺术和科学的活动上,都是他自己时代的产儿,并且负有铸造自己时代的本质内涵、从而铸造自己时代的形象的任务,艺术也一直负有使命,应能为一个民族的精神找到艺术上合适的表现。""每种艺术作品都属于它的时代和它的民族,各有特殊环境,依存于特殊的历史的和其它的观念和目的"[1],所以真正的艺术是能够表现时代精神的,是对本真存在状态的呈现,体现出完整统一的时间性。但随着艺术的终结,艺术作品中那种表征存在整体的时间性已经消失了。艺术成为消遣和娱乐,进入日常生活之中,随着经验现实的时间流转,不再有那种超越经验现实的时间性,而是在历史时间中随波逐流,丧失了艺术的独立与真实。艺术与日常生活的界限被消解,传统艺术的真实性和灵韵也消失了,经典高雅艺术的地位被不断兴起的流行文化所取代,人们不再对艺术顶礼膜拜。艺术自身已经体现不出对现实时间的超越,不再能够言说和呈现人们的生存的本真状态。可以说,当下的艺术是与本真时间的疏离、艺术本真时间的丧失,所以艺术的终结不是现象上的终结而是意义上的终结。艺术已经失去了它的不可替代性或者说独立存在的意义,艺术内部的时间性已经被瓦解了。在这一情况下,对于艺术的感受或创造都是从外部的现实时间着手的,变成了关于艺术的外部世界的研究。

面对黑格尔的艺术终结论,20世纪的思想家也做出了回应性的

---

[1] 黑格尔《美学(第一卷)》,朱光潜译,商务印书馆,1979年版,第19页。

思考。丹托对艺术终结论的看法和黑格尔具有相通之处。他认为艺术已经失去了往日的荣光，变成了机械的、观念的附件，艺术最为荣耀的时刻已经成为历史，今天艺术已经是属于过去时代的东西。现如今，历史与艺术坚定地朝不同方向走去，虽然艺术会以不同的方式继续存在下去，但它的存在已经不再具有任何意义了。艺术的时代已经从内部瓦解了。丹托认为今天艺术已经变成了艺术哲学，艺术实际上已经完结了，也就是说艺术已经丧失了它本身的时间性意义，走向了终点。在海德格尔和伽达默尔那里，艺术有着更为本源的存在论意义，他们赋予了艺术自身存在的价值，艺术仍有它本真的时间性。海德格尔认为艺术是真理的自行显现，具有本源意义上的真实性。艺术打开了一个历史性民族的世界，艺术作品中是蕴含着本真的历史和时间的。所以艺术作品就是真实在时间性中的显现，是对真理的揭示，海德格尔希望用艺术作品所显现的本真的时间性来重建艺术存在的真理。伽达默尔则关注到节日时间的特殊性。节日作为一种特殊的时间节点，表现出对日常时间的超越，有其特殊的时间结构。时间不是作为一种被具体事物所消磨的东西，而是在节日中才真正呈现出来。在节日中，时间不再是物理意义上的时间，而是由节日本身事先规定的、在节日中的"停滞和逗留"，具有一种同时性。在艺术作品中我们可以看到节日时间的影响和作用。因为艺术作品本身就是一个完整的整体，它能够不被现实历史时间所裹挟，而具有自身独特的时间性。因此，艺术作品有其独立于现实时间的独特的时间结构，能够实现现在、过去和未来的同时性而不被流俗时间所撕裂。因此，伽达默尔由节日的时间过渡到艺术作品的"原时"，认为艺术作品具有本真时间的意义，可以通过艺术作品的时间性来重建艺术的价值和真理。

因此，黑格尔艺术终结论开启了一个颇具理论潜力的论域，在

20世纪艺术和美学思想中产生了不同方向的理论回应。可以说，艺术终结论这一论题本身就植根于某种特定的时间意识，由此可以进一步引申出对艺术存在真理性的思考以及艺术与现实的关系等问题，所有这些都是在时间性的视野中才得以展开。由此也凸显出黑格尔美学思想的时间性内涵及其深远影响。

可以看到，黑格尔美学具有明确的时间性内涵，不同的艺术类型、不同的艺术门类均被纳入时间性的视野之中，成为不同的时间表现形式，并构成一个完整的系统。与之前的康德美学、席勒美学相比，黑格尔美学的时间展开形式显然更加丰富。同时，在黑格尔的体系中，艺术是经验时间的突破与断裂，艺术作为精神的运动就是向自身的回返，因而循环性的就是目的性的，也是当下性的。这在不同时间模式的融合方面显然有了重大推进。关于"艺术终结论"的思考则涉及艺术与时代的关系、艺术自身的时间性等问题。这一思想是康德关于偶然性时间模式、目的性时间模式的进一步延伸，也是黑格尔美学时间性的集中体现，显现出艺术独特的时间性内涵。

第三节　马克思美学思想的时间性内涵

马克思的美学思想与德国古典美学有着深刻联系。实践是马克思哲学思想的核心概念，也构成了马克思美学思想的理论基础。在马克思看来，实践活动是在时间之中展开的，这一点对于马克思的美学产生了重要影响。马克思关于"美的规律"的思想就建基于人类的生产、实践活动之上，包含着深刻的时间性内涵；同时，马克思关于艺术的看法注意到了艺术不同于经验时间的独特存在方式：艺术既与经验现实相关，又有自身的独特存在，因而体现出复杂的时间性内涵。

本节主要结合马克思的实践观念、"美的规律"思想以及对艺术时间的看法，从三个方面简要探讨马克思美学思想的时间性内涵。在马克思那里，"美的规律"思想是从人的角度来理解和审视审美时间性问题，艺术中包含着二重性的时间形式，这些在某种程度上可以看作是对康德美学时间性问题的理论回应，而从一元化的实践活动出发来思考美学问题，则将时间性问题带入了一个新的理论境域，体现出马克思美学思想的突破性与创新性。

一、马克思实践概念的时间性内涵

实践，作为人的具有感性世界的感性活动，在马克思的思想中具有核心地位。在马克思看来，人的实践活动是在时间中展开的，"时间实际上是人的积极存在，它不仅是人的生命的尺度，而且是人的发展的空间"[1]。实践活动能够生产出满足人和社会基本发展所需要的条件，为人自身的发展创造了可能。在实践活动中，人将外在的自然转变为人的感性能力能够把握的人化的自然，实现了主体和客体的真正统一，人和人类社会才得以历史性地生成。因此，时间构成了人的存在的基本形式。实践本身就是时间性的，是人和人的世界得以生成和发展的存在论基础。

马克思始终是从人的现实的实践活动来规定和理解人的。实践是时间性、历史性的活动，不仅使人成为人，更使世界成为世界，也就是说，使人成为真正世界性的存在（Weltlich Sein）。正是在实践的不断展开中，人和整个世界才得以现实地生成。因而，"实践"，在马

---

[1] 马克思、恩格斯《马克思恩格斯全集（第47卷）》，人民出版社，1979年版，第532页。

克思那里，就具有了某种源初性的内涵。在《关于费尔巴哈的提纲》中，马克思在第1条就明确指出："从前的一切唯物主义（包括费尔巴哈的唯物主义）的主要缺点是：对对象、现实、感性，只是从客体的或者直观的形式去理解，而不是把它们当作感性的人的活动，当作实践去理解。"[1] 也就是说，"对象、现实、感性"不能看作是外在于人、与人无关的存在物，而必须放在人的实践活动之中、作为实践本身来理解，这是马克思区别于旧唯物主义的根本之点。在第5条中，马克思进一步指出："费尔巴哈不满意抽象的思维而喜欢直观；但是他把感性不是看作实践的、人的感性的活动。"[2] 很显然，马克思在这里明确地把实践定义为"人的感性活动"，这种感性活动并不是孤立的、封闭的，而是和人的感性、和人的整个社会生活结合在一起，因此，马克思才会说，"全部社会生活在本质上是实践的"[3]。从历史唯物主义的观点来看，作为感性活动的实践是历史性地展开的，在其中形成了人的全部的丰富性，甚至人本身也只有在这种实践活动之中才能现实地生成，"五官感觉的形成是以往全部世界史的产物"[4]。正是在实践活动之中，人之感觉才能变成人的感觉，世界才能成为人的世界，由此人也才能作为真正世界性的存在现身。[5] 因此，实践展开的过程就是人本身和人的整个世界不断生成、丰富和完善的过程，是对人本身不断确证的过程。在这一意义上，马克思在《1844年经济学—哲学手稿》中才会指出，"工业的历史和工业的已经产生的对象性的存在，是人

1　马克思、恩格斯《马克思恩格斯选集（第一卷）》，人民出版社，1995年版，第54页。
2　马克思、恩格斯《马克思恩格斯选集（第一卷）》，人民出版社，1995年版，第56页。
3　马克思、恩格斯《马克思恩格斯选集（第一卷）》，人民出版社，1995年版，第56页。
4　马克思《1844年经济学—哲学手稿》，刘丕坤译，人民出版社，1979年版，第79页。
5　在《德意志意识形态》中，马克思详细论述了在实践的历史性展开过程中，人和人的社会生活的具体生成和发展，这体现出马克思从实践来理解人的世界性存在的崭新视角。

的本质力量的打开了的书本,是感性地摆在我们面前的、人的心理学"[1],人与感性世界的关系不是外在的、静止的、现成的,而是在实践活动中不断建构起来的、源初的联系。

因此,马克思的"实践"并不仅仅指物质生产活动,而是当下现实的、感性的活动。这种感性活动体现着人类实践的历史成果,无疑具有群体性、历史性的内涵[2],即"每一代都利用以前各代遗留下来的材料、资金和生产力;由于这个缘故,每一代一方面在完全改变了的环境下继续从事所继承的活动,另一方面又通过完全改变了的活动来变更旧的环境"[3]。但同时不可忽视的是,作为当下现实的、具体的实践,这种感性活动同样应当体现在个人的层面上,具有个体性的内涵。在《德意志意识形态》中,马克思就批评费尔巴哈"从来没有把感性世界理解为构成这一世界的个人的全部活生生的感性活动"[4],并认为,"在控制了自己的生存条件和社会全体成员的生存条件的革命无产者的共同体中……各个人都是作为个人参加的……它是各个人的这样一种联合(自然是以当时发达的生产力为前提的),这种联合把个人的自由发展和运动的条件置于他们的控制之下"[5]。这种个人的联合起来的共同体的思想在后来的《共产党宣言》《资本论》中均有延续,而那种和个人相对立的共同体则被马克思称为"虚假的共同体"。因此,毋宁说,正是在"实践"的具体地展开过程之中,人

---

[1] 马克思《1844年经济学—哲学手稿》,刘丕坤译,人民出版社,1979年版,第80页。
[2] 海德格尔高度评价马克思思想的历史性维度,认为"因为马克思在体会到异化的时候深入到历史的本质性的一度中去了,所以马克思主义关于历史的观点比其余的历史学优越。……在此一度中才有可能有资格和马克思主义交谈"(《海德格尔选集(上)》,第383页)。
[3] 马克思、恩格斯《马克思恩格斯选集(第一卷)》,人民出版社,1995年版,第88页。
[4] 马克思、恩格斯《马克思恩格斯选集(第一卷)》,人民出版社,1995年版,第78页。
[5] 马克思、恩格斯《马克思恩格斯选集(第一卷)》,人民出版社,1995年版,第121页。

(个体的和群体的、当下的和历史的)才得以不断地生成。在实践活动中，人拥有了自己全部的世界和历史，并在此基础上以当下的实践不断创造未来。这样看来，人并不是一个固定的、一劳永逸的存在，而是在实践活动中不断地成为自身、创造自身、确证自身的世界性存在。这样，实践就超越了传统的主客二分的二元对立，体现出非对象性、非形而上学化的存在论内涵，具有了源初的时间性意义。

二、"美的规律"中的时间性内涵

马克思在《1844年经济学—哲学手稿》中提出的"美的规律"的思想，是马克思美学思想的重要组成部分，关于"美的规律"的探讨一直以来也是马克思美学思想研究中的一个热点问题。在马克思看来，"美的规律"的基础是人及人的生产活动。如果说人的存在是时间性的，那么"美的规律"同样具有时间性内涵。

马克思对"美的规律"的探讨植根于马克思对生产、实践的理解。在马克思看来，劳动、生产、实践活动是人改造外部自然使之成为属人自然的活动，是有意识、有目的地实际创造一个对象世界的活动，它是人的存在的展开形式，因而本身就具有存在论的意味，是人之为人的体现。"有意识的生活活动直接把人跟动物的生命活动区别开来。正是仅仅由于这个缘故，人是类的存在物。换言之，正是由于他是类的存在物，也就是说，他本身的生活对他说来才是对象。正是由于这个缘故，他的活动才是自由的活动"，因而，"自由自觉的活动恰恰就是人的类的特性"。人的活动是自由自觉的活动，这构成了人之为人的特性，也是人与动物的基本区别。马克思由此提出了他对人的生产的规定以及"美的规律"的思想："动物的生产是片面的，而人的生产则是全面的；动物只是在直接的肉体需要的支配下生产，而人则甚至摆脱肉体的需要进行生产，并且只有在他摆脱了这种需要时才真正地进行生产；动物只生产自己本身，而人则再生产整个自然界；动物的产品直接同它的肉体相联系，而人则自由地与自己的产品相对立。动物只是按照它所属的那个物种的尺度和需要来进行塑造，而人则懂得按照任何物种的尺度来进行生产，并且随时随地都能用内在固有的尺度来衡量对象；所以，人也按照美的规律来塑造。"[1]

对这段话的解读历来存在诸多争论。限于篇幅，我们不能详细梳理以往学界关于这一问题的研究成果。但是，对"美的规律"的解读很显然不能孤立展开，必须在马克思的整体思想语境中展开。马克思关于"美的规律"的探讨是在论证异化劳动问题时提出的。异化现象是特殊历史时期即资本主义私有制条件下的现象，也就是说是时间性的现象。"美的规律"是作为异化劳动的对立面提出来的，马克思通过"美的规律"思想来批判异化劳动，肯定人的自由自觉的本质。如果说异化劳动是人的现实存在，那么"美的规律"展示的恰恰是人的超越现实的"本质力量"，具有不同于经验时间的时间性内涵。因此，"美的规律"作为一个理论问题的提出有其时间性的视域。

从马克思关于"美的规律"的论述来看，"美的规律"中包含着丰富的内涵。

首先，"美的规律"是人的存在的规律。马克思是从人的生产出发提出"美的规律"。值得注意的是，马克思对生产的规定是在人与动物的对比中做出的，这一方法使得马克思的生产概念从一开始就具有了明确的指向性，也就是说，它是人之为人的规定性，是对人的存

---

[1] 马克思《1844年经济学—哲学手稿》，刘丕坤译，人民出版社，1979年版，第50—51页。

在的言说。

马克思所说的生产不仅仅是指物质生产，而是指人的实践活动。从这一思想出发可以看到，审美并不是外在于人的现实生活的，从根本上来说，审美就存在于生活实践之中，审美就是生活，二者具有存在论的相关性。我们永远无法脱离现实生活来理解审美，或者脱离审美来理解生活。脱离生活的审美是空洞的，脱离审美的生活是贫乏的，二者都不足以言说人的存在本身。因此，对美的理解始终应该以人的存在为基本视野，"美的规律"就是人的存在的规律，因而也就具有时间性的内涵。

其次，美的规律是生产和实践的规律。这里的生产是存在论意义上的实践活动，而不仅仅局限于一般所认为的物质生产。马克思对生产进行了具体规定：人的生产是全面的。"人以一种全面的方式，也就是说，作为一个完整的人，把自己的全面的本质据为己有。"[1] 在实践活动之中，人的感觉发展出了"全部的丰富性"，人就用自己全部的本质力量去占有对象，突破了动物式感觉的狭隘性。这时对对象的占有实际上是对自身的占有和确证，因而生产的全面性同时指称着人的存在的全面性和完整性。生产的全面性是人的存在的时间性的确证。

人的生产摆脱了肉体的直接需要。肉体的需要表征着人与世界之间简单、单一的动物式联系，而人之为人却在于人能够同世界建立起丰富多样的联系。动物的需要受其本身物种的限制，只是肉体的需要，即维持其肉体生存的需要。人的实践则能够摆脱直接肉体需要的狭隘性，而且，只有当人能够摆脱肉体需要的时候，才真正地作为人

---

[1] 马克思《1844年经济学—哲学手稿》，刘丕坤译，人民出版社，1979年版，第77页。

来存在。因为只有这时，人才能够以自己全部的丰富性面对世界，体现出人的存在的超越性的内涵。对人来说，摆脱肉体的直接需要是一个在时间之中展开的历史过程，因而生产同样是一个时间性的过程。

人的生产再生产整个自然界。这一点具有重要意义，因为由此，马克思所理解的人才不是抽象的、孤立的人，而是有着世界性联系的在世生存（In-der-Welt-Sein）的人。"再生产整个自然界"实即创造一个属我的世界，实现"自然的人化"。再生产的自然界就不再是与人无关的客观存在物，而是处于人的实践活动之中、与人有着丰富联系的人化世界。在其中，渗透了人的欢乐与痛苦、愉悦与忧伤。"人就是人的世界"[1]，"正是通过对对象世界的改造，人才实际上确证自己是类的存在物。这种生产是他的能动的、类的生活"[2]。对世界的创造恰是人之为人的确证，是人的本质的体现，这使得人的存在具有了创造性的内涵。

因此，生产是人创造自身和整个自然界的实践活动，马克思关于生产的规定涉及了人与自身、人与对象、人与世界等多重关系，囊括了人类活动的各个要素，从不同的角度揭示了人的存在的内涵。"美的规律"就体现在生产活动之中，是对生产活动的描述和规定。因而"美的规律"也就是生产的规律。

最后，"美的规律"是自由的规律。

马克思认为，人能够自由地与自己的产品相对立。产品作为人的产品，可以说就是人本身。正是由于人摆脱了生物性的狭隘局限，人才不是片面地、有限地与自己的产品相对立。所谓"自由地与自己的

---

[1] 马克思、恩格斯《马克思恩格斯选集（第一卷）》，人民出版社，1995年版，第1页。
[2] 马克思《1844年经济学—哲学手稿》，刘丕坤译，人民出版社，1979年版，第51页。

产品相对立",是指人与产品之间的联系不是单一的、片面的、有限的,而是丰富的、全面的、无限的。这种自由的联系以人的存在的丰富性为基础,并言说和确证着人的存在的丰富性。这时,"人不仅在思维中,而且以全部感觉在对象世界中肯定自己"[1]。当然,人自由地与产品相对立需要依赖历史性的实践活动,是时间性的结果。

因而,在马克思看来,"美的规律"就体现在"人则懂得按照任何物种的尺度来进行生产"。动物有固定的尺度,而人的尺度恰恰是无尺度,是能够运用任何物种的尺度,恰恰是自由。这样,人的"按照任何物种的尺度"进行的生产就体现出全面性、超越性、创造性的内涵,成为对人的存在的言说。同时人还可以"随时随地都能用内在固有的尺度来衡量对象"。需要注意的是,马克思在这里所使用的独特表述——"随时随地",这一表述暗示我们,人的存在在任何时候都不是抽象的,而是处于具体现实的境况之中的,或者说,是时间性的。根据上文的分析,"内在固有的尺度"实即"自由的尺度"。由于人的在世生存,因此这一尺度本身就蕴含着对象的存在,因而对对象的"衡量"表征的就不是传统的主客体关系,而是一种存在论的相关性。

需要注意的是,对于马克思来说,人的"内在固有的尺度"不是先天的存在,尺度的形成是一个历史过程,正是在人的生产实践活动之中,人才成为人,才形成所谓"内在固有的尺度"。而衡量对象也体现在现实活动之中。因而"美的规律"就是时间性的规律。

可以看到,"美的规律"融汇在马克思的实践观念之中,"运用美的规律来塑造"实际上就是"以人的本性来塑造"。生产实践活动是

---

[1] 马克思《1844年经济学—哲学手稿》,刘丕坤译,人民出版社,1979年版,第79页。

一个时间性过程,因而马克思的实践观念本身就具有了美学内涵,实践、美、人的存在三者就构成了动态的统一(同一)关系:实践是人的基本的存在方式,因而人之为人,就是在实践活动中生成和展开的人。这样的人的实践活动就是符合"美的规律"的,就是美的。因此,"美的规律"不是先天律令,不是固定的规则,而是在人的实践活动中不断生成和体现出来的,是人的实践的规律。如果说,实践活动是在时间之中展开的,那么"美的规律"无疑也就是时间性的。

三、艺术时间的两种形式

如果说"美的规律"体现出人的实践活动的审美特质,那么在此基础上,艺术活动可以看作是"美的规律"的具体显现。这就涉及艺术的时间性的问题。马克思关于艺术作品的看法中涉及艺术时间的两种形式,体现出鲜明的时间性内涵。一方面,在唯物主义历史观的视野下,艺术的发生和发展都植根于特定的社会历史条件,艺术在一定程度上是当时社会生活的反映,体现出时代性和现实性。但另一方面,艺术在一定程度上又与社会历史条件并不完全同步,甚至会超越社会历史的发展,从而体现出自身独特的时间性存在。

斐迪南·拉萨尔的《济金根》以德国16世纪20年代的宗教改革和农民战争为背景,描述了骑士阶层的代表人物济金根举行叛乱并最终惨遭失败的悲剧命运。在致斐迪南·拉萨尔的信中,马克思首先在内容上肯定了拉萨尔所选取的革命题材,认为"你(拉萨尔)所构想的冲突不仅是悲剧性的,而且是使1848—1849年的革命政党必然灭亡的悲剧性的冲突。因此我只能完全赞成把这个冲突当作一部现代悲剧的中心点"[1]。济金根作为落后的、骑士阶层的代表，在剧中被描绘成一位进步的革命者和民族英雄，拉萨尔试图从人物性格与内心世界这两种精神伦理力量的冲突去寻找悲剧发生的根源，并将他覆灭的原因归结为方法上的"狡诈"和策略上的失误，这是一种典型的唯心主义悲剧观。马克思之前，西方关于悲剧本质问题的探讨，仍然主要围于个人悲剧的审美范式，或者从主体内在的精神维度上考察悲剧的本质，求助一种强大而完满的精神力量的介入，或者从悲剧的审美效果出发探寻个体生命意义的升华，但都很难在现实生活中找到坚实的存在基础。在对《济金根》的批评中，马克思不再从个人以及命运的角度来理解悲剧的形成，而是从社会与历史的宏观视野考察悲剧问题，在艺术与现实之间建立起更加紧密的联系。悲剧的冲突绝非来自观念或者精神，而是源于现实的生活。只有将人物放置在更加广阔的现实矛盾中，才能真正理解人物的命运。在马克思看来，悲剧主人公并不是独立于社会历史之外的，而是与社会历史的发展密切相关并受制于社会历史的发展状况。悲剧的产生有着深刻的社会历史基础，具有当下性和现时性。因此，马克思在对文学作品的批评中始终将人放置在更宏大的时代视野中，在错综复杂的现实矛盾中寻找人物命运的悲剧因素，从而使马克思在致斐迪南·拉萨尔的信中从美学角度提出的问题，具有强烈的现实意义，这也是艺术时间性的一个重要体现。

但是，在很多情况下，艺术与现实的发展并不是完全同步的，艺术的发生和发展也不仅仅是"时代的传声筒"，而是具有相对的独立性。马克思在考察古希腊艺术时已经指出，艺术具有超越经验时间的特性，蕴含着一种理想化的指向，因其代表了人类童年永不复返的历

---

[1] 马克思、恩格斯《马克思恩格斯选集（第四卷）》，人民出版社，1995年版，第553页。

史阶段而具有永久的魅力。由此也体现出艺术时间性的另一侧面。

马克思在《政治经济学批判》"序言"中明确指出:"物质生活的生产方式制约着整个社会生活、政治生活和精神生活的过程。不是人们的意识决定人们的存在,相反,是人们的社会存在决定人们的意识。"[1]这一著名论断对于美学研究有着重要的指导意义。在马克思的理论体系之中,人们的审美观念和趣味作为意识都是被经济基础所决定的。从根本上来说,文学艺术的生产是随着物质生产的发展而发展。但同时,精神生产也有自身相对的独立性,物质生产与文学艺术的生产并不是严格对应的,甚至不是直接关联的。二者之间的相互影响和作用存在着各种复杂的中间环节,所以在发展上会出现不同步的情况,这就是物质生产和精神生产发展的不平衡现象。这种不平衡现象会体现为二者在时间上的不一致,具体表现为两种情形:一是某种具有高度艺术价值的艺术类型在后来经济进一步发展的条件下反而衰落了,如古希腊高度繁荣的神话、史诗,成为后代不可企及的范本;二是经济落后地区的文学艺术所取得的成就可能超越经济发达的地区,如19世纪的俄国文学所取得的成就比英、法更为突出,而俄国是当时欧洲的经济落后地区。事实上,马克思从未认为经济因素是唯一的决定因素,也并不认为经济基础的变化会带来艺术上的直接变化。他指出,"随着经济基础的变更,全部庞大的上层建筑也或慢或快地发生变革"[2]。这就说明,上层建筑的改变与经济基础的变革并不是同步的、一一对应的关系。这里的"或慢或快"就包含了经济基础与上层建筑发展不平衡的潜在可能。在马克思看来,上层建筑一旦产

---

1 马克思、恩格斯《马克思恩格斯选集(第二卷)》,人民出版社,1995年版,第32页。
2 马克思、恩格斯《马克思恩格斯选集(第二卷)》,人民出版社,1995年版,第33页。

生出来，就有其自身的相对独立性和特殊发展规律。这种不平衡性集中体现在古希腊艺术之中。

在《政治经济学批判》"导言"中马克思特别指出："关于艺术，大家知道，它的一定的繁盛时期决不是同社会的一般发展成比例的，因而也决不是同仿佛是社会组织的骨骼的物质基础的一般发展成比例的。例如，拿希腊人或莎士比亚同现代人相比。就某些艺术形式，例如史诗来说，甚至谁都承认：当艺术生产一旦作为艺术生产出现，它们就再不能以那种在世界史上划时代的、古典的形式创造出来；因此，在艺术本身的领域内，某些有重大意义的艺术形式只有在艺术发展的不发达阶段上才是可能的。"[1] 古希腊艺术虽然产生在经济基础还不发达的时期，但其艺术成就至今还是高不可及的典范。很显然物质生产实践的发达程度并不能用来衡量艺术的发展水平。因此"困难的是，它们何以仍然能够给我们以艺术享受，而且就某方面说还是一种规范和高不可及的范本"，具有"永久的魅力"。[2]

在马克思看来，希腊神话和史诗本质上是当时社会存在的反映，有其深刻的物质条件基础。"希腊艺术的前提是希腊神话，也就是已经通过人民的幻想用一种不自觉的艺术方式加工过的自然和社会形式本身。这是希腊艺术的素材。"[3] 但同时，当这种物质条件随着生产力的发展改变之后，古希腊艺术却呈现出超越时间的永久的魅力。这足以证明，古希腊艺术的时间性绝不仅仅是反映当时的社会历史基础的经验时间，而是具有自身独特的内涵。关于这一点，马克思用比喻的方式进行了说明。他把古希腊人比作正常的儿童，"他们的艺术对

---

[1] 马克思、恩格斯《马克思恩格斯选集（第二卷）》，人民出版社，1995年版，第28页。
[2] 马克思、恩格斯《马克思恩格斯选集（第二卷）》，人民出版社，1995年版，第29页。
[3] 马克思、恩格斯《马克思恩格斯选集（第二卷）》，人民出版社，1995年版，第29页。

我们所产生的魅力，同这种艺术在其中生长的那个不发达的社会阶段并不矛盾。这种艺术倒是这个社会阶段的结果，并且是同这种艺术在其中产生而且只能在其中产生的那些未成熟的社会条件永远不能复返这一点分不开的"[1]。马克思并不否认古希腊艺术与当时的社会条件的关联，并认为古希腊艺术恰恰是那个不发达的社会阶段的结果，而其魅力是与那个社会阶段"永不复返"分不开的。人类的童年在古希腊人那里得到了充分的展现，古希腊的艺术则真实地再现了人类童年的美好天性。这种童年状态因其不可复返而带有理想化的色彩，现代人在欣赏古希腊艺术时，就像成年人看到儿童的天真一样，在时间的距离中会感到莫大的愉快。这样来看，古希腊艺术显然就具有了不同于经验时间的独特的时间性内涵。当下在对过去的重新体验之中感受到艺术的魅力，或者说，古希腊艺术的魅力就在于将经验时间中不可复返的过去重现唤入艺术的当下之中，而这种唤入是可重复的、开放性的。在艺术之中，曾经的过去映照在当下之中，展现为真实的存在。这种真实还会持续出现在未来对艺术的体验之中。可以说，艺术作品有自身的时间发展脉络，在过去历史的基础和土壤之上，呈现出当下的价值和意义，同时也包含着指向未来的开放性，由此体现出超越时代的永恒魅力。因此，艺术就体现出过去、当下、未来彼此交织的完整的时间性内涵。

因此，马克思思想中包含着两种不同的艺术时间：一种强调艺术应该反映时代的状况和核心问题，艺术与现实在时间性上是同质的；另一种强调艺术与现实发展的差异与不同一。当现实条件消失之后，

---

1 马克思、恩格斯《马克思恩格斯选集（第二卷）》，人民出版社，1995年版，第29—30页。

艺术仍有其存在的价值，二者在时间性上存在差异。这两种时间看似矛盾，但在马克思的思想中事实上是可以而且应该统一的。艺术生产"归根到底"是由物质生产决定的，艺术本质上是一定社会条件和社会关系的反映，这决定了二者在时间上的关联和统一。但艺术并不是机械地服从于社会发展的一般规律，其价值和意义也并不随着这种条件和关系的消失而消失，因而艺术作品作为一种特殊的存在有其特殊的时间性，与经验时间并不一致。可以说，艺术的时间根本上来源于经验现实的时间，但又能够突破这种时间的限制，展现出艺术独特的存在方式。

以上我们简要考察了席勒、黑格尔、马克思美学思想中的时间性内涵。席勒和黑格尔代表了康德之后德国古典美学中时间性问题的进一步延伸与拓展，审美的时间展开形式更为丰富，不同的时间模式得到了进一步统一和融合。可以说，到了黑格尔，时间真正进入了艺术内部，真正构成了艺术的存在方式，使得艺术呈现为一个时间性的完整存在。马克思则代表了时间性问题的现代转折与突破。实践观念为美学思想奠定了新的理论基础，"美的规律"作为时间性的规律，呈现出美与实践活动的内在关联。艺术时间一方面有其自身的特殊性，另一方面又与以物质生产为代表的经验时间存在无法割断的联系。可以看到，马克思既继承了康德关于从人出发探讨审美时间的基本思想，又在新的理论基础上进行了拓展和深化，由此也体现出审美时间性问题的理论潜力。

结　语

　　以上我们较为系统地研究了康德美学中的时间性问题。可以看到，康德美学时间性问题植根于古希腊以来的西方思想传统，有深厚的历史渊源。各个不同时期关于时间问题的思考都对康德哲学、美学产生了深刻影响。康德哲学体系就是一个时间性的体系，对认识论的探讨、对实践哲学的探讨、对历史与宗教问题的探讨，最终都归结为对人的存在的时间性探讨。康德美学就处于这一时间性的哲学体系之中。

　　康德美学的时间性首先体现为康德美学在总体上具有时间性特质，这可以通过康德美学在其哲学体系中发挥的独特功能、康德美学中两个全局性概念——反思判断力和先验想象力得到说明和论证。其次，康德美学的时间性还体现在美、崇高、艺术中的三种时间展开形式之中。康德对美的分析、崇高的分析、艺术的分析充分揭示了三种时间展开形式之中所包含的丰富的时间性内涵。最后，康德美学中的时间性还体现为偶然性、循环性、目的性三种时间模式。这三种时间模式从古希腊以来就存在于人类的文化发展之中，康德美学在时间展开形式之中以各种具体方式展现出这三种时间模式，展现出康德美学时间性问题的开放性与包容性。但作为一个完整的理论体系，康德美学在三种时间模式的融合和统一方面还存在不足，这也成为康德之后审美时间性思想所需要面对和解决的问题。

康德之后，席勒、黑格尔、马克思分别以自己的方式对康德留下的理论问题进行了回应。这也从一个侧面显现出康德美学时间性问题所具有的理论潜力。

在当代美学研究中，康德美学仍然是无法绕过的重要理论遗产，康德所留下的理论问题还需要当代思想的有效回应。本书关于康德美学时间性问题的讨论尝试从时间性的角度重新理解和把握康德美学，发掘康德美学的理论潜力，并在此基础上思考当代美学的发展。目前来看，这一思路至少包含以下几条可能的探索路径：

首先，以时间性问题为切入点，进一步廓清当代审美时间性问题的思想渊源及学术脉络，充分挖掘时间性问题对美学研究的理论价值与意义，从美学史的角度深化当代审美时间性问题的研究，从时间性的角度理解西方美学的整体发展，拓展审美时间性问题的学术史视野。

其次，从时间性的角度对康德美学进行整体理解和把握，充分揭示康德美学时间性问题的总体架构、基本内容及其所蕴含的理论潜力，全面系统地呈现出康德美学时间性问题的丰富性和复杂性，拓宽当代康德美学研究的学术视域。

最后，从时间性的角度凸显出康德美学对之后西方美学发展的影响及其在当代学术语境中的理论价值和意义，在当代理论视野中展开与康德美学的对话和交流。

当然，这些只是本书目前研究视野中所展现出的可能的路径，我们还远远没有"上路"，甚至这些路径本身也还并不十分明朗和确定。但无论如何，通过现有研究已经可以表明，康德美学时间性问题是一个颇具学术潜力的话题，需要并且值得进行进一步的研究，这是在当代思想背景中与康德展开的遥远对话，也是对我们自身时间性存在的确信和证明。

主要参考文献

一、康德著作

［1］Kant, *Die drei Kritiken - Kritik der reinen Vernunft. Kritik der praktischen Vernunft. Kritik der Urteilskraft*, Anaconda Verlag GmbH, 2015.

［2］Kant, *Critique of Judgment*, translated by Werner S.Pluhar，北京：中国社会科学出版社，1999.

［3］Kant, *Critique of Pure Reason*, translated by Norman Kemp Smith，北京：中国社会科学出版社，1999.

［4］Kant, *Critique of Practical Reason*, translated by Lewis White Beck，北京：中国社会科学出版社，1999.

［5］康德. 纯粹理性批判［M］. 蓝公武译. 北京：商务印书馆，1960.

［6］康德. 纯粹理性批判［M］. 邓晓芒译. 北京：人民出版社，2004.

［7］康德. 实践理性批判［M］. 韩水法译. 北京：商务印书馆，1999.

［8］康德. 实践理性批判［M］. 邓晓芒译. 北京：人民出版社，2003.

［9］康德. 判断力批判（上、下）［M］. 宗白华译. 北京：商务印书馆，1964.

［10］康德. 判断力批判［M］. 邓晓芒译. 北京：人民出版社，2002.

［11］康德. 未来形而上学导论［M］. 庞景仁译. 北京：商务印书馆，1978.

［12］康德. 道德形上学探本［M］. 唐钺重译. 北京：商务印书馆，1957.

［13］康德. 单纯理性限度内的宗教［M］. 李秋零译. 北京：中国人民大学出版社，2003.

［14］康德. 逻辑学讲义［M］. 许景行译. 北京：商务印书馆，1991.

[15]康德. 宇宙发展史概论[M]. 上海外国自然科学哲学著作编译组译. 上海：上海人民出版社, 1972.

[16]康德. 实用人类学[M]. 邓晓芒译. 上海：上海人民出版社, 2005.

[17]康德. 法的形而上学原理[M]. 沈叔平译. 北京：商务印书馆, 1991.

[18]康德. 历史理性批判文集[M]. 何兆武译. 北京：商务印书馆, 1990.

[19]康德. 康德书信百封[M]. 李秋零编译. 上海：上海人民出版社, 1992.

[20]康德. 论优美感和崇高感[M]. 何兆武译. 北京：商务印书馆, 2001.

[21]康德. 康德著作全集[M]. 李秋零主编. 北京：中国人民大学出版社, 2013.

二、康德研究文献

[1] Ewing, *Kant's Treatment of Causality*, Routledge & Kegan Paul, Ltd., 1924.

[2] Gilles Deleuze, *Kant's Critical Philosophy*, translated by Hugh Tomlinson and Barbara Habberjam, Minneapolis: University of Minnesota Press, 1984.

[3] Heidegger, *Kant and the Problem of Metaphysics*, translated by Richard Taft, Indiana: Indiana University Press, 1990.

[4] Henrich, *Aesthetic Judgment and the Moral Image of the World, Studies in Kant*, Stanford(CA): Stanford University Press, 1992.

[5] Rudolf A. Makkreel, *Imagination and Interpretation in Kant*, Chicago: The University of Chicago Press, 1994.

[6] Guyer, *Kant and the Claims of Taste*, New York: Cambridge University Press, 1997.

[7] Pillow, *Sublime Understanding: Aesthetic Reflection in Kant and Hegel*, New Baskerville: MIT Press, 2000.

[8] Allison, *Kant's Theory of Taste, a Reading of the Critique of Aesthetic Judgment*, Cambridge: Cambridge University Press, 2001.

[9] Ameriks, *Interpreting Kant's Critiques*, Oxford: Oxford University Press, 2003.

[10] Kirwan, *The Aesthetic in Kant*, London: Bloomsbury Academic, 2004.

[11] Clewis, *The Kantian Sublime and the Revelation of Freedom*, New York: Cambridge University Press, 2009.

[12] Crowther, *The Kantian Aesthetic: From knowledge to the Avant-Garde*, Oxford: Oxford University Press, 2010.

[13] 亨利·E.阿利森. 康德的自由理论[M]. 陈虎平译. 沈阳：辽宁教育出版社，2001.

[14] 古留加. 康德传[M]. 北京：商务印书馆，1981.

[15] 安倍能成. 康德实践哲学[M]. 于凤梧、王宏文译. 福州：福建人民出版社，1984.

[16] 卡西尔. 卢梭·康德·歌德[M]. 北京：生活·读书·新知三联书店，1992.

[17] 康浦·斯密. 康德《纯粹理性批判》解义[M]. 绰然译. 北京：商务印书馆，1961.

[18] 阿斯穆斯. 康德[M]. 北京：北京大学出版社，1987.

[19] 李泽厚. 批判哲学的批判[M]. 李泽厚哲学文存[C]. 合肥：安徽文艺出版社，1999.

[20] 邓晓芒. 冥河的摆渡者[M]. 昆明：云南人民出版社，1997.

[21] 戴茂堂. 超越自然主义[M]. 武汉：武汉大学出版社，1998.

[22] 杨祖陶、邓晓芒. 康德《纯粹理性批判》指要[M]. 北京：人民出版社，2001.

[23] 曹俊峰. 康德美学引论[M]. 天津：天津教育出版社，2001.

[24] 朱志荣. 康德美学思想研究[M]. 合肥：安徽人民出版社，2004.

[25] 卢春红. 情感与时间——康德共通感问题研究[M]. 上海：上海三联书店，2007.

[26] 周黄正蜜. 康德共通感理论研究[M]. 北京：商务印书馆，2018.

[27] 王维嘉. 优美与崇高——康德的感性判断力批判[M]. 上海：上海三联书店，2020.

三、其他文献

[1] 柏拉图. 柏拉图全集（共四卷）[M]. 王晓朝译. 北京：人民出版社，

2002—2003.

［2］柏拉图. 文艺对话集［M］. 朱光潜译. 北京：人民文学出版社，1963.

［3］柏拉图. 理想国［M］. 郭斌和、张竹明译. 北京：商务印书馆，1986.

［4］亚里士多德. 形而上学［M］. 吴寿彭译. 北京：商务印书馆，1959.

［5］亚里士多德. 诗学［M］. 陈中梅译注. 北京：商务印书馆，1996.

［6］马丁·路德. 马丁·路德文选［M］. 北京：中国社会科学出版社，2003.

［7］笛卡尔. 第一哲学沉思集［M］. 庞景仁译. 北京：商务印书馆，1986.

［8］孟德斯鸠. 论法的精神［M］. 张雁深译. 北京：商务印书馆，1995.

［9］卢梭. 爱弥儿（上、下）［M］. 李平沤译. 北京：商务印书馆，1978.

［10］卢梭. 社会契约论［M］. 何兆武译. 北京：商务印书馆，1980.

［11］卢梭. 论人类不平等的起源和基础［M］. 李常山译. 北京：商务印书馆，1962.

［12］休谟. 人性论（上、下）［M］. 关文运译. 北京：商务印书馆，1980.

［13］费希特. 全部知识学的基础［M］. 王玖兴译. 北京：商务印书馆，1986.

［14］谢林. 艺术哲学（上、下）［M］. 魏庆征译. 北京：中国社会出版社，1996.

［15］谢林. 先验唯心论体系［M］. 梁志学、石泉译. 北京：商务印书馆，1976.

［16］席勒. 席勒散文选［M］. 张玉能译. 天津：百花文艺出版社，1997.

［17］黑格尔. 美学（共三卷）［M］. 朱光潜译. 北京：商务印书馆，1979、1981.

［18］黑格尔. 历史哲学［M］. 王造时译. 上海：上海书店出版社，1999.

［19］尼采. 权力意志：重估一切价值的尝试［M］. 张念东、凌素心译. 中央编译出版社，2005.

［20］尼采. 善恶的彼岸［M］. 朱泱译. 北京：团结出版社，2001.

［21］尼采. 希腊悲剧时代的哲学［M］. 周国平译. 北京：北京联合出版公司，2014.

［22］胡塞尔. 欧洲科学的危机与超越论的现象学［M］. 王炳文译. 北京：商务印书馆，2001.

［23］胡塞尔. 胡塞尔选集［M］. 倪梁康选编. 上海：上海三联书店，1997.

［24］海德格尔. 存在与时间［M］. 修订译本. 北京：生活·读书·新知三联书店，1999.

［25］海德格尔. 谢林论人类自由的本质［M］. 薛华译. 沈阳：辽宁教育出版社，1999.

［26］海德格尔. 尼采（上、下）［M］. 孙周兴译. 北京：商务印书馆. 2002.

［27］海德格尔. 海德格尔选集（上、下）［M］. 孙周兴译. 上海：上海三联书店，1996.

［28］加达默尔. 真理与方法［M］. 洪汉鼎译. 上海：上海译文出版社，1999.

［29］伽达默尔. 美的现实性［M］. 张志扬译. 北京：生活·读书·新知三联书店，1991.

［30］卡西勒. 启蒙哲学［M］. 顾伟铭译. 济南：山东人民出版社，1988.

［31］卡西尔. 人论［M］. 甘阳译. 上海：上海译文出版社，1985.

［32］福柯. 主体解释学［M］. 佘碧平译. 上海：上海人民出版社，2005.

［33］德里达. 书写与差异［M］. 张宁译. 北京：生活·读书·新知三联书店，2001.

［34］以赛亚·伯林. 自由论［M］. 胡传胜译. 南京：译林出版社，2003.

［35］哈耶克. 自由秩序原理［M］. 邓正来译. 北京：生活·读书·新知三联书店，1997.

［36］伊格尔顿. 美学意识形态［M］. 王杰等译. 桂林：广西师大出版社，1997.

［37］策勒尔. 古希腊哲学史纲［M］. 翁绍军译. 济南：山东人民出版社，1992.

［38］维塞尔. 活的形象美学［M］. 毛萍、熊志翔译. 上海：学林出版社，2000.

［39］维塞尔. 莱辛思想再释——对启蒙运动内在问题的探讨［M］. 贺志刚译. 北京：华夏出版社，2002.

［40］黑尔德. 世界现象学［M］. 倪梁康等译. 北京：生活·读书·新知三

联书店，2003.

[41] 黑尔德. 时间现象学的基本概念 [M]. 倪梁康等译. 上海：上海译文出版社，2009.

[42] 施皮格伯格. 现象学运动 [M]. 王炳文、张金言译. 北京：商务印书馆，1995.

[43] 鲍桑葵. 美学史 [M]. 张今译. 北京：商务印书馆，1985.

[44] 梯利. 西方哲学史 [M]. 葛力译. 北京：商务印书馆，1995.

[45] 文德尔班. 哲学史教程（上、下）[M]. 罗达仁译. 北京：商务印书馆，1987.

[46] 马克思、恩格斯. 马克思恩格斯选集 [C]. 北京：人民出版社，1995.

[47] 马克思. 1844年经济学—哲学手稿 [M]. 刘丕坤译. 北京：人民出版社，1979.

[48] 伊利亚德. 神圣与世俗 [M]. 王建光译. 北京：华夏出版社，2002.

[49] 路易·加迪等. 文化与时间 [M]. 郑乐平、胡建平译. 杭州：浙江人民出版社，1988.

[50] 朱利安. 论"时间"：生活哲学的要素 [M]. 张君懿译. 北京：北京大学出版社，2016.

[51] 九鬼周造. 九鬼周造著作精粹 [M]. 彭曦译. 南京：南京大学出版社，2017.

[52] 苗力田. 古希腊哲学 [C]. 北京：中国人民大学出版社，1989.

[53] 叶秀山. 思·史·诗 [M]. 北京：人民出版社，1988.

[54] 张祥龙. 海德格尔思想与中国天道：终极视域的开启与交融 [M]. 北京：生活·读书·新知三联书店，1996.

[55] 倪梁康等编著. 中国现象学与哲学评论（第五辑）[J]. 上海：上海译文出版社，2003.

[56] 蒋孔阳、朱立元主编. 西方美学通史（第四卷）[C]. 上海：上海文艺出版社，1999.

[57] 朱立元主编. 西方美学范畴史（三卷）[C]. 太原：山西教育出版社，2006.

[58] 黄裕生. 时间与永恒——论海德格尔哲学中的时间问题 [M]. 北京：

社会科学文献出版社，1997.

［59］黄裕生. 宗教与哲学的相遇：奥古斯丁与托马斯阿奎那的基督教哲学研究［M］. 南京：江苏人民出版社，2008.

［60］李梅. 权利与正义：康德政治哲学研究［M］. 北京：社会科学文献出版社，2000.

［61］张汝伦. 德国哲学十论［M］. 上海：复旦大学出版社，2004.

［62］柯小刚. 海德格尔与黑格尔时间思想比较研究［M］. 上海：同济大学出版社，2004.

［63］邓晓芒. 黑格尔辩证法讲演录［M］. 北京：商务印书馆，2020.

［64］寇鹏程. 马克思主义存在根基与实践美学［M］. 苏州：苏州大学出版社，2008.

［65］刘彦顺. 时间性：美学关键词研究［M］. 北京：人民出版社，2013.

［66］刘彦顺. 西方美学中的时间性问题：现象学美学之外的视野［M］. 北京：北京大学出版社，2016.

［67］傅松雪. 时间美学导论［M］. 济南：山东人民出版社，2009.

［68］王咏诗. 时间：康德批判哲学的线索［M］. 北京：人民出版社，2018.

后　记

本书是我关于康德美学的第二部著作。其实在写第一部著作《康德美学中的自由问题研究》的时候，就已经注意到了时间性在康德美学中的具体体现，只不过当时只是一些片段的思考，还没有来得及进行深入、系统的研究。后来结合一些研究资料，对这一问题进行了较为全面的思考，并申请到了国家社科基金的项目资助。几年下来，终于有了面前的这部《康德美学时间性问题研究》。

回想起来，自己从研究生阶段开始就对康德美学产生了浓厚兴趣，并一直按照自己的学术兴趣展开研究。仔细想来，从自由问题转向时间性问题，固然有某种偶然性，不过其间也隐约透露出某种内在的逻辑。对于我来说，这种转变无疑也是"时间性"的。或许这代表着自己能够更自觉地从当代学术背景出发开展康德美学的研究，也代表着自己对康德美学理解上的深化与细化，更重要的，时间性给我展开了一个颇具吸引力的理论前景，让我能够心向往之，持续前行。

学术研究是与学术传统、与自我，乃至与未来的对话，它构成了一种时间性的存在方式和生活方式。从这个意义上来说，本书既是对康德美学时间性问题的思考，也是作者自身存在的时间性的展开与呈现。正是在对自身时间性的体验与开掘中展开了对康德美学时间性的探究，而对康德美学时间性的探究也是自身存在的时间性的确证、拓展和延伸。当然，这种拓展和延伸并不因本书的完成而终结，而是会在此基础上不断展开，不断延续。或许在某一个时刻，它会以新的方式呈现出来。

在对康德美学的研究中，我充分感受到了康德美学的理论潜力和思想魅力。其间既有数日、数周思而不得的困惑与犹疑，更有一朝豁然贯通的兴奋与喜悦，这种时间性的思想乐趣具有动人心魄的力量。一路走来，几多坎坷、几多收获，都成为宝贵的人生财富。

因水平所限，本书中一定还存在各种各样的问题，恳请学界同道不吝指正，在对话和交流中共同探寻思想的路径。古人云，"如切如磋，如琢如磨"，这一定是非常美好的体验。

感谢朱立元老师，在我读书的时候给予我悉心指导，毕业后也一直关心着我在学术上的成长，并提供许多帮助。此次在病中仍然慨允赐序，令我十分感动。值得一提的是，近年来朱老师在复旦大学组织召开了几次关于德国古典美学、康德美学的学术研讨会，每次都郑重邀我参加，让我能够有机会了解学界研究前沿，极大地开拓了我的学术视野，本书的研究也从中获益良多。

感谢国家社科基金的项目资助和陕西师范大学文学院的出版资助，感谢文学院诸位师友长期以来的支持和帮助，感谢商务印书馆施帼玮老师积极推动将本书纳入出版计划，感谢本书的责任编辑孟祥颖老师认真细致的工作。

最后，感谢我的家人的陪伴和支持，感谢所有这些生活的赐予。

刘　凯